W0040732

Magnusson/Kroslid/Bergman · Six Sigma umsetzen

Magnusson/Kroslid/Bergman

# Six Sigma
## umsetzen

Die neue Qualitätsstrategie
für Unternehmen

HANSER

Titel der Originalausgabe: Six Sigma – The Pragmatic Approach.
Herausgabe des Originals: Studentlitteratur, Lund/Schweden.

Übersetzung: Brita Kroslid und Konrad Faber

Die Deutsche Bibliothek – CIP-Einheitsaufnahme

Ein Titeldatensatz für diese Publikation
ist bei Der Deutschen Bibliothek erhältlich.

© 2001 Carl Hanser Verlag München Wien
Internet: http://www.hanser.de
Redaktionsleitung: Martin Janik
Herstellung: Ursula Barche
Umschlaggestaltung: Parzhuber & Partner GmbH, München
Gesamtherstellung: Kösel, Kempten
Printed in Germany

ISBN 3-446-21633-2

# Vorwort

Wir, die Autoren dieses Buches, haben uns vor einigen Jahren im Rahmen eines Forschungsprojektes kennengelernt. Kjell Magnusson als Experte im Bereich Six Sigma, Dr. Dag Kroslid als Forscher im Bereich Spitzenleistungen und Kulturen und Prof. Dr. Bo Bergman als Professor für Qualitätsmanagement. Während unserer Zusammenarbeit zeigten Fallstudien und Forschung überzeugende Ergebnisse der Anwendung von Six Sigma. Wir entwickelten ein gemeinsames Interesse für diesen vielversprechenden Ansatz und die weitere Zusammenarbeit konzentrierte sich stärker auf Six Sigma. Mit diesem Buch wollen wir unsere Erfahrungen teilen, die wir als Führungskräfte, Six Sigma Champions, Schwarzer Gürtel, Berater und Forscher gemacht haben. Unsere unterschiedlichen Rollen und Interessen haben uns dazu veranlasst, nach den Anwendungsgründen und den Erfolgsfaktoren von Six Sigma zu fragen. Das Entstehen dieses Buches war ein äußerst lehrreicher Prozess, der unser Vertrauen in Six Sigma und unsere Begeisterung dafür weiterhin verstärkt hat. Wir sind fest davon überzeugt, dass Six Sigma, wenn pragmatisch angewendet, ein äußerst wirkungsvoller Weg ist, um sowohl die Kosten als auch den Umsatz von Unternehmen nachhaltig zu verbessern.

Unser Hauptanliegen mit diesem Buch ist es, eine pragmatische Anwendung von Six Sigma zu vermitteln und das Originalkonzept, wie es von Motorola, ABB, GE und anderen Vorreitern entwickelt worden ist, zu erklären. Vor dem Hintergrund, dass sich Six Sigma von den Vereinigten Staaten nach Europa und Asien ausgebreitet hat, glauben wir, dass ein Buch von europäischen Autoren, welche über Wissen und Erfahrung von allen drei Kontinenten verfügen, einen wertvollen Beitrag zur weiteren Verbreitung von Six Sigma leisten kann. Unser bescheidener Wunsch ist es, dass dieses Buch Ihr Wegweiser zur Welt des Six Sigma wird.

Der Hauptteil des Buches umfasst elf Kapitel. Die ersten sechs Kapitel erläutern Six Sigma anhand von Beispielen und Fallstudien und beinhalten Ratschläge für die praktische Anwendung. Dieser Teil des Buches ist an Führungskräfte und andere Leser gerichtet, die sich für die pragmatische Anwendung von Verbesserungskonzepten interessieren. In Kapitel 7 diskutieren wir die von Führungskräften am häufigsten gestellten Fragen zu Six Sigma. Kapitel acht bis elf beschäftigen sich mit den Werkzeugen, die in Six Sigma zur Anwendung kommen. Sie beinhalten detaillierte Beschreibungen und Fallbeispiele aus der praktischen Anwendung in Industrieunternehmen. Leser mit tiefergehendem Interesse und Six Sigma-Experten finden im Anhang weitergehende Ausführungen zu den bedeutendsten Themen des Hauptteils.

Wir freuen uns über die Möglichkeit, unser Buch „*Six Sigma. The Pragmatic Approach*" in deutscher Sprache herauszugeben. Unser Dank richtet sich an den

Carl Hanser Verlag und insbesondere an Ursula Barche und Martin Janik für die professionelle und effiziente Arbeit während des Publikationsprozesses. Brita Kroslid und Konrad Faber haben das Buch in die deutsche Sprache übersetzt. Ohne diesen Beitrag wäre dieses Buch nicht entstanden. Vielen Dank auch an Erna Magnusson für die Kommentierung.
Unser Dank gilt auch denjenigen, die zum Entstehen der englischen Originalversion dieses Buches beigetragen haben. Unseren Ehefrauen für ihre Unterstützung und ihre unendliche Geduld während der vielen Wochenenden, die für dieses Buch verwendet worden sind. Dank auch an Martin Arvidsson, Øystein Evandt, Konrad Faber, Folke Höglund, Rene Klerx, Morten Langøy, Wei Liu, Jon Løvland, Freddy Nielsen und Melanie Roe für die Kommentierung. Johan H. Sørung und Finn Heimdal sind bei unseren Beispielen aus der Flugindustrie sehr hilfreich gewesen. Linda Sørbø und William J. Proctor haben mit ihren konstruktiven Beiträgen zur englichen Sprache und zum Inhalt wertvolle Unterstützung geleistet.
Kjell Magnusson richtet seinen besonderen Dank an seinen Mentor und guten Freund Mikel Harry: „Mikel Harry hat mich inspiriert und auf die Spur von Six Sigma gebracht, wofür ich ihm mein Leben lang danken werde. Sein tiefgehendes Wissen, seine Führung und die Offenheit, sein Wissen zu teilen, waren äußerst wertvoll und inspirierend für mich. Von Mikel habe ich gelernt, wie bedeutend eine klare Vision für jegliche Verbesserungsarbeit ist, und auch, dass guter Humor und eine gute Portion Enthusiasmus für Spitzenleistungen notwendig sind. Seine Freundschaft, sein Wesen und seine professionelle Betreuung sind von unschätzbarem Wert für mich."
Wir möchten uns auch bei unseren Kollegen bei ABB, Scana Stavanger, SKF und an der Chalmers Technische Universität sowie bei unseren weltweiten Kontakten bedanken für ihre Begeisterung für Six Sigma und für die Ermunterungen, dieses Buch zu schreiben.

Zürich, im Frühjahr 2001
Kjell Magnusson, Dag Kroslid, Bo Bergman

# Inhalt

# 1 Einführung

*Sie lebt ein Leben, das man nicht gerade*
*durch Lautsprecher überträgt.*
Hyacinth Bucket in der Komödie
„Keeping up Appearances".

Flughäfen sind interessant. Menschen aus aller Welt drängen sich in den engen Korridoren der Abflugsteige und den etwas weiträumigeren Hallen und Lounges. Die Fluggäste sind entweder gerade gelandet oder sie bereiten sich auf ihren Abflug vor. Die erste Gruppe hat sie vielleicht bemerkt, ihnen aber keine besondere Aufmerksamkeit zukommen lassen, die letztere wird sie vielleicht bemerken, ihnen aber wahrscheinlich auch keine große Beachtung schenken.

Was diese Fluggäste bemerken, worüber sie jedoch kaum nachdenken werden, sind die Spuren, welche die Flugzeugreifen beim Aufsetzen auf der Rollbahn hinterlassen. Es sind unzählige Flecken, die innerhalb eines größeren Bereiches an beiden Enden der Rollbahn scheinbar zufällig verteilt sind. Interessant dabei ist die Tatsache, dass es auf jeder Landebahn für jede Landungsrichtung nur eine einzige Zielkoordinate gibt. Jedes landende Flugzeug zielt darauf, genau an dem Punkt aufzusetzen, den die Landungskoordinate angibt. Während des Landeanfluges wird diese Koordinate in die Bordinstrumente des Landesystems eingegeben. Die Piloten folgen detaillierten Vorschriften zu Geschwindigkeit, Höhe, Landeklappen usw. Alles, um das Flugzeug genau an der Landungskoordinate aufsetzen zu lassen.

Die oben erwähnten Spuren auf den Landebahnen zeigen jedoch eine ganz andere Realität. Wenn die Flugzeuge genau an der Landungskoordinate aufsetzen würden, wären die Spuren viel mehr zentriert und die Abweichungen wären nur auf die verschiedenen Flugzeugtypen zurückzuführen.

Wenn Sie die Gelegenheit hätten, den Piloten oder der Kabinenbesatzung Ihre Besorgnis über die weit verteilten Spuren auf den Landebahnen mitzuteilen, würden diese Ihnen wahrscheinlich auf sehr professionelle und überzeugende Weise mitteilen, dass die Flugzeuge nur selten an der vorgegebenen Landungskoordinate aufsetzen und dass es keinen Grund zur Besorgnis gibt. Sie würden Ihnen erläutern, dass die meisten Spuren in einem spezifizierten Bereich liegen, innerhalb dessen die Maschine aufsetzen muss. Trotz dieser Versicherungen würden wir, wenn möglich, mit der Fluggesellschaft fliegen, deren Maschinen am nächsten der Landungskoordinate aufsetzen. Warum? Weil die Landungskoordinate den sichersten Punkt für die Landung angibt und weil diese Gesellschaft hier die beste Leistung erbringt.

Der Grund für die Streuung der Markierungen ist das Phänomen der Variation. Regen, Wind, Temperatur, Luftfeuchtigkeit sowie Ungleichmäßigkeiten der Landeklappen, Motoren, Instrumente und der Bedienung durch die Piloten sind einige der Faktoren, die die Landebedingungen nicht ideal machen und die Abweichungen vom Soll-Landepunkt verursachen. Die Streuung der Reifenspuren auf Landebahnen ist ein anschauliches Beispiel für Variation. Variation kommt jedoch in allen Abläufen oder Produkten vor, unabhängig davon, ob es sich bei den Produkten um Güter oder Dienstleistungen handelt.

Wenn die Variation beim Landeanflug Flugzeuge vom Soll-Landepunkt abbringt, welche Konsequenzen hat Variation dann für Ihr Unternehmen? Die Antwort ist: eine ganze Menge. Aber genau wie bei den Fluggesellschaften wird auch in anderen Unternehmen Variation nur selten gemessen und damit ein enormes Verbesserungspotenzial ungenutzt gelassen. In unserem Beispiel mit den Landeanflügen ist der Abstand zwischen dem tatsächlichen Aufsetzpunkt und dem Soll-Landepunkt eine mögliche Maßzahl für die Leistung einer Fluggesellschaft. Entsprechend könnte die Flughafengesellschaft die Landegenauigkeit aller ankommenden Flugzeuge aller Fluggesellschaften messen.

Ein anderer Aspekt im Bereich des Flugverkehrs, der Fluggesellschaften genauso beschäftigt wie die Passagiere, ist die Abflugpünktlichkeit. Die Pünktlichkeit aller amerikanischen Fluggesellschaften lag im Jahr 1999 bei 76%. Bei den europäischen Fluggesellschaften lag diese für denselben Zeitraum bei 79%, wobei Abflüge mit maximal 15 Minuten Verspätung noch als pünktliche gerechnet werden. Dies bedeutet, dass 24% bzw. 21% aller Abflüge verspätet sind. Diese Tatsache beinhaltet ein enormes Verbesserungspotenzial für die Fluggesellschaften. Die Industrie argumentiert, die schlechten Zahlen seien hauptsächlich auf das Luftverkehrskontrollsystem zurückzuführen, und fordert von den Luftfahrtbehörden bessere Systeme. Wir, die in den Wartehallen der Flugsteige sitzen, sehen jedoch, dass auch die Abläufe am Boden, wie beispielsweise das Beladen, Auftanken, Reinigen und Einsteigen der Fluggäste, große Verbesserungsmöglichkeiten beinhalten. Dies wird beispielsweise im Vergleich mit dem Boxenstop eines Formel-1-Rennens deutlich.

Bei Formel-1-Rennen schaffen es die Rennteams in weniger als 10 Sekunden, das Fahrzeug aufzutanken, Reifen zu wechseln, das Visier des Fahrerhelmes zu reinigen etc. Viele würden diese Art des Benchmarkings als irrelevant zurückweisen, mit der Begründung, dass Fluggesellschaften weit höhere Anforderungen an Risiko und Sicherheit stellen. Diese beiden Aspekte sind jedoch auch von äußerster Bedeutung für die Rennteams. Der Unterschied besteht hauptsächlich darin, dass sich die Formel-1 sehr stark auf die Verkürzung der Boxenstopzeiten konzentriert. Würden die Durchlaufzeiten für die Abläufe am Boden der größten Flughäfen der Welt erfasst und verbessert, würde dies sicherlich erheblich zur Pünktlichkeit der Abflüge beitragen.

Während unserer Reisen haben wir uns oft gefragt, wieviel Treibstoff die Maschine, in der wir sitzen, verbraucht. Die Industrie hat an der Problemstellung des Treibstoffverbrauchs in der Vergangenheit intensiv gearbeitet. Sie scheint jedoch in der Flugindustrie nicht denselben Stellenwert zu besitzen wie z.B. in der Automobilindustrie. Der Nutzungsgrad von Einsatzfaktoren ist eine Messgröße, die in allen Typen von Prozessen angewendet werden kann. In der Flugindustrie sind dies z. B. die Nutzung der Gepäckraumkapazitäten oder die Verpflegung an Bord. Es gibt viele Flüge, bei denen eines der beiden gewöhnlich zur Wahl stehenden Gerichte an Bord aufgrund schlechter Planung nicht mehr zu bestellen war. Verbesserte Ausnutzung der Einsatzfaktoren bedeutet in diesem Beispiel, mehr Kunden ihr bevorzugtes Gericht zu servieren, ohne dass die Fluggesellschaft mehr Gerichte an Bord mitnimmt.

Mit kleinen Änderungen könnten die oben genannten drei Beispiele auch aus anderen Bereichen stammen – mit anderen Prozessen und anderen Produkten. Bedeutender als die Beispiele selbst sind die drei Dimensionen Variation, Durchlaufzeit und Nutzungsgrad. Variation gibt dabei Antwort auf die Frage „wie nahe am Zielwert?", die Durchlaufzeit auf die Frage „wie schnell?", der Nutzungsgrad auf die Frage „wieviel?". Alle drei Faktoren sind bedeutende Indikatoren für die Beurteilung der Leistung von Prozessen. Eine weitere besondere Eigenschaft der drei Faktoren ist die Tatsache, dass sie in realistischen Zusammenhängen immer verbessert werden können. Zusammen repräsentieren sie die Dimensionen eines Leistungs- und Verbesserungsdreiecks (Abb. 1.1). Selbstverständlich existieren darüber hinaus auch andere Dimensionen, aus einer zweckmäßigen, geschäftlichen Perspektive heraus sind diese jedoch die bedeutendsten. Variation unterscheidet sich dabei von den anderen beiden Faktoren. Variation kann nicht nur in Bezug auf die Leistung eines gesamten Prozesses gemessen werden, sondern auch in den beiden anderen Faktoren „Durchlaufzeit" und „Nutzungsgrad", und gibt dabei Auskunft, wie nahe diese dem vorgegebenen Zielwert kommen. Verbesserungen der Variation haben immer positive Effekte auf die beiden anderen Faktoren. Durchlaufzeit und Nutzungsgrad können dagegen verbessert werden, ohne dass sich diese notwendigerweise positiv auf die Variation auswirken.

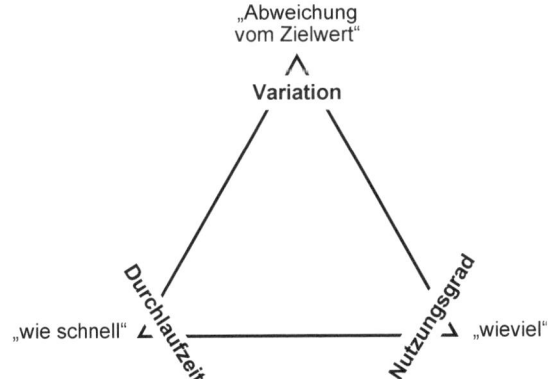

Abb. 1.1 Das Leistungs- und Verbesserungsdreieck für Prozesse mit den drei Dimensionen Variation, Durchlaufzeit und Nutzungsgrad.

Über eines müssen Sie sich jedoch im klaren sein: Mit diesem Dreieck zu arbeiten hat eine ähnliche Wirkung wie wenn Sie die tatsächlichen Leistungen Ihres Unternehmens und seine Fähigkeiten, Verbesserungen durchzuführen, so zusagen durch Lautsprecher der gesamten Organisation bekannt geben. Selbstgefälligkeit, fehlerhafte Produkte, Nacharbeit, Problemlösung, Kontrolle, Garantien, Abweichungsberichte, hohe Lagerbestände, Unordentlichkeit, hohe Durchlaufzeiten, Lieferverspätungen, Abfall und Zugeständnisse beim Design werden für jeden Einzelnen in der Organisation und für alle anderen Anspruchsgruppen einschliesslich den Kunden mehr als sichtbar sein. Wie Jan Stenberg, Vorsitzender der skandinavischen Fluggesellschaft SAS, sagt: „Es herrscht weitgehend Einigkeit darüber, dass Deregulierung im Luftverkehr vorteilhaft für alle wäre. Wir werden jedoch nie wirklich offenen Luftverkehr haben, wenn nicht die Leistungen der Fluggesellschaften transparent gemacht werden, um den Kunden in die Lage zu versetzen, eine fundierte Auswahl zu treffen – was sowohl im Interesse der Fluggäste als auch in dem der Fluggesellschaften läge."
Eine schnell ansteigende Zahl von Unternehmen weltweit sehen ihre primären Verbesserungsmöglichkeiten in Variation, Durchlaufzeit und Einsatzfaktoren, wobei Variation an erster Stelle steht. Eine strategische Initiative mit einem starken konzeptionellen Rahmen und einer formalisierten Verbesserungsmethodik wird eingeführt, um das Verbesserungspotenzial unternehmensweit auszunutzen. Jährliche Einsparungen der größten Unternehmen liegen bei 1 Mrd. US$ und darüber, und damit einher geht eine enorme Steigerung der Kundenzufriedenheit. Die Einsparungen werden erreicht durch hoch motivierte Führungskräfte und eine Menge von Mitarbeitern, die in Trainingskursen im Rahmen von Verbesserungsprojekten mit statistischen Werkzeugen und Wissen ausgestattet werden. Die Leistungen der kritischen Geschäftsprozesse des Unternehmens werden erbarmungslos gemessen, Verbesserungen werden somit im Laufe der Zeit aufgezeichnet und sichtbar gemacht. Die strategische Initiative dieser Unternehmen heißt Six Sigma.
Die Financial Times bezeichnet Six Sigma als „… ein Programm, welches dazu geeignet ist, jedes Produkt, jeden Prozess und jede Transaktion nahezu fehlerfrei zu machen". Wir möchten hinzufügen, dass Six Sigma eine unternehmensweite strategische Initiative ist mit der Zielsetzung der Kostenreduktion und Umsatzerhöhung, die sowohl für das produzierende Gewerbe als auch für den Dienstleistungsbereich anwendbar ist. Das Herzstück von Six Sigma ist eine formalisierte, systematische und extrem ergebnisorientierte Methodik, die auf Verbesserungsprojekten basiert und hervorragend dazu geeignet ist, vor allem Variation, aber auch Durchlaufzeiten und den Nutzungsgrad von Einsatzfaktoren zu verbessern. Die Verbesserungsmethodik besteht aus fünf Schritten: definieren, messen, analysieren, verbessern, überprüfen. Sie ist Teil eines leistungsfähigen Unternehmenskonzeptes, das auch die folgenden Elemente enthält:

• Verpflichtung der obersten Führungsebene
• Einbeziehung aller Stakeholder

- Ausbildungsprogramm
- Messsystem.

Technisch gesehen ist Sigma ein Buchstabe des griechischen Alphabets, der σ geschrieben wird. Er ist sowohl das Symbol als auch die Maßzahl für Prozessvariation. Eine Prozessleistung entspricht 6 Sigma, wenn die Variation eines einzelnen Prozess- oder Produktmerkmals so gering ist, dass in einer Million Möglichkeiten nur 3.4 Fehler auftreten. Statistisches Denken und statistische Werkzeuge sind Grundpfeiler von Six Sigma.

Der Pionier des Six-Sigma-Konzeptes ist Motorola. Es wurde dort 1987 als eine strategische Initiative eingeführt, und seither, insbesondere seit 1995, haben eine exponentiell steigende Anzahl von repräsentativen Weltunternehmen Six Sigma implementiert. Von den Fortune 500-Unternehmen des Jahres 1999 arbeiten 40 Unternehmen mit Six Sigma (Abb. 1.2). 14 dieser Unternehmen sind dabei unter den ersten 100 der Fortune 500-Liste.

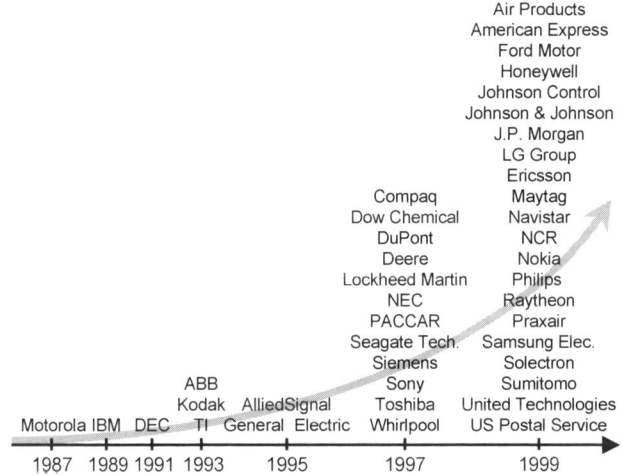

Abb 1.2 Die Anwendung von Six Sigma durch Unternehmen der „1999 Fortunes" Global 500 List of companies.

Der exponentielle Anstieg der Anwendung von Six Sigma erstreckt sich auch auf Unternehmen außerhalb der Fortune 500-Liste. Es sind Unternehmen wie Bombardier, Citibank, Freztech, Invensys, Maxwell, Medtronics, Pilkington, Shimano und Wipro, die ebenfalls massiven Nutzen aus Six Sigma ziehen. Im Schatten der großen Unternehmen hat Six Sigma in einer großen Anzahl von kleinen und mittleren Unternehmen Einzug gehalten. Viele dieser Unternehmen sind dabei Zulieferer von Großunternehmen, die Six Sigma anwenden, aber viele führen Six Sigma auch aus eigener Initiative ein. Einer der Hauptgründe für diesen Trend besteht darin, dass immer mehr Kunden von ihren Lieferanten

schnelle Verbesserungen des Leistungsniveaus fordern, z.B. kürzere Durchlaufzeiten, verbesserte Lieferpünktlichkeit und weniger Fehler.

Neben dieser vertikalen Verbreitung hat Six Sigma jedoch auch eine starke hori-
zontale Verbreitung innerhalb ganzer Industrien, Länder und Kontinente erlebt.
Six Sigma hat sich von einer Initiative der Elektroindustrie, für die hohe Produk-
tionszahlen und geringe Toleranzgrenzen spezifisch sind, zu einer allgemeinen
Initiative in einer Vielzahl von Branchen entwickelt. Heute ist Six Sigma in Bereichen wie der Luftfahrt, der chemischen, elektrotechnischen und metallverar-
beitenden Industrie weit verbreitet. Die jüngsten Implementierungen von Six
Sigma bei Fiat, Ford, Volvo, Navistar und Borg-Warner Automotive deuten darauf hin, dass Six Sigma als Nächstes in der Automobilindustrie starkes Wachstum verzeichnen wird. Der Einzug von Six Sigma in die Finanzwelt, welche
durch Unternehmen wie AIG Insurance, American Express, Citibank und GE
Capital Services repräsentiert wird, zeigt, dass sich Six Sigma auch im Dienstleistungsbereich etabliert. Six Sigma wurde kürzlich durch GE Global eXchange
Services auch in der Dot-Com-Industrie eingeführt.

Auf der Ebene von Ländern und Kontinenten hat sich Six Sigma von den USA
bis Europa und Asien verbreitet. Dabei ist interessant, dass z.B. in Deutschland,
Indien, Italien, Japan, China, Spanien, Süd-Korea, Schweden, der Schweiz und
Großbritannien Six Sigma in einer schnell ansteigenden Anzahl von Unternehmen angewendet wird.

Bis 1995 war der Vorstandsvorsitzende von Motorola, Robert W. Galvin, die
Führungskraft, die am deutlichsten für Six Sigma geworben hat. Im selben Jahr
haben auch Lawrence A. Bossidy, AlliedSignal, und John F. Welch, General
Electrics (GE), Six Sigma bekannt gemacht. Seither sind auch andere hoch profi-
lierte Führungskräfte dazugestoßen, z.B. Jacques Nasser von Ford, Charles O.
Holiday von DuPont, Benjamin M. Rosen von Compaq, Bon-Moo Koo von
LG, Vance D. Coffman von Lockheed Martin und William S. Stavropoulos von
Dow Chemical. Der Typ Führungskraft, der sich für Six Sigma entscheidet, wird
am besten durch Intel's Andy Grove charakterisiert, welcher Lawrence A. Bos-
sidy als eine „... solide, ernsthafte und mit beiden Beinen auf dem Boden ste-
hende Führungskraft" bezeichnet. Vor dem Hintergrund der beeindruckenden
Ergebnisse, die diese Führungskräfte von ihren Six-Sigma-Programmen berichten können, ist es wahrscheinlich, dass immer mehr ihrer Kollegen in anderen
Unternehmen ähnliche Initiativen starten werden.

Die Unternehmen und Führungskräfte, die mit Six Sigma arbeiten, erzählen alle
die gleiche Geschichte. Six Sigma ist eine langfristige strategische Initiative, die
äußerst harte Arbeit und extrem hohe Aufmerksamkeit fordert. Der Hauptgrund für den Erfolg von Six Sigma ist seine konsequente Ergebnisorientierung
in allen Verbesserungsinitiativen, die in Verbindung mit Six Sigma durchgeführt
werden.

## Kommentare und Literaturhinweise

Die Six Sigma-Definition der *Financial Times* ist in einem Artikel von Richard Tomkins, „GE Beats Expected 13% Rise" vom 10. Oktober 1997 enthalten. Weitere Erläuterungen zur technischen Bedeutung von Six Sigma befinden sich in Kapitel 2.1.1 und im Anhang C.1.

Was die Leistung des Landeprozesses von Flugzeugen betrifft, so ist es in der Industrie übliche Praxis nur Unglücksfälle zu zählen, die zum Verlust des Flugzeuges führen. Dies ist eine sehr ungenaue Maßzahl für Prozessleistung wenn man bedenkt, dass nur ein Bruchteil aller Landungen außerhalb der vorgesehenen Zone zum Verlust des Flugzeugs führen. Das Messen der Prozessleistung anhand der Abweichung vom Soll-Landepunkt oder alternativ, anhand der Landungen ausserhalb der Landungszone, wie in Kapitel 3.4 gezeigt, stellt dagegen eine geeignetere Methode dar, die die Prozessleistung korrekter widerspiegelt.

Die Statistiken zur Abfluggenauigkeit von Fluggesellschaften für 1999 sind der Februarausgabe von „Air Travel Consumer Report" des U.S Department of Transportation und dem Jahresbericht der European Regions Airline Association entnommen. Der letztere Bericht enthält nur Daten von regionalen Fluggesellschaften und nicht der gesamten Flugindustrie. In der Septemberausgabe 2000 von *Scanorama* erläutert der Vorsitzende der skandinavischen Fluggesellschaft SAS unter dem Titel „Open skies and transparent information": „Heute werden für jeden Flughafen Berichte über die Pünktlichkeit vierteljährlich erstellt und von Zeit zu Zeit veröffentlicht. Aber Fluggäste in Europa haben keinen Zugang zu Gesamtstatistiken von einzelnen Fluggesellschaften und haben daher keine objektive Basis für ihre Entscheidung beim Kauf von Reisedienstleistungen."

In der Presse finden sich eine Vielzahl von Artikeln, welche die schnelle Verbreitung von Six Sigma in den letzten Jahren beschreiben. Six Sigma als Industrietrend wird im Artikel „Pursuit of Six Sigma Emerges as Industry Trend" von Anthony L. Velocci in *Aviation Week & Space Technology*, 16. November 1998, diskutiert. Die drei Artikel von David Hunter in *Chemical Week* 1999 zur Anwendung von Six Sigma in der chemischen Industrie sind ebenfalls sehr empfehlenswert: „Six Sigma on the move" in der Ausgabe vom 3. März, „Six Sigma steps" in der Ausgabe vom 8. September und „Six Sigma benefits and approaches" (Co-Autor Bill Schmitt) in der Ausgabe vom 6. Oktober. Berichte über die Verbreitung von Six Sigma in der Automobilindustrie sind beispielsweise enthalten in *Quality Progress* von Mai 2000. Diese Ausgabe handelt ausschließlich von der Automobilindustrie und gibt deutliche Anzeichen für den Vormarsch von Six Sigma. Siehe z.B. „Linking Six Sigma with QS-9000" von Roderick A. Munro, und „Redesigned Consumer Survey Points to Low Hanging Fruit" von George Owens. Ein sehr empfehlenswerter branchenübergreifender Artikel ist „The Enigma of Six Sigma" von Jaindeep Lahiri in *Business Today*, Indien, vom 22. September 1999.

Für detaillierte Informationen über die neuesten Entwicklungen von Six Sigma verweisen wir auf *Quality Progress*, eine Zeitschrift, die von der amerikanischen Gesellschaft für Qualität, ASQ, herausgegeben wird. Die Ausgaben der Jahre 1999 und 2000 enthalten beispielsweise eine monatliche Kolumne von Mikel J. Harry zu Six Sigma. In einer Sonderausgabe zu Six Sigma im Juni 1998 sind einige hervorragende Beiträge enthalten. Darunter „Six Sigma and the Future of the Quality Profession" von Roger W. Hoerl, dem Manager des Qualitätsprogrammes bei GE, und „Bringing Quality to the Masses: The Miracle of Loaves and Fishes" von Gregory H. Watson. Die Mai-Ausgabe 1998 von *Quality Progress* beinhaltet den viel beachteten Artikel „Six Sigma. A Breakthrough Strategy for Profitability" von Mikel J. Harry und die Juli-Ausgabe 1998 enthält den interessanten Beitrag „Achieving Quantum Leaps in Quality and Competitiveness: Implementing the Six Sigma Solution" von Jerome A. Blakeslee.

# 2 Argumente für Six Sigma

*„Ein Dollar eingesparte Kosten*
*entspricht mindestens fünf Dollar Umsatz."*
Björn Boström, Vizepräsident, Ericsson

Das Hauptziel von Six Sigma ist die Verbesserung von Prozessleistungen. Die Begründung für diese Zielsetzung ist in der Erfolgsrechnung der Unternehmen zu finden und bezieht sich einerseits darauf, die Kosten zu reduzieren, und andererseits darauf, den Umsatz zu steigern. Dies bedeutet, dass durch Six Sigma das Geschäftsergebnis positiv beeinflusst wird. Der pragmatische und handlungsorientierte Ansatz, den Six Sigma mit diesen Zielsetzungen verkörpert, hat dazu geführt, dass Six Sigma in die Vorstandsetagen eingezogen ist. Details darüber, wie Six Sigma Umsatzerlöse und Kosten beeinflusst, tragen dazu bei, eine Vorstellung davon zu bekommen was Six Sigma ist – und was es nicht ist.

## 2.1 Der Kostenvorteil

Der Gewinn eines Unternehmens wird bekanntlich aus Umsatz und Kosten ermittelt, wobei bei den Kosten zwei verschiedene Kostenarten unterschieden werden. Zum einen sind dies die Kosten, die zur betrieblichen Leistungserstellung notwendig sind und typischerweise die Materialkosten, Lohnkosten und die entsprechenden Gemeinkosten umfassen. Zum anderen sind dies alle sonstigen Kosten, wie z.B. allgemeiner Verwaltungsaufwand, Zinsen oder Steuern.
In einer Geschäftswelt, in der sich Kosteneinsparungsprogramme in der Hauptsache auf Entlassungen und Restrukturierungen konzentrieren, stellt Six Sigma einen erfrischenden und belebenden Ansatz dar. Six Sigma zielt darauf, beide der oben genannten Kostenarten zu reduzieren – nicht ein einziges Verbesserungsprojekt ohne Kosteneinsparungen und nicht ein einziger Trainingskurs ohne kosteneinsparende Projekte. Einsparungen werden in allen Kostenarten erzielt, auch bei den Lohnkosten, aber dann durch verbesserte Prozessleistungen und nicht durch Reduzierung der Anzahl von Mitarbeitern.
Die Realisierung hoher Kosteneinsparungen reduziert die Aufwandsseite der Gewinn- und Verlustrechnungen, was ein Hauptgrund für die steigende Popularität von Six Sigma in der Industrie ist. Allein für das Jahr 1999 hat General Electric Company (GE) mit Six Sigma Einsparungen in Höhe von 2 Mrd. US$ realisiert und AlliedSignal berichtet von 500 Mio. US$ Einsparungen für das Jahr 1998. Um aus dem vorhandenen riesigen Einsparungspotenzial Nutzen zu ziehen, müssen jedoch die Dynamik von Geschäftsprozessen und die Dimensio-

nen des Leistungs- und Verbesserungsdreiecks – Variation, Durchlaufzeit und Nutzungsgrad – verstanden werden.

## 2.1.1 Prozesse

Jedes Produkt, das von Einzelpersonen oder von Organisationen konsumiert wird, ist das Ergebnis einer Versorgungskette. Diese Versorgungskette kann sich über mehrere Unternehmen erstrecken und ist im Grunde eine Serie mehrerer zusammenhängender Prozesse. Jeder Prozess kann in Teilprozesse zerlegt werden, und die Teilprozesse wiederum in weitere Teilprozesse usw. Die treibende Kraft von Six Sigma ist jedoch nicht die Identifizierung von Prozessen. Viele Unternehmen haben dies bereits im Rahmen anderer Initiativen durchgeführt. Unternehmen, die Six Sigma implementieren, konzentrieren sich dagegen darauf, wie gut ihre Prozesse tatsächlich funktionieren und wie sie verbessert werden können.

Eine allgemeine, aber immer noch sehr beliebte Definition von Prozessen ist „eine Aktivität oder Reihe von Aktivitäten, die auf wiederholbare Weise Einsatzfaktoren zu Produkten verwandelt" (Abb. 2.1). Für Unternehmen bestehen Produkte hauptsächlich aus Sachgütern mit den dazugehörigen Dienstleistungen sowie Dienstleistungen an sich. Als Einsatzfaktor gilt im Grunde genommen alles, was zur Leistungserstellung beiträgt, z.B. Arbeit, Material, Maschinen, Informationen, Messergebnisse etc. Einsatzfaktoren sind entweder „Regelfaktoren", d.h. dass diese physisch gesteuert werden können, oder „Störfaktoren", d.h. dass sie als unkontrollierbar gelten oder dass eine Steuerung zu teuer oder nicht erstrebenswert ist. Das pragmatische und einfache Six Sigma-Modell für Prozessverbesserungen lässt sich als Funktion ausdrücken:

$$y = f(x)$$

wobei $y$ die Ergebnisvariable (Merkmal eines Prozesses oder Produktes) und $x$ der Einsatzfaktor (ein oder mehrere Regelfaktoren) ist. Die $x$s sind die bestimmenden Faktoren und unabhängige Variablen, während die $y$s die abhängigen Variablen sind. Es gilt, die Einsatzfaktoren, $x$s, zu finden, die zu verbesserten Werten der Ergebnisvariablen, $y$, führen.

Jeder Prozess und jedes Produkt hat ein oder mehrere spezifizierte Merkmale, über die Aufzeichnungen gemacht werden können. Und es sind genau diese Merkmale, die dazu benutzt werden, die Leistungen von Prozessen zu messen – zumindest die wichtigsten darunter. Um die Leistung von Prozessen beurteilen zu können, sind Daten dieser Merkmale von mehr als einer Einheit des Produktes notwendig. Zum Beispiel sagen Daten von der Messung der Stärke der Lackierung nur einer einzelnen Karosserie wenig über die Leistung des Lackierungsprozesses aus. Werden jedoch die Lackierungen mehrerer Karosserien gemessen, können mit Hilfe statistischer Methoden Aussagen über die Leistung des Lackierungsprozesses gemacht werden. Typische Messgrößen für den La-

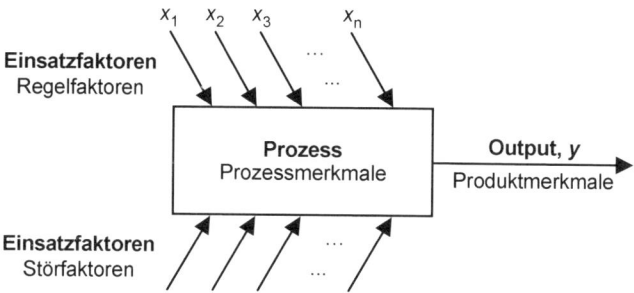

Abb. 2.1 Der Prozess mit seinen Einsatzfaktoren und dem resultierenden Produkt. Einsatzfaktoren sind entweder Regelfaktoren oder Störfaktoren.

ckierungsprozess sind z.b. Druck, Temperatur, Spannung, Umrüstzeiten beim Wechsel von Modellen und Durchlaufzeiten für die einzelnen Lackiervorgänge. Man unterscheidet zwei Arten von Merkmalen: kontinuierliche Merkmale und diskrete Merkmale. Kontinuierliche Merkmale können jeden gemessenen Wert auf einer kontinuierlichen Skala annehmen und liefern dabei kontinuierlich Daten, während diskrete Merkmale auf Zählung basieren und vorgegebene Werte annehmen. Typische Beispiele für kontinuierliche Daten sind Länge, Zeit oder Temperatur. Typische diskrete Merkmale sind die Anzahl „richtig/falsch", „akzeptabel/unakzeptabel" oder „gut/schlecht".
In den gemessenen Merkmalen findet sich immer Variation und dies muss bei der Spezifikation der Merkmale berücksichtigt werden. Die Spezifikationen für Produkt- oder Prozessmerkmale sind ein- oder zweiseitig. Zweiseitige Produktspezifikationen haben einen oberen Grenzwert (OSG) und einen unteren Grenzwert (USG) für ein Merkmal, wobei der Zielwert (T) für das Merkmal zwischen USG und OSG liegt. Der Zielwert stellt den idealen Wert für das Merkmal dar, da bei dessen Erreichen die Zusatzkosten minimal sind. Einseitige Spezifikationen definieren entweder eine Obergrenze mit einem Maximumwert oder eine Untergrenze mit einem Minimumwert für ein Merkmal. Der Zielwert für das Merkmal liegt dabei an einem definierten Punkt von der Spezifikationsgrenze weg.

## 2.1.2 Variation

Bei unserer Arbeit in der Industrie haben wir ein großes Defizit an Verständnis des Phänomens „Variation" festgestellt. Dies ist umso beunruhigender, wenn man bedenkt, dass Variation einer der grundsätzlichsten Aspekte unserer Welt ist. In Bezug auf Prozesse ist Variation in sozusagen allen Unternehmen die überwiegende Ursache für Zusatzkosten. Durch die Aufzeichnung von Prozessleistungen und eine formalisierte Verbesserungsmethodik ist Six Sigma ein pragmatischer Weg zur Reduzierung von Variation. Six Sigma hilft Unternehmen, die Schlüsseldimension des Leistungs- und Verbesserungsdreiecks zu verstehen und es zu ihren Gunsten zu nutzen.

Aufgrund des Phänomens der Prozessvariation ist es unmöglich, zwei genau identische Produkte zu produzieren – ausgenommen der Prozess des Klonens. Da Variation in allen Einsatzfaktoren, sowohl in den Regelfaktoren als auch in den Störfaktoren, zu finden ist, weisen auch Produkte und Prozesse Variation auf (Abb. 2.2).

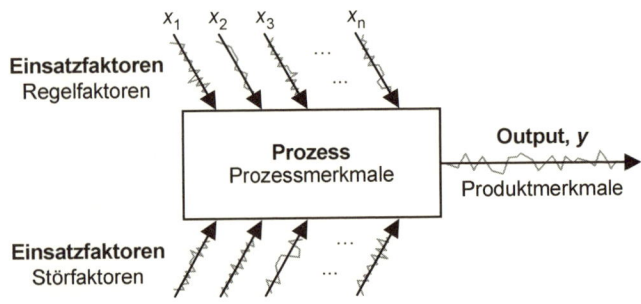

Abb. 2.2 Der Prozess mit Variation in verschiedenen Einsatzfaktoren, die sich auf den Prozess und auf die Prozess- und Produkteigenschaften überträgt.

Die Werte für ein Prozess- oder Produktmerkmal werden daher immer variieren. Durch Messung der Werte kann die Variation sichtbar gemacht und mit Hilfe von geeigneten Verteilungen statistisch analysiert werden.

Es gibt eine Vielzahl von Ursachen für die Variation von Prozess- und Produktmerkmalen. Sie werden normalerweise in zwei Klassen eingeteilt: allgemeine Ursachen und spezielle Ursachen. Unter Variation aufgrund allgemeiner Ursachen versteht man die Variation, die in jedem Prozess zu finden ist und die nur durch tiefgreifende Prozess- oder Produktdesignänderungen zu beseitigen ist. Dieser Typ der Variation kann eine Vielzahl von Ursachen haben. Variation aufgrund spezieller Ursachen tritt nicht zufällig auf. Spezielle Ursachen tragen in zeitlicher Hinsicht oder im Hinblick auf ihre Wirkung unvorhersehbar und in großem Maße zu Variation bei. Die tiefhängenden Früchte von Verbesserungen können oft identifiziert werden, indem man zwischen Variation aufgrund natürlicher Ursachen und Variation aufgrund spezieller Ursachen unterscheidet und dann die speziellen Ursachen beseitigt. Um allgemeine Ursachen zu beseitigen, müssen oft Systemänderungen vorgenommen werden.

Spezielle Ursachen von Variation führen zu erheblichen Veränderungen der Umgebungsbedingungen und sind in zeitlicher Hinsicht und im Hinblick auf ihre Wirkung unvorhersehbar. Typischerweise sind sie auf Qualitätsunterschiede bei Material von verschiedenen Lieferanten, Unterschiede in der Produktionsausrüstung oder auf Änderungen von Prozessen aufgrund schlechter Messsysteme und mangelnder Ausbildung zurückzuführen.

Verbesserungen der Prozessleistung im Hinblick auf Variation können auf drei

Arten erreicht werden, die sich gegenseitig ergänzen – Erreichen von Vorausschaubarkeit, Reduzierung der Streuung und Verbesserung der Zentrierung
(Abb. 2.3). Wenn ein Prozess spezielle Ursachen von Variation enthält, ist er unvorhersagbar, d. h. die zukünftige Leistung ist nicht vorhersehbar. Die besonderen Ursachen sind zu identifizieren und zu entfernen, sodass die Leistung vorhersehbar wird. Grosse Variation bei den Werten der einzelnen Merkmale
entspricht einer breiten Streuung. Diese Streuung kann reduziert werden, indem
die wichtigsten der besonderen Ursachen für die Variation identifiziert werden
und ihr Einfluss beseitigt oder reduziert wird.

Wenn der Mittelwert der bisherigen Prozessleistungen weit vom Zielwert des gemessenen Merkmals entfernt ist, kann die Prozessleistung durch eine bessere
Zentrierung der Prozesslage gesteigert werden. Gewöhnlich sind die regelmäßig
erhobenen Daten bezüglich des Prozesses ausreichend, um diese Verbesserung
zu erreichen. Manchmal muss jedoch das Wissen über einen Prozess erweitert
werden.

Es gibt insgesamt acht mögliche Zustände von Prozessen, wobei die bevorzugte
Kombination aus vorhersagbarer Leistung, geringer Streuung und guter Zentrierung besteht (s. Abb. 2.3). „Vorhersagbar" wird oft auch als „statistisch beherrscht" bezeichnet. Durch die professionelle Anwendung der sieben Qualitätswerkzeuge und Versuchsplanung, siehe hierzu Kapitel 8 und 10, können diese
bevorzugten Bedingungen erreicht werden.

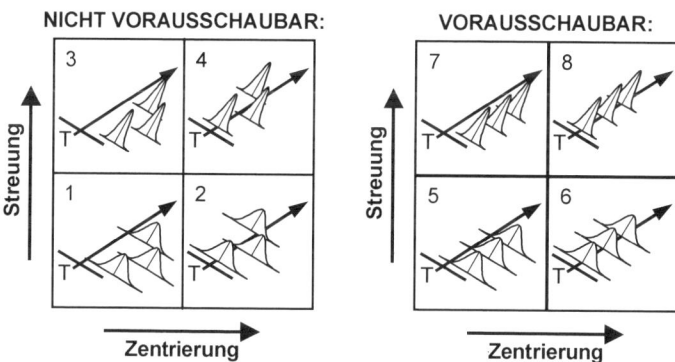

Abb. 2.3 Die drei Wege zur Verbesserung von Prozessleistungen – Vorhersagbarkeit,
Streuung und Zentrierung – und die acht möglichen Zustände von Prozessen. Die Pfeile von
Streuung und Zentrierung zeigen die Verbesserungsrichtung an, d. h. Quadrant 2 hat eine
bessere Zentrierung als Quadrant 1. Quadrant 1 (keine vorhersagbare Leistung, große
Streuung und schlechte Zentrierung) ist der am wenigsten bevorzugte Zustand und Quadrant 8 (vorhersagbare Leistung, geringe Streuung und gute Zentrierung) ist der am meisten
bevorzugte Zustand.

Die Philosophie von Six Sigma besteht darin, dass zur Erreichung eines hohen
Niveaus an Prozessleistungen, welches Quadrant 8 in Abbildung 2.3 entspricht,
Verbesserungsprojekte im Rahmen von kontinuierlichen Verbesserungszyklen

durchgeführt werden müssen. Die Arbeit in Zyklen ist nicht nur deshalb notwendig, weil Quadrant 8 nicht immer im ersten Verbesserungsprojekt erreicht wird, sondern auch weil die Streuung selbst immer verbessert werden kann. Die Reihenfolge der Verbesserungsaktivitäten in Six Sigma ist: (1) Entfernen spezieller Ursachen von Variation, (2) Reduzierung der Streuung und (3) Zentrierung auf den Zielwert. Kreative Problemlösungstechniken können dann dazu benutzt werden, um einen besseren Zielwert oder sogar einen ganz neuen Prozess zu identifizieren, der zu einer höheren Kundenzufriedenheit führt. Getreu dem chinesischen Philosophen Zhuangzi (369 v. Chr. – 286 v. Chr.), der in einer seiner bekanntesten Abhandlungen erläutert: „Wer einen Zollstock jeden Tag um die Hälfte kürzt, ist ein Leben lang beschäftigt."

**Das Messen von Variation**

Von den drei Dimensionen des Leistungs- und Verbesserungsdreiecks ist Variation der bevorzugte Messwert für Prozessleistung innerhalb des Six Sigma-Konzepts. Möglich wäre ebenso, Durchlaufzeit und Nutzungsgrad anzuwenden, aber diese werden auch durch Variation abgedeckt. Wenn z. B. die Durchlaufzeit für einen Prozess festgelegt worden ist, zeigt die Variation der Durchlaufzeit um den Zielwert herum die Prozessleistung für das gegebene Kriterium an. Dasselbe gilt für den Nutzungsgrad.

Durch die Messung von Variation stehen einige Maßeinheiten für Prozessleistungen zur Verfügung. Prozess- oder Maschinenfähigkeit, Fehler pro Million Möglichkeiten, Standardabweichung und der prozentuale Fehleranteil sind solche Beispiele. In Six Sigma sind Fehler pro Million Möglichkeiten (FpMM) und Sigma-Werte die hauptsächlich verwendeten Maßeinheiten. FpMM-Werte sind einfach, leicht zu verstehen, langfristig anwendbar und zeichnen Verbesserungsentwicklungen gut nach. Da Prozesse nur selten 1 Million Produkte im Zeitraum, der für Messungen geeignet ist, produzieren, ist mit Hilfe der Statistik zu ermitteln, wieviel Fehler pro Million Möglichkeiten auftreten. Ein weiterer Vorteil von FpMM ist, dass durch die Darstellung der Variation sowohl Streuung als auch Zentrierung abgedeckt werden. Sigma-Werte zeigen die kurzfristige Prozessleistung, in der die Zentrierung nicht berücksichtigt wird. Selbst bei einer relativ geringen Anzahl von Messungen ermöglichen statistische Berechnungen eine verlässliche Schätzung der Prozessleistung durch FpMM oder Sigma. In Anhang C sind mehr Informationen über FpMM- und Sigma-Werte mit praktischen Beispielen zur Durchführung von Messungen und Berechnungen enthalten.

Ist die Abweichung eines Wertes vom Zielwert so groß, dass der Wert außerhalb der spezifizierten Grenzen liegt, ist das Produkt oder der Prozess wahrscheinlich fehlerhaft. Hohe Fehlerraten kommen leider häufig vor und werden in Organisationen viel zu sehr geduldet. Technisch gesehen bedeutet Six Sigma, dass Prozesse eine Leistung von 6 Sigma erbringen. Dies ist dann der Fall, wenn für ein einzelnes Prozess- bzw. Produktmerkmal pro 1 Million Möglichkeiten auf lange

Sicht nur 3.4 Fehler vorkommen (Abb. 2.4). Ein Wert von 3.4 Fehlern pro
1 Million Möglichkeiten wird dann erreicht, wenn die Spezifikationsgrenzen 6σ
(Standardabweichungen) vom Zielwert entfernt liegen und der Durchschnittswert des Merkmals sich im Zeitverlauf – trotz aller Maßnahmen der Prozesssteuerung – um nicht mehr als 1.5 Standardabweichungen vom Zielwert abweicht. Industrielle Experimente haben gezeigt, dass dies ein zumutbarer Wert
ist und von Unternehmen, die Six Sigma anwenden, vorausgesetzt wird. Er resultiert aus einer einseitigen Integration ab 4.5 Standardabweichungen unter
der Normalverteilungskurve, welche eine Fläche von 3.4/1 000 000 ergibt (s. Anhang E.1).

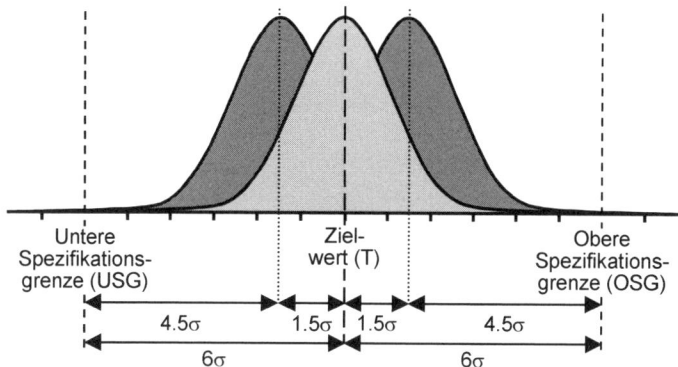

**Abb. 2.4** Die hellgraue Verteilung stellt ein Merkmal dar, das um den Zielwert herum zentriert ist. Misst man mehrmals die kurzfristige Leistung eines Merkmals, so stellt man fest,
dass sich der Mittelwert im Zeitverlauf verändert. Man geht gewöhnlich von einer Veränderung von ±1,5 σ (Standardabweichungen) aus, welche durch die dunkelgrauene Flächen dargestellt wird. Alle Langzeitmessungen in Six Sigma beinhalten diese Annahme, was auch
die Erklärung dafür ist, dass technisch gesehen Six Sigma einer Rate von 3.4 Fehlern pro
Million Möglichkeiten entspricht.

Es ist zu beachten, dass beim Vorliegen spezieller Ursachen von Variation der
zukünftige FpMM-Wert des betrachteten Prozesses nicht vorhersagbar ist. Das
heißt, der FpMM-Wert, der auf Basis der vergangenen Prozessleistungen ermittelt wurde, darf nicht zur Prognose der Prozessleistung verwendet werden. Man
könnte allerdings entgegenhalten, dass durch die Zusammenfassung von
FpMM-Werten mehrerer Prozesse eine gewisse Vorhersagbarkeit wiedererlangt
wird – allerdings nur dann, wenn kein einzelner unvorhersagbarer Prozess das
Gesamtergebnis dominiert.
Bei einem Prozess oder einem Produkt, bei dem mehrere Merkmale gemessen
werden, was häufig bei komplexen Systemen der Fall ist, kann die Fehleranzahl
für das Schlussprodukt augenscheinlich höher liegen. In manchen Branchen sind
Prozesse oder Produkte mit mehreren Zehntausend Merkmalen nicht unüblich.
Diese Dynamik wird gewöhnlich anhand einer Tabelle dargestellt, in der der
Anteil fehlerfreier Schlussprodukte im Verhältnis zur Gesamtanzahl der Merk-

male eines Prozesses oder Produkts angegeben wird, sowie die Durchschnitts-
leistung der einzelnen Merkmale in FpMM- und Sigma-Werten (Tab. 2.1).

| Anzahl von Merkmalen | 2 Sigma = 308537 FpMM | 3 Sigma = 66807 FpMM | 4 Sigma = 6210 FpMM | 5 Sigma = 233 FpMM | 6 sigma = 3 FpMM |
|---|---|---|---|---|---|
| 1 | 69.14% ok | 93.32% ok | 99.379% ok | 99.977% ok | 99.9997% ok |
| 7 | 7.55% ok | 61.63% ok | 95.73 % ok | 99.837% ok | 99.998 % ok |
| 10 | 2.50% ok | 50.08% ok | 93.96 % ok | 99.767% ok | 99.997 % ok |
| 20 | 0.06% ok | 25.08% ok | 88.29 % ok | 99.535% ok | 99.994 % ok |
| 40 | | 6.29% ok | 77.94 % ok | 99.084% ok | 99.988 % ok |
| 60 | | 1.58% ok | 68.81 % ok | 98.61 % ok | 99.982 % ok |
| 80 | | 0.40% ok | 60.75 % ok | 98.15 % ok | 99.976 % ok |
| 100 | | 0.10% ok | 53.64 % ok | 97.70 % ok | 99.970 % ok |
| 500 | | | 4.44 % ok | 89.00 % ok | 99.850 % ok |
| 1000 | | | 0.20 % ok | 79.21 % ok | 99.700 % ok |
| 17000 | | | | 1.90 % ok | 95.03 % ok |
| 50000 | | | | | 86.07 % ok |
| 100000 | | | | | 74.08 % ok |

Tab. 2.1 Übersicht über den Anteil fehlerfreier Produkte im Verhältnis zur Anzahl der Merkmale in einem Prozess oder Produkt und die entsprechenden FpMM- und Sigma-Werte.

Prozessleistungen im Bereich von 3.4 Fehlern pro Million Möglichkeiten oder 6
Sigma sind selbst bei den führenden Unternehmen der Welt sehr selten. Forschung von Motorola und anderen Six Sigma-Unternehmen hat gezeigt, dass
eine Auswahl von Prozessen, die bei Durchschnittunternehmen bei etwa 4 Sigma
liegen (siehe Abb. 2.5), sich bei führenden Unternehmen jedoch bei etwa 6
Sigma befinden. Die Six Sigma-Unternehmen haben bewiesen, dass Six Sigma
den konzeptionellen Rahmen, die Methodik und die Werkzeuge liefert, um zum
Niveau von 6 Sigma zu gelangen.
Wie bereits erläutert, kann die Variation von Merkmalen anhand von Verteilungen illustriert werden. Theoretisch gesehen kann die Verteilung eines Merkmals
viele Formen annehmen. In Six Sigma geht man jedoch davon aus, dass kontinuierliche Merkmale normalverteilt (Gauß'sche Normalverteilung) und diskrete
Merkmale entsprechend der Poissonverteilung gestreut sind. Unter bestimmten
Bedingungen können auch diskrete Merkmale als normalverteilt betrachtet werden. Weitere detaillierte Erläuterungen hierzu sind im Anhang B.2 zu finden.

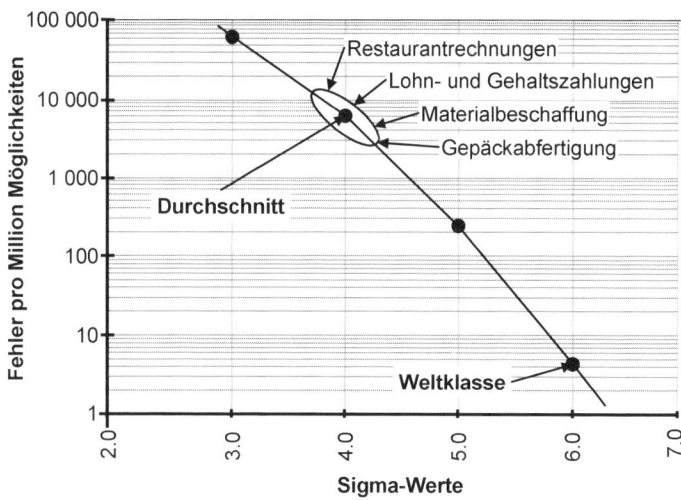

Abb. 2.5 Die Prozessleistung durchschnittlicher Unternehmen für diese vier Prozesse liegt typischerweise bei ca. 4 Sigma; die besten Unternehmen dagegen haben ihre Prozessleistung bis auf ca. 6 Sigma verbessert.

Die beiden Kennwerte einer Normalverteilung sind der Mittelwert und die Standardabweichung. Der Mittelwert gibt die Lage der Verteilung auf einer kontinuierlichen Skala an, während die Standardabweichung die Streuung der Einzelwerte aufzeigt. Für eine Gesamtheit, d.h. wenn einzelne Messwerte für alle Bestandteile der Gesamtheit vorliegen, und für eine Stichprobe, d.h. wenn Messwerte nur für eine Auswahl der Gesamtheit vorliegen, werden unterschiedliche Symbole benutzt:

$\mu$ = Mittelwert der Grundgesamtheit

$\sigma$ = Standardabweichung der Grundgesamtheit

$\bar{x}$ = Mittelwert der Stichprobe

$s$ = Standardabweichung der Stichprobe

Die statistischen Werte einer Stichprobe können immer zur Schätzung der Grundgesamtheit herangezogen werden. Die Möglichkeit, mit Hilfe von Stichproben auf die Gesamtmenge zu schließen, ist ein zentrales Element der Statistik und folglich auch von Six Sigma.

### Zusatzkosten durch Variation und Kosten schlechter Prozessleistungen

Ein bedeutender Teil des Verständnisses für Variation ist die Erkenntnis, dass Variation in jedem beliebigen Prozess oder Produkt Zusatzkosten verursacht. Zum Teil werden diese „Kosten schlechter Prozessleistung" genannt. Die Zusatzkosten werden durch das Unternehmen selbst oder durch den Kunden oder die Gesellschaft getragen. Diese Auffassung steht im Gegensatz zur dominieren-

den Praxis, die davon ausgeht, dass Zusatzkosten nur dann entstehen, wenn
Messwerte eines Prozess- oder Produktmerkmals außerhalb der Spezifikationsgrenzen liegen (s. Abb. 2.6). Diese Auffassung ist in realen Situationen kaum
haltbar. Es ist z. B. fraglich, wie ein Produktmerkmal, für welches ein Messwert
ermittelt wurde, der gerade noch innerhalb der Spezifikationsgrenzen liegt, als
vollkommen fehlerfrei gilt und somit keinerlei Zusatzkosten verursacht, während bei einem Messwert, der gerade außerhalb der Spezifikationsgrenzen liegt,
das Produkt als fehlerhaft gilt und Zusatzkosten in voller Höhe verursacht?

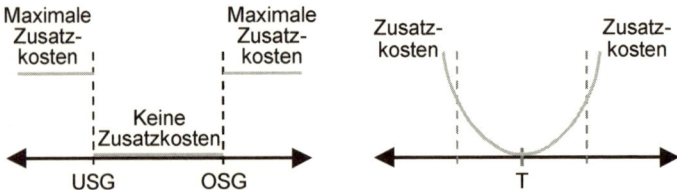

Abb. 2.6 Eine Visualisierung von erwarteten Zusatzkosten. Links ist die dominierende
Ansicht in der Industrie, dass Zusatzkosten von den Spezifikationsgrenzen abhängig sind.
Rechts ist die Folgerung der Variationstheorie, wonach jede Abweichung vom Zielwert
Zusatzkosten verursacht. Diese basiert auf der so genannten „Verlustfunktion", die der
japanische Wissenschaftler Genichi Taguchi in den 60-er Jahren entwickelt hat.

Six Sigma führt in Unternehmen zu der Auffassung, dass jegliche Abweichung
eines Merkmals vom Zielwert zu Zusatzkosten führt. In Six Sigma-Unternehmen sagt man daher, dass Variation der „Feind Nr. 1" ist und Variation be-
kämpft werden muss. Beispiele für Kosten schlechter Prozessleistung sind End-
kontrolle, fällige Forderungen, verspätete Materiallieferungen, Abfall und hohe
Lagerbestände. Eine mehr umfassende Liste ist im Anhang A.3 enthalten. Die
Erfahrungen von Motorola, ABB und anderen Six Sigma-Unternehmen haben
gezeigt, dass Variation in der Prozessleistung eng zusammenhängt mit den Kosten schlechter Prozessleistung (s. Abb. 2.7). Diese Unternehmen haben das
enorme Kosteneinsparungspotenzial durch verminderte Variation in Prozessen
deutlich gemacht. Eine andere übliche Bezeichnung für „Kosten schlechter Prozessleistung" ist „Qualitätskosten".

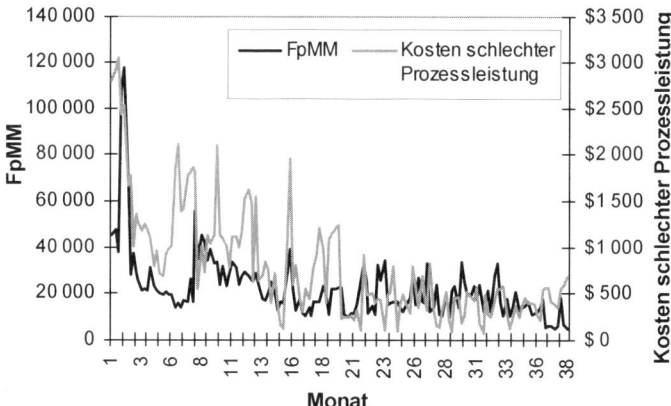

**Abb. 2.7** Eine Darstellung der Prozessleistung, in FpMM gemessen, sowie Kosten schlechter Prozessleistung. Die Daten wurden wöchentlich über 38 Monate in einem ABB-Werk in Australien gemessen. Die Grafik bestätigt den starken Zusammenhang von Verbesserungen der Prozessleistung und Kostersparnissen, den Six Sigma-Unternehmen erfahren haben.

### 2.1.3 Durchlaufzeit und Nutzungsgrad

Für alle Prozesse lassen sich Durchlaufzeit und Nutzungsgrad bestimmen. Die Durchlaufzeit eines Prozesses ist die durchschnittliche Zeit, die von einer Einheit benötigt wird, um alle Einsatzfaktoren zum Endprodukt umzuformen. Jeder Prozess hat eine Durchlaufzeit. Der Nutzungsgrad eines Prozesses ist die Menge an Produkten im Verhältnis zu den eingesetzten Ressourcen. Eine effizientere Umformung von Einsatzfaktoren zu Produkten wird daher zweifellos zu einem besseren Nutzungsgrad führen. Durchlaufzeit und Nutzungsgrad beziehen sich daher auf ein großes Spektrum betrieblicher Fragestellungen, wie z.B. die Auslastung von Maschinen und Einrichtungen, Rüstzeiten, Zeitvorgaben, Kapazitäten oder Produktivität.

Zur Verbesserung der Durchlaufzeit und des Nutzungsgrads im Rahmen von Six Sigma-Verbesserungsprojekten wird derselbe Ansatz benutzt wie zur Verbesserung von Variation: Erreichen von Vorhersagbarkeit; Reduzierung der Streuung; und Verbesserung der Zentrierung. Der Zentrierungsaspekt ist hier jedoch etwas weiter gefasst, denn der Zielwert für Durchlaufzeit und Nutzungsgrad selbst kann, zumindest kurzfristig, immer verbessert werden, während der Zielwert für andere Merkmale als ideal betrachtet wird und längerfristige Gültigkeit hat.

Dies kann am folgenden Beispiel verdeutlicht werden: Die Durchlaufzeit eines Prozesses ist in der Form vorgegeben, dass ein bestimmter Flug jede 65 Minuten (± 5 Minuten) von einem bestimmten Ausgang eines Flughafens startet. Verbesserung der Prozessleistung würde in diesem Fall bedeuten, eine vorhersagbare Prozessleistung zu erreichen, die Streuung sowie die Zentrierung um den Zielwert herum zu verbessern. Die Flüge würden dann stetig und immer näher am

65-Minuten-Ziel abgehen. Durch verbesserte Prozesse im Bodenbereich der Flugabfertigung könnte jedoch der Zielwert auf 47 Minuten (±5 Minuten) festgesetzt werden, wobei der Prozess immer noch vorhersagbar ist und dieselbe Streuung besitzt. Dadurch wird eine Verbesserung der Flugsteigkapazität von 28% erreicht. Die meisten Six Sigma-Unternehmen erfassen eine solche Verbesserung anhand der Kosteneinsparung und rechnen sie Verbesserungsprojekten zur Reduzierung von Variation zu. Es ist allerdings zu beachten, dass die Verbesserung von 67 Minuten auf 47 Minuten nicht im FpMM-Wert angegeben wird, denn der FpMM-Wert macht nur Aussagen über Streuung und Zentrierung um einen Zielwert.

Six Sigma-Unternehmen wie ABB, Motorola und GE berichten über zahlreiche Verbesserungsprojekte in Bezug auf Durchlaufzeiten und Nutzungsgrad. Projekte, die zur Reduzierung der Durchlaufzeit um 50% und mehr führen, sind nicht selten. Im Jahresabschluss von GE für das Jahr 1999 wird dargelegt, dass „… Tausende von Projekten zur Verbesserung der Leistungsfähigkeit und Reduzierung von Variation in den internen Prozessen durchgeführt wurden, von den Produktionshallen bis zu den Büroräumen der Finanzabteilung". Die Jahresabschlüsse von GE enthalten seit 1996 eine Fülle von detaillierten Beispielen: das Segment Flugzeugmotoren berichtet, dass Six Sigma zu „… 70 Mio. US$ in Produktivitätsverbesserungen" geführt hat, das Segment Industrielle Systeme berichtet, dass durch Six Sigma „… dramatische Verbesserungen der Lieferleistung durch Distribution" erzielt wurden und das Segment Plastik, dass „… das Ergebnis um 4% gestiegen ist, aufgrund Six Sigma-basierter Produktivitätssteigerungen". Solche Berichte bestätigen die Fähigkeit von Six Sigma, Durchlaufzeiten und Nutzungsgrad zu verbessern.

Aber nicht nur Six Sigma konzentriert sich auf Durchlaufzeiten und Nutzungsgrade. Diese stehen auch im Mittelpunkt von Verbesserungskonzepten wie Lean Manufacturing, Business Process Reengineering, Activity Based Costing, Poka Yoke, Single Minute Exchange of Die oder die Fünf S (5S). Six Sigma fügt jedoch die wichtige Forderung hinzu, dass Verbesserungen der Durchlaufzeit oder des Nutzungsgrades nicht zu einer Erhöhung der Variation führen dürfen. Die Variation sollte konstant bleiben oder besser werden. Dieser Ansatz verstärkt das Engagement und die Verpflichtung zu Six Sigma in der Organisation, da die Methode dadurch konsistenter wird und das allgemeine Verständnis für die Verbesserungsarbeit fördert. Nützliche Werkzeuge zur Verbesserung von Durchlaufzeit und Nutzungsgrad, wie z.B. Flussdiagramm, Ursache-Wirkungs-Diagramm, Pareto-Diagramm, Regressionsanalyse und Versuchsplanung, sind in Kapitel 8 und Kapitel 10 enthalten.

## 2.1.4 Der Kostenkreislauf

Verbesserungsprojekte – unter Anwendung der formalisierten Methodik – sind die Hauptaktivität in einem Six Sigma-Programm. Dadurch werden Verbesserungen der Prozessleistungen und Kosteneinsparungen erreicht, die sich direkt auf das Ergebnis des Unternehmens auswirken. Das Element, das diesen Kreislauf schließt, ist Verpflichtung. Verpflichtung zu Six Sigma als Initiative und zu Verbesserungsprojekten. Ohne die bedingungslose Verpflichtung in erster Linie der Unternehmensführung und in zweiter Linie aller anderen beteiligten Gruppen (Stakeholder), ist Six Sigma ein viel zu ehrgeiziges Vorhaben für ein Unternehmen. Um diese Verpflichtung herzustellen, ist die Einbeziehung des Managements ein integrativer Teil von Six Sigma. So erhält beispielsweise nach jedem Verbesserungsprojekt die Unternehmensleitung einen Bericht über die Kosteneinsparungen, und mit Hilfe des Messsystems kann eine einzige, alle Unternehmensprozesse umfassende Zahl der gesamten Prozessleistung geliefert werden, die es zudem ermöglicht, die Verbesserungsentwicklung aufzuzeigen. Verpflichtung fordert auch, dass diejenigen, die in das Six Sigma-Programm einbezogen sind, ihre Verantwortung wahrnehmen und das Programm vorwärtsbringen sowie sicherstellen, dass die Verbesserungsprojekte auch tatsächlich durchgeführt werden. Dadurch wird ein sich selbst verstärkender Kreislauf in Gang gesetzt, der zu sichtbaren Ergebnissen führt und dadurch Verpflichtung fördert. Wir bezeichnen ihn als Kostenkreislauf, da die Kosten in allen Elementen des Kreislaufes zu finden sind (Abb. 2.8).

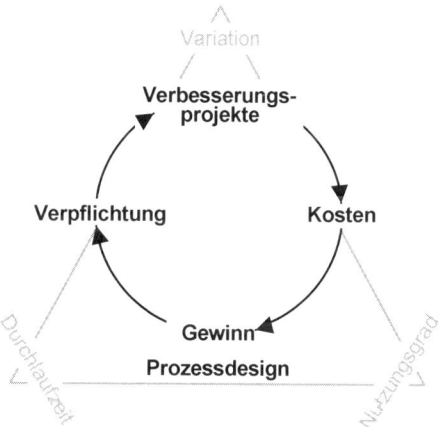

Abb. 2.8 Der Kostenkreislauf von Six Sigma zeigt, wie Verbesserungsprojekte hinsichtlich Variation, Durchlaufzeit und Nutzungsgrad die Kosten und das Geschäftsergebnis beeinflussen und wie Verpflichtung für weitere Verbesserungsprojekte geschaffen wird.

Der Kreislauf kann sich entweder positiv oder negativ entwickeln. Eine positive Entwicklung entsteht dann, wenn Verbesserungsprojekte durchgeführt werden, die zu Kosteneinsparungen führen, den Gewinn erhöhen und damit auch die Verpflichtung der Anspruchsgruppen (Stakeholder). Wenn das Unternehmen jedoch den Fokus auf Verbesserungsprojekte verliert, werden die Kosten unweigerlich steigen, der Gewinn sinken und damit auch die Verpflichtung zur Methodik abnehmen.

Ein Vizepräsident von Ericsson, dem schwedischen Telekommunikationskonzern, hat für Aufsehen gesorgt, als er im Rahmen einer Konferenz die Behauptung „Ein Dollar Kosteneinsparung entspricht mindestens fünf Dollar Umsatz" aufgestellt hat. Für Unternehmen mit engeren Gewinnspannen steigt der Wert eines gesparten Dollars im Verhältnis zum Umsatzwert. Obwohl sich Six Sigma kurzfristig durch die Reduzierung von Prozessvariation auf Kostenreduzierung zielt, hat es auf lange Sicht auch die Fähigkeit, das Geschäftsergebnis zu verbessern, d.h. Kundenzufriedenheit und Umsatz zu steigern. Hierin besteht der Umsatzvorteil von Six Sigma, der auch den alles bedeutenden Faktor „Kunde" mit einbezieht.

## 2.2  Der Umsatzvorteil

In der Erfolgsrechnung ist der Umsatz die Ausgangsgröße für die Berechnung. Er beruht auf den Preisen und Mengen von Produkten und Dienstleistungen, die in einer gegebenen Periode verkauft wurden. Sowohl Preise als auch Mengen, d.h. der Marktanteil, werden weitgehend von der Kundenzufriedenheit bestimmt. Das Phänomen „Kundenzufriedenheit" hat sich in den letzten beiden Jahrzehnten schnell entwickelt, hauptsächlich aufgrund der Entwicklung des weltweiten Handels mit den Folgen größerer Auswahl für die Kunden und härterer Konkurrenz für die Unternehmen. GE, Motorola und andere Six Sigma-Unternehmen betonen die Bedeutung der Kundenzufriedenheit und berichten über bedeutende Verbesserungen der Prozessleistungen aufgrund ihrer Kundenorientierung.
Wie in Kapitel 2.1.1 definiert, ist ein Prozess eine Reihe von Aktivitäten, die auf wiederholbare Weise Einsatzfaktoren zu Produkten verwandelt. Was wir aus Gründen der Zweckmäßigkeit in dieser Definition ausgelassen haben, ist der Kunde. Ohne Kunden, ob interne oder externe, würde es keine Prozesse geben. Die vollständige Definition eines Prozesses ist daher: „Eine Aktivität oder Reihe von Aktivitäten, die für den Kunden auf wiederholbare Weise Einsatzfaktoren zu Produkten verwandelt" (s. Abb. 2.9). Die Merkmale, die zur Beurteilung der Prozessleistung gemessen werden, sollten daher nicht nur Bedeutung für das Unternehmen haben, sondern auch für den Kunden. Im Denkmodell von Six Sigma-Verbesserungsprojekten ist $y = f(x)$. Es ist daher wichtig, die Einsatzfaktoren ($xs$) zu finden, die aus Sicht der Kunden zu verbesserten Werten der Ergebnisvariablen ($y$) führen. Ein Prozess wird immer durch die Nachfrage eines Kunden nach dem Produkt ausgelöst, zumindest sollte dies so sein, und er sollte immer mit einem zufriedenen Kunden abschließen.

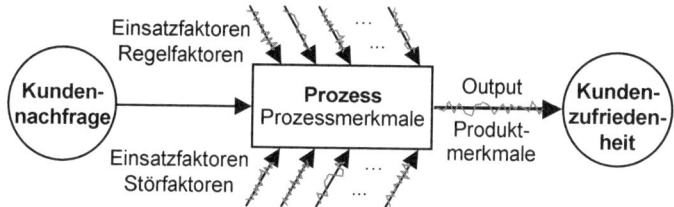

Abb. 2.9 Ein kompletter Prozess, der mit dem Kunden und seiner Nachfrage anfängt und mit dem zufriedenen Kunden endet.

Sowohl Nachfrage als auch Kundenzufriedenheit sind menschlich und sehr individuell, d.h. die Nachfrage nach einem Produkt und die Zufriedenheit mit einem Produkt variiert von Kunde zu Kunde. Es ist daher wichtig, dass sich ein Unternehmen im Umgang mit seinen Kunden dieser Variation bewusst ist. Ein anschauliches Beispiel zur Betrachtung von Kundenzufriedenheit, das auch einige Elemente der Kundennachfrage erläutert, ist im anerkannten Kano-Modell enthalten (Abb. 2.10). In diesem werden Kundenbedürfnisse in Basisanforderungen, Leistungsanforderungen und Begeisterungsanforderungen unterteilt.

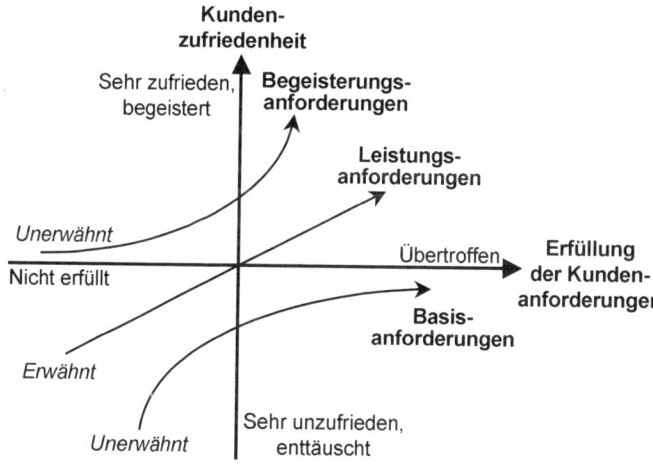

Abb. 2.10 Das Kano-Modell für Kundenzufriedenheit. Es wurde von Noriaki Kano 1984 entwickelt und zeigt, wie Kundenzufriedenheit davon abhängt, dass die Basisanforderungen erfüllt werden, aber auch davon, dass Leistungsanforderungen und Begeisterungsanforderungen erfüllt werden müssen, um eine höhere Ebene der Kundenzufriedenheit zu erreichen.

Unter Basisanforderungen werden im Kano-Modell die Erwartungen des Kunden verstanden, die dieser fast unbewusst hat oder die so selbstverständlich sind, dass der Kunde, wenn er gefragt würde, sie gar nicht erst erwähnen würde. Wenn diese Basisanforderungen des Kunden nicht erfüllt werden, ist der Kunde am unzufriedensten. Der Kunde wird jedoch auch nicht vollkommen zufrieden sein, wenn nur seine Basisanforderungen erfüllt sind. Das Modell legt daher hauptsächlich Gewicht auf die Erfüllung der Leistungsanforderungen des Kunden. Die Leistungsanforderungen des Kunden sind die Bedürfnisse, die der Kunde gern erfüllt haben möchte, obwohl diese nicht immer für das Funktionieren des Produktes notwendig sind. Begeisterungsanforderungen sind erfreuliche Überraschungen, welche die Erwartungen des Kunden übertreffen. Diese müssen produzierende Unternehmen weitestgehend selbst durch attraktive Produktentwicklungen hervorbringen.

Nehmen wir das Beispiel eines Neuwagens. Dass der Wagen beim Umdrehen des Schlüssels startet, die Bremsen funktionieren und die Scheiben und die Lackierung keine sichtbaren Schäden haben, kann in den meisten Fällen als Basisanforderungen des Kunden gelten. Leistungsanforderungen des Kunden sind möglicherweise, dass der Wagen vor der Übergabe gewaschen und poliert wurde, das Innere des Wagens nach Neuwagen riecht, die Sitze leicht einzustellen sind und in den folgenden Jahren keine größere Autopanne vorkommt. Beispiel für Begeisterungsanforderungen bei einem Neuwagenkauf sind ein Navigationssystem, die Lieferung eines Blumenstraußes und ein Videofilm mit einer Darstellung des Wagens, der notwendigen Instandhaltungsarbeiten und des Produktionsprozesses. Die Dynamik dieser Dimensionen ist wichtig. Begeisterungsanforderungen von heute können morgen schon Leistungsanforderungen sein. Z. B. war die automatische Zündung bei Autos eine Begeisterungsanforderung, als sie auf den Markt kam, heute ist sie eine Basisanforderung.

## 2.2.1 Kundenanforderungen

Im Markt ist es nicht üblich, Kundenzufriedenheit auf die Elemente Basisanforderungen, Leistungsanforderungen und Begeisterungsanforderungen zurückzuführen. Kunden stellen ganz einfach ihre Ansprüche an ein Produkt oder einen Lieferanten. Wie im Kano-Modell gezeigt, sind die Ansprüche der Kunden eine Summe von Basisanforderungen und Leistungsanforderungen.

Motorola, GE, ABB und andere Six Sigma-Unternehmen stellen sicher, dass die Ansprüche der Kunden erfüllt werden, indem sie Prozesse und Produkte im Hinblick auf deren Anforderungen messen, z.B. wenig Produkte zu produzieren, die der Kunde als fehlerhaft einstuft. Um diesen Effekt zu erzielen, so betonen diese Unternehmen, ist es unerlässlich, dass die Kunden ihre Anforderungen formulieren. Die Identifikation von Kundenanforderungen ist ein integrativer Bestandteil von Six Sigma und Six Sigma geht sogar weiter, indem es auch die Umsetzung der Anforderungen in Prozess- oder Produktmerkmale mit einbezieht. Da Kunden ihre Anforderungen an Prozess- oder Produktmerkmale nur selten direkt äußern, wurde eine Methode entwickelt, die systematisch Kundenanforderungen in Prozess- und Produktmerkmale umsetzt. Diese Methode nennt sich Quality Function Deployment (s. Kapitel 9). Durch diese Methode ist es möglich, die von den Kunden genannten Anforderungen entsprechend ihrer Bedeutung zu ordnen und zu priorisieren. Daraus resultiert eine Kombination von Prozess-

und Produktmerkmalen, die in Six Sigma-Unternehmen als „kritisch für den Kunden" bezeichnet werden. Sind diese Merkmale erst identifiziert, werden die Kunden nach dem gewünschten Wert für jedes Merkmal befragt, d.h. der Kunde definiert den Zielwert. Weiterhin definiert der Kunde, was als Fehler für ein Merkmal gilt, und er gibt damit die Spezifikationsgrenzen für dieses Merkmal vor. Diese wertvollen Informationen werden in Six Sigma dann als Basis zur Messung der Prozessleistungen benutzt.

Das Messen der Fehler pro Million Möglichkeiten liefert die Fehlerquote in ausgewählten Merkmalen, die für den Kunden als kritisch gelten. Hierbei ist zu beachten, dass Kunden sowohl diejenigen innerhalb des Unternehmens als auch die externen Kunden umfassen. Die Anforderungen der internen Kunden sollten jedoch mit den Anforderungen der externen Kunden korrespondieren. Interne Anforderungen, die für externe Kunden keinerlei Wert besitzen, sind ein typisches Beispiel für nicht wertschöpfende Aktivitäten oder für falsche Annahmen über die externen Kunden. Bestehen solche Lücken, müssen geeignete Maßnahmen ergriffen werden.

Traditionell wurden die Merkmale und die Spezifikationsgrenzen von unternehmenseigenen Ingenieuren festgesetzt, welche von Annahmen über die Kunden ausgingen. Zielwerte wurden selten definiert, da alles, was innerhalb der Spezifikationsgrenzen lag, als akzeptabel galt. Das Problem der Ingenieure bestand darin, dass diese häufig mit Hilfe von Schätzungen arbeiten mussten, da sie nur selten Zugang zu Informationen der Marketingabteilung und der Verkäufer hatten. Das Ziel von Six Sigma besteht darin, eine zunehmende Anzahl von Kunden durch Produkte zufrieden zu stellen, die ihren Anforderungen entsprechen, was gleichzeitig bedeutet, die Fehlerquote zu reduzieren. Die durchschnittliche Prozessleistung bei Motorola, das angeblich schon über das Niveau von 6 Sigma hinausgekommen ist, entspricht weniger als 3.4 Fehlern pro Million Möglichkeiten. Dies bedeutet, dass das Unternehmen mit Hilfe der Merkmale, die für die Kunden kritisch sind, im Durchschnitt in 999 997 von 1 000 000 Fällen den Anforderungen der Kunden entspricht.

## 2.2.2 Der Umsatzkreislauf

Lässt man die Kunden die kritischen Merkmale identifizieren, bedeutet dies, dass jegliche Verbesserung von Prozessleistung unweigerlich zu weniger Fehlern aus Sicht der Kunden führt. Dies hat wiederum zur Folge, dass eine stetig ansteigende Zahl von Kunden ihre Anforderungen erfüllt sieht und damit ein höheres Maß an Kundenzufriedenheit erreicht wird. Dasselbe gilt für Verbesserungen der Durchlaufzeit, welche z.B. eine kürzere Antwortzeit für den Kunden zur Folge hat und für den Nutzungsgrad durch effizientere Ausnutzung von Ressourcen. Im Jahresabschluss 1997 von GE macht GE Capital Services folgende Aussage: „Unser Ansatz besteht darin, „Fehler" zu reduzieren, und zwar dadurch, dass wir uns auf die Bedürfnisse der Kunden konzentrieren, Prozesse verbessern und alle Mitarbeiter darin einbeziehen. Commercial Finance hat mit Hilfe von Six

Sigma die Anzahl von Geschäftsabschlüssen gesteigert, da sie dadurch die Kundenanforderungen besser verstanden hatten. Sie entwickelten ein Kundenanforderungsabkommen, welches zu einer 160% Steigerung von Neuabschlüssen geführt hat." Im Jahresabschluss 1999 berichtet dasselbe Unternehmen: „Wo immer in der Welt wir vertreten sind, benutzt GE Capital Services Six Sigma ... es hat 1999 zu über 400 Mio. US$ an Umsatz geführt."

Six Sigma-Projekte führen also zu erhöhter Kundenzufriedenheit, was wiederum wachsende Marktanteile und schließlich Umsatzsteigerungen zur Folge hat. Als Folge der Umsatzsteigerungen und der durch Verbesserungsprojekte erzielten Kosteneinsparungen steigen die Gewinne sowie die Verpflichtung zur Methodik und weitere Verbesserungsprojekte werden identifiziert. Diese Entwicklungen zeigen einen bestimmten Kreislauf auf, den wir den Umsatzkreislauf nennen. Kombiniert man diesen mit dem oben beschriebenen Kostenkreislauf entsteht ein umfassendes Bild der Auswirkungen von Six Sigma-Verbesserungsprojekten auf den Gewinn eines Unternehmens (Abb. 2.11).

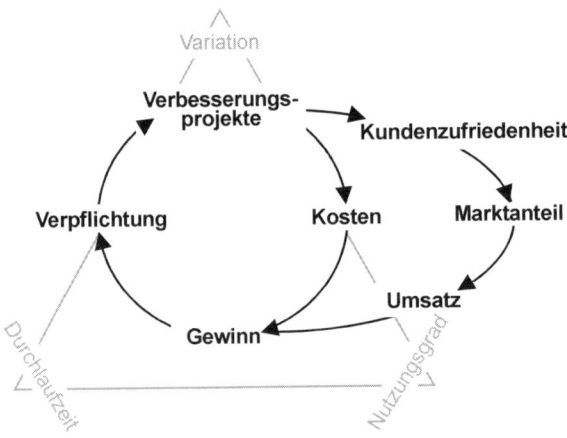

Abb. 2.11 Der Umsatzkreislauf zusammen mit dem Kostenkreislauf zeigen, wie Six Sigma-Verbesserungsprojekte – zu Variation, Durchlaufzeit und Nutzungsgrad – sowohl Kosten als auch Umsatz beeinflussen. Allein sichert der Umsatzkreislauf durch Verbesserungsprojekte, dass die Erwartungen von immer mehr Kunden auf einer konsistenten Basis erreicht werden. Dies lässt Steigerungen von Kundenzufriedenheit, Marktanteilen, Umsatz und Geschäftsergebnis entstehen, was wiederum zu höherer Verpflichtung für weitere Verbesserungsprojekte führt.

Genau wie der Kostenkreislauf kann sich der Umsatzkreislauf in positiver oder negativer Richtung auswirken. Es dauert jedoch länger, Erfolge mit dem Umsatzkreislauf zu erreichen als mit dem Kostenkreislauf. Der Grund dafür liegt in den Rückmeldungen der Kunden und der höheren Komplexität. Forschung hat gezeigt, dass ein enttäuschter Kunde seine Unzufriedenheit zehn potenziellen Kunden mitteilt, während nur einer von hundert enttäuschten Kunden das Unternehmen von seiner Unzufriedenheit informiert.

Die in Six Sigma bevorzugte Maßzahl für Prozessleistungen, Fehler pro Million Möglichkeiten (FpMM), ist nicht nur ein guter Indikator für die Kosten schlechter Prozessleistungen, sondern dient auch dazu, Potenzial zur Verbesserung der Kundenzufriedenheit zu identifizieren. Sinkende Fehlerquoten zeigen daher höhere Kundenzufriedenheit an, während steigende Fehlerquoten größeres Verbesserungspotenzial signalisieren. Die Unternehmen, die Six Sigma anwenden, sind von der Vorhersehbarkeit der FpMM-Werte, welche der Unternehmensleitung eine gute Basis für faktenbasierte Entscheidungen liefern, überzeugt.

## 2.3 Weitere Vorteile von Six Sigma

Bisher haben wir Six Sigma als eine strategische Initiative zur Verbesserung von Variation, Durchlaufzeit und Nutzungsgrad dargestellt – um Vorhersagbarkeit der Prozessleistung zu erreichen, Streuung zu reduzieren und Zentrierung zu verbessern. Unternehmen, die Six Sigma anwenden, erreichen beeindruckende Ergebnisse sowohl bei den Kosteneinsparungen als auch bei Umsatzzuwächsen. Es gibt jedoch Fälle, in denen Verbesserungsprojekte an ihre Grenzen stoßen, da es entweder nicht möglich ist, spezielle Ursachen für Variation zu identifizieren oder zu beseitigen, und dadurch das erwünschte Niveau der Prozessleistung außer Reichweite gerät. In diesen Fällen muss daher das Design des Produktes oder des Prozesses grundlegend geändert werden. Six Sigma ermöglicht eine Verbesserung des Produkt- und Prozessdesigns durch die Anwendung derselben formalisierten Verbesserungsmethodik und vieler immer wieder gleicher statistischer Werkzeuge. Da sowohl Prozess- als auch Produktdesign berücksichtigt werden müssen, kann das Leistungs- und Verbesserungsdreieck als zweischichtig betrachtet werden, wodurch eine vierte Dimension entsteht, die sich mit der Frage „wie gut?" beschäftigt (Abb. 2.12).

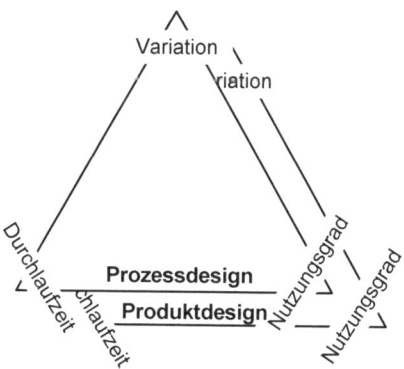

Abb. 2.12 Das Leistungs- und Verbesserungsdreieck von Six Sigma, jeweils für Prozessdesign und Produktdesign, mit den Dimensionen von Variation, Durchlaufzeit und Nutzungsgrad.

Six Sigma-Projekte zur Verbesserung des Designs sind in der Durchführung oftmals sehr komplex und schwierig, aber sie können gleichzeitig zu enormen Kosteneinsparungen und Umsatzsteigerungen führen. Bei ABB wird diese erweiterte Anwendung von Six Sigma als Six Sigma-Engineering bezeichnet und GE nennt sie Design for Six Sigma. Russ Ford, ein Vizepräsident von AlliedSignal, erklärt hierzu Folgendes: „In der Luftfahrtindustrie sind reduzierte Kosten während der Laufzeit der Produkte sowie erhöhte Zuverlässigkeit die Fragen mit den größten Auswirkungen für die Kunden. Beide hängen direkt mit dem Design der Motoren zusammen. ... Six Sigma ermöglicht es, Variation in der Leistung der Motoren bereits durch das Design zu reduzieren." David A. Calhoun, CEO bei GE Medical Systems, stellt im Geschäftsbericht 1999 ebenfalls zusammenfassend fest: „Wir haben 1999 sieben Produkte eingeführt, indem wir Design for Six Sigma (DFSS) angewendet haben, und im Jahr 2000 werden wir mehr als 20 Produkte einführen. Diese Produkte unterscheiden sich dadurch, dass sie die Kunden- und Patientenbedürfnisse besser berücksichtigen und schneller als je zuvor auf den Markt gebracht werden können." Um das Potenzial von Verbesserungen des Prozess- und Produktdesigns auszuschöpfen, muss man den Zusammenhang verstehen, in dem Six Sigma-Unternehmen Verbesserungsarbeit betreiben.

## 2.3.1 Prozessdesign und Produktdesign

Produktdesign ist von der Art der Tätigkeit und dem Zeitbedarf her ähnlich wie Prozessdesign. Während jedoch das Produktdesign für ein bestimmtes Produkt spezifisch ist, lehnt sich das Prozessdesign oft an bereits bestehende Prozesse an. Typische Aktivitäten des Produkt- und Prozessdesigns sind die Herstellung von Prototypen sowie die Planung und Durchführung von Simulationsverfahren, die beide sehr gut geeignet sind, Verbesserungsmöglichkeiten aufzuzeigen – die unter Umständen einen sehr hohen Einfluss auf die Leistung von Produkten und Prozessen über deren gesamten Lebenszyklus hinweg haben.

Die Anwendung von Six Sigma auf Prozess- und Produktdesign verfolgt drei verschiedene, sich ergänzende Zielsetzungen. Erstens sollte die Prozess- und Produktentwicklung zu einem marktfähigen Produkt führen, das den Kunden zufrieden stellt. Zweitens sollten die Designparameter so festgelegt werden, dass das Produkt und der Prozess weniger anfällig werden für Variation. Drittens sollten Einsatzfaktoren gewählt werden mit geringeren Toleranzen, als sie für den Prozess oder das Produkt vorgesehen sind, was zur Verringerung der Variation führt. Diese drei Ziele entsprechen den allgemein bekannten drei Phasen des Prozess- und Produktdesigns: Systemdesign, Parameterdesign und Toleranzdesign. Six Sigma-Verbesserungsprojekte können in allen drei Phasen oder auch nur in ein oder zwei der drei Phasen durchgeführt werden.

## Systemdesign

Unter Systemdesign versteht man die Entwicklung von Prozessen und Produkten mit Hilfe von Wissenschaft, Technologie, Designtrends und Erfindungen. Skizzen, Zeichnungen, Prototypen und Simulationsverfahren sind zentrale Bestandteile dieser Entwicklungtätigkeit. Materialien, Komponenten, Montage- und Produktionstechnologie werden getestet und festgelegt. Systemdesign sollte nicht nur sicherstellen, dass die Anforderungen der Kunden erfüllt werden, sondern es sollten auch weitere Elemente betrachtet werden, die den Kunden zusätzlich erfreuen könnten. Das höchste Maß an Kundenzufriedenheit, im Kano-Modell mit „Begeisterungsanforderungen" bezeichnet, ist durch Systemdesign erreichbar. Gutes Produkt- und Prozessdesign tragen auch zur Erhöhung der Erfolgsrate neuer Produkte bei und verkürzen die Zeit bis zur Markteinführung.

Ein wichtiges Werkzeug in Six Sigma zur Sicherung eines erfolgreichen Systemdesigns ist Quality Function Deployment. Diese Methode ermöglicht die systematische Übersetzung der Stimme des Kunden in Anforderungen für Produkt- und Prozessdesign. Indem die Kunden zum Ausdruck bringen, was sie an einem Produkt erfreuen würde, kann Quality Function Deployment dazu benutzt werden, die Begeisterungsanforderungen zu identifizieren. Die Beurteilung von Basisanforderungen kann mit Hilfe der Failure Mode and Effect Analysis, FMEA, erfolgen, die eng mit Quality Function Deployment zusammenhängt. Die Anwendung dieser beiden Techniken ist im Detail in Kapitel 9 erläutert.

## Parameterdesign

Sowohl Prozesse als auch Produkte sollten möglichst wenig anfällig sein für Variation. Für ein Produkt folgt daraus, mögliche Unregelmäßigkeiten im Produktionsprozess und während der Nutzung bereits bei der Entwicklung zu berücksichtigen. Für einen Prozess heißt das, seine Entwicklung darauf auszurichten, dass Variation aufgrund bestimmter Ursachen keinen Einfluss auf den Prozessablauf nehmen kann. In diesen Fällen wird häufig von „robusten Prozessen" und „robusten Produkten" gesprochen.

Die Designparameter sind sozusagen die Grundbausteine von Prozessen und Produkten. Nehmen wir wiederum ein Beispiel aus dem Dienstleistungsbereich, z. B. eine Flugreise. Typische Merkmale des Landeanfluges und der Landung selbst sind Abweichungen vom Ziel-Landungspunkt, Schadstoffausstoß, Ankunftszeit usw. Die Parameter des Prozess- und Produktdesigns sind z. B. die Art des Landungssystems, die Ausmaße der Landeklappen, die Länge der Tragflächen, die Lage und Größe des Laderaumes, die Höchstgeschwindigkeit und die Bremskraft. Die Zusammenhänge zwischen Prozess- und Produktmerkmalen auf der einen Seite und Prozess- und Produktdesign auf der anderen Seite sind normalerweise unbekannt.

Versuchsplanung, ein häufig angewandtes Werkzeug in der Six Sigma-Verbesserungsmethodik, hat sich als sehr effektives Mittel für Verbesserungen des Parameterdesigns erwiesen. Die Anwendung dieses Werkzeugs auf Prototypen und

Simulationsverfahren ermöglicht ein gutes Parameterdesign. Auch Informationen und Lösungen bezüglich wichtiger Zusammenhänge zwischen Prozess- und Produktmerkmalen können in die Versuchsplanung einfließen. Verbesserungsprojekte im Parameterdesign für Prozesse oder Produkte haben zum Ziel, die betrachteten Parameter so festzulegen, dass

- die festgelegten Zielwerte der Produktmerkmale erreicht werden;
- das Produkt und der Prozess stabil gegen Variation werden;
- die Kosten minimiert werden.

Kapitel 10.9 zeigt, wie Versuchsplanung angewendet wird, um diese Art von Verbesserungen zu erreichen.

**Design des Toleranzbereiches**

In einigen Fällen ist der Toleranzbereich, d.h. der Bereich zwischen den Spezifikationsgrenzen, so breit, dass es nicht möglich ist, die Kundenanforderungen in konstanter Weise zu erfüllen. In diesen Fällen ist eine Änderung der Spezifikationsgrenzen notwendig. Dies kann entweder dadurch erreicht werden, dass Produkt- oder Prozessleistungen so verbessert werden, dass ein konstanteres Leistungsniveau erreicht wird oder dass Prozess- oder Produktdesign überarbeitet werden und leistungsfähigere Teile mit geringeren Toleranzgrenzen zur Verwendung kommen. Hierbei ist zu beachten, dass leistungsfähigere Teile oft Zusatzkosten verursachen, die gerechtfertigt sein müssen.
Wenn z.B. für den Geräuschpegel eines Automotors eine obere Grenze festgelegt wird, eine signifikante Mehrheit der Kunden jedoch ein viel niedrigeres Niveau bevorzugen würde, produziert der Autohersteller zwar Motoren mit Geräuschpegel innerhalb der Spezifikationsgrenzen, aus Sicht der Kunden sind diese Autos jedoch mangelhaft. Projekte zur Verbesserung der Toleranzgrenzen würden wahrscheinlich zu Änderungen von Motorteilen führen, sodass der Toleranzbereich eingeengt wird, oder vielleicht würde auch der gesamte Motor gegen ein geräuschärmeres Modell eingetauscht werden.
Toleranzen sind heute überall in der Industrie zu finden, es wird jedoch häufig keine systematische Vorgehensweise angewendet. Es ist eine wertvolle Möglichkeit für Unternehmen, die Leistungen ihrer Prozesse zu verbessern.

## 2.3.2 Vorteile für das gesamte Unternehmen

Die Vorteile von Six Sigma für das Gesamtunternehmen ergeben sich aus dem Umsatz- und dem Kostenkreislauf. Kosteneinsparungen und Umsatzsteigerungen werden erreicht, indem die Prozessleistungen durch die Inangriffnahme der Dimensionen des Leistungs- und Verbesserungsdreiecks – Variation, Durchlaufzeit, Nutzungsgrad und Design – verbessert werden. Zusammen liefern sie eine gute Basis für das Verständnis der grundlegenden Vorzüge von Six Sigma (Abb. 2.13).

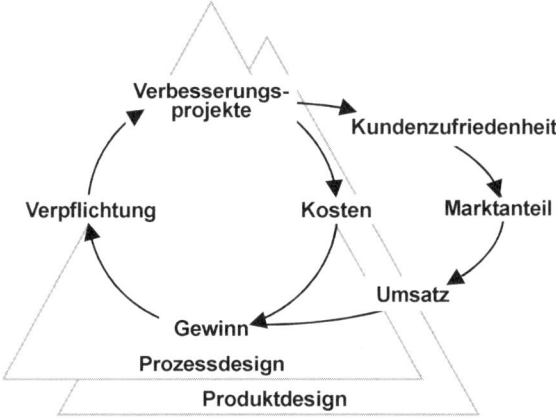

Abb. 2.13 Die Vorteile von Six Sigma für das Gesamtunternehmen enthält das Leistungs-
und Verbesserungsdreieck mit den Dimensionen – Variation, Durchlaufzeit, Nutzungsgrad
und Design.

Es mag noch weitere als die oben dargestellten Vorteile von Six Sigma für das
Unternehmen insgesamt geben und wir erheben auch nicht den Anspruch auf
Vollständigkeit. Sie stellen jedoch einen Versuch dar, Six Sigma zu erklären.
Z.B. zwei naheliegende Bereiche, die nicht in dem Modell enthalten sind, ist der
Cashflow und die Kapitaleffizienz. Viele Six Sigma-Unternehmen haben von
enormen Verbesserungen in diesen beiden Bereichen berichtet. Wenn die Prozessleistung verbessert und dadurch die Kosten reduziert werden sowie Umsatz
und Gewinn steigen, werden sich auch der Cashflow und die Kapitaleffizienz
des gesamten Unternehmens deutlich verbessern. Dies macht deutlich, dass Six
Sigma-Verbesserungsprojekte Einfluss auf die Bilanz eines Unternehmens haben,
zusätzlich zu den positiven Auswirkungen auf Umsatz und Kosten, die in der Erfolgsrechnung sichtbar werden. Die Vorteile des Unternehmens können auch
Aspekte des organisationalen Lernens und Wissensmanagements umfassen, die
aus den Erfahrungen von Six Sigma-Unternehmen als Folge der Verbesserungsprojekte resultieren. Diese Erfahrungen stellen für Unternehmen ein intellektuel-
les Kapital von unschätzbarem Wert dar.
Unternehmen, die Six Sigma als eine unternehmensweite strategische Initiative
verstehen, werden häufig mit herausragenden Geschäftsergebnissen belohnt. Six
Sigma stellt hohe Anforderungen an Verbesserungen und hilft Unternehmen,
Weltklasseistungen hinsichtlich Produkten und Prozessen zu erbringen. Und es
sind die Menschen in den Organisationen, die diese Verbesserungen vollbringen.
Durch die Six Sigma-Verbesserungsmethodik wird kontinuierliche Verbesserung
ein integraler Bestandteil ihrer täglichen Arbeit, in allen Dimensionen des Leis-
tungs- und Verbesserungsdreiecks. Six Sigma hat ihnen eine formalisierte Verbesserungsmethodik gebracht und einen Weg, Prozessleistungen zu messen.
Zum ersten Mal sprechen die Mitarbeiter in allen Bereichen eines Unternehmens
dieselbe Sprache – die der Leistungen und Verbesserungen.

**Kommentare und Literaturhinweise**

Beispiele aus der Industrie für den Beitrag von Six Sigma zu Umsatz und Kosten und allen Dimensionen des Leistungs- und Verbesserungsdreiecks sind in den Geschäftsberichten von Motorola, GE, AlliedSignal und einigen anderen Six Sigma-Unternehmen zu finden. Zu beachten ist, dass AlliedSignal im Herbst 1999 mit Honeywell Inc. fusioniert hat und Lawrence A. Bossidy der Aufsichtsratsvorsitzende sowie Michael R. Bonsignore der Vorstandsvorsitzende der Honeywell Company ist. In diesem Buch beziehen wir uns hauptsächlich auf AlliedSignal, dessen Six Sigma-Programm gut dokumentiert ist. Im fusionierten Unternehmen, Honeywell Company, hatte Six Sigma denselben Stellenwert, den es bei AlliedSignal innehatte. Am 22. Oktober 2000 wurde von John F. Welch bekanntgegeben, dass Honeywell von GE übernommen wurde. John F. Welch kommentierte: „Nicht nur die beiden Unternehmen passen perfekt zusammen, sondern auch die Menschen und die Prozesse. GE's betriebliche Abläufe und soziale Architektur, kombiniert mit der auf Six Sigma, Dienstleistungen, Globalisierung und auf elektronischem Handel beruhenden Kultur beider Unternehmen passen perfekt.“

Walter A. Shewhart war einer der Ersten, die die Bedeutung von Variation erkannt haben. Seine beiden meistverkauften Bücher *„Economic Control of Quality of Manufactured Products“* von 1931 und *„Statistical Method. From the Viewpoint of Quality Control“* 1939, sind auch heute noch aktuell und empfehlenswert. Er hat großen Einfluss auf Größen wie W. Edwards Deming und Kaoru Ishikawa gehabt, die anerkannte Fürsprecher von Variation und deren Hebelwirkung auf Prozessleistungen und Verbesserungen sind. Zwei ihrer Bücher möchten wir besonders hervorheben: *„The New Economics for Industry, Government, Education“* von Deming aus dem Jahr 1993, und *„What is Total Quality Control? The Japanese Way“* von Ishikawa aus dem Jahr 1985. In diesen Büchern wird die Bezeichnung „beherrschter Prozess“ für einen vorausschaubaren Prozess benutzt.

Prozess- und Produktdesign werden in den beiden Büchern von Genichi Taguchi mit den Titeln *„Introduction to Off-line Quality Control“*, 1979, Co-Autor Y. Wu, und *„Introduction to Quality Engineering“*, 1986, behandelt. Andere wertvolle Beiträge sind die Bücher *„Robust Design and Analysis for Quality Engineering“* von Sung H. Park, 1996, und *„Statistical Quality Design and Control“* von Richard E. DeVor, Tsong-how Chang und John W. Sutherland, 1991. Weiterhin empfehlen wir zwei Artikel der Mai-Ausgabe 2000 von *Quality Progress*: „Industry Must Pay More Attention to Fire Prevention“ von Shin Taguchi und „Putting Taguchi Methods to Work to Solve Design Flaws“ von James O. Wilkins.

Als Motorola sein Six Sigma-Programm gestartet hat, konzentrierte es sich nur auf zwei der vier Dimensionen des Leistungs- und Verbesserungsdreiecks – auf Variation und Design. Die beiden anderen Dimensionen, Durchlaufzeit und Nutzungsgrad, wurden traditionell mehr mit Lean Manufacturing verbunden und wurden bei Motorola durch eine strategische Initiative mit dem Namen

Total Cycle Time Reduction gedeckt, die parallel zu Six Sigma durchgeführt wurde. Bei GE und anderen jüngeren Six Sigma Vorreitern wurden die vier Dimensionen Variation, Durchlaufzeit, Nutzungsgrad und Design gleichzeitig angegriffen, was zu grossen Synergieeffekten bei der Durchführung und den Ergebnissen geführt hat. Die simultane Bearbeitung der vier Dimensionen innerhalb Six Sigma wird in Geschäftsberichten von insbesondere GE und AlliedSignal bestätigt und wird z.B. in „Lean Sigma Synergy" von John H. Sheridan in *Industry Week*, 16. Oktober 2000, beschrieben.

Lean Manufacturing und dessen Fokus auf Durchlaufzeit und Nutzungsgrad wird umfassend in zwei Büchern von James P. Womack und Daniel T. Jones behandelt: *„Lean Thinking – Banish Waste and Create Wealth in Your Corporation"* von 1997 und *„The Machine that Changed the World"* von 1990 (mit Daniel Roos als Co-Autor). Ein Buch, das hauptsächlich wegen der Ausführungen zu einer prozessorientierten Organisationsstruktur bekannt ist, aber auch Beispiele und Gedanken zur Durchlaufzeit enthält, ist *„Reengineering the Corporation. A Manifesto for Business Revolution"* von Mike Hammer und James Champy von 1993. Nutzungsgrad wird unter anderem behandelt in *„Production and Operations Management"* von Ray Wild, 5. Auflage, 1995.

Eine wertvolle Quelle für unsere Gedanken über Kundenanforderungen und Kundenzufriedenheit ist das Kano-Modell der Kundenzufriedenheit. Es wurde 1984 von Noriaki Kano vorgestellt und wird beispielsweise in „Attractive Quality and Must-be-Quality" von Noriaki Kano, N. Seraku, S. Takahashi und S. Tsuji in *Quality*, Ausgabe 2, 1984, und in *„Better Design in Half the Time – Implementing QFD in USA"* von J. Robert King, 1989, diskutiert.

# 3   Der konzeptionelle Rahmen

*5-10-15-20 – eine Abkürzung für 5% Reduzierung der Produktionskosten,*
*10% organische Steigerung des Umsatzes, 15% organische Steigerung des Gewinns*
*und 20% Verbesserung des Cashflows und der Lagerumschlagshäufigkeit.*
*Ich war nicht sicher, ob sie mir geglaubt haben,*
*deshalb habe ich es mitten in den nächsten Geschäftsbericht hineingeschrieben.*
*Danach gab es keinen Zweifel mehr darüber,*
*was wir wollten und die Unternehmensleitung hat es verstanden.*
*[...] Das Six Sigma-Rahmenkonzept war da und wir lieferten wie versprochen.*
Allen Yurko, Aufsichtsratsvorsitzender, Invensys

Strategische Initiativen – zu denen auch Six Sigma gehört – unterscheiden sich durch ihre Anwendungshintergründe und ihre Rahmenkonzepte voneinander. Nachdem wir die Vorteile und Anwendungshintergründe bereits behandelt haben, möchten wir uns dem konzeptionellen Rahmen von Six Sigma zuwenden. Er beinhaltet die vier Elemente der Verpflichtung der Unternehmensleitung, Einbeziehung der Stakeholder, Ausbildungsprogramm und Messsystem. Unter Stakeholder sind die Anspruchs- oder Interessengruppen zu verstehen, die im wesentlichen Mitarbeiter, Eigentümer, Lieferanten und Kunden umfassen. Das Kernstück des Rahmenkonzepts ist ein formalisierter Verbesserungsprozess mit den folgenden fünf Schritten: definieren, messen, analysieren, verbessern und überprüfen (Abb. 3.1).

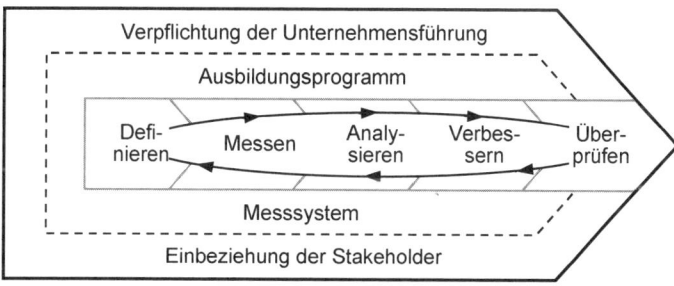

Abb. 3.1 Das Six Sigma-Rahmenkonzept mit seinen vier Hauptelementen und der Verbesserungsmethodik.

Die Elemente Verpflichtung der Unternehmensleitung und Einbeziehung der Stakeholder sind allumfassende Bestandteile des Rahmenwerks. Ohne diese beiden sind das Ausbildungsprogramm, das Messsystem und auch der formalisierte Verbesserungsprozess nutzlos. Alle vier Elemente unterstützen den Verbesserungsprozess, den jedes Verbesserungsprojekt durchläuft – große genauso wie kleine.

Das Rahmenkonzept von Six Sigma wurde seit der erstmaligen Einführung bei Motorola stark weiterentwickelt. Obwohl die einzelnen Elemente weitestgehend dieselben geblieben sind, haben ABB, AlliedSignal, GE und einige der jüngeren Six Sigma-Unternehmen jedes Element des Konzepts durch weitere Inhalte und Verfahren ergänzt und somit pragmatischer gemacht. Nachfolgend präsentieren wir die Aspekte des derzeitigen Inhalts der einzelnen Elemente in der Hoffnung, dass sich deren dynamische Weiterentwicklung auch in Zukunft fortsetzen wird.

## 3.1  Verpflichtung der Unternehmensleitung

Six Sigma in einem Unternehmen einzuführen ist eine strategische Entscheidung, die durch die Unternehmensleitung getroffen werden muss. Um das Potenzial von Six Sigma auszuschöpfen, muss die Unternehmensleitung Six Sigma zu einem Kernstück der unternehmensweiten Strategie der Kosteneinsparung und des Umsatzwachstums machen. Alle Elemente des Rahmenkonzepts sowie die formalisierte Verbesserungsmethodik brauchen die Verpflichtung der Unternehmensleitung, um die volle Wirkung entfalten zu können. Auch wenn sich die Unternehmensleitung nicht direkt im Tagesgeschäft mit den Verbesserungsprojekten befasst, ist ihre Rolle als Initiator, Sponsor von Projekten und Verfechter von Six Sigma unerlässlich. Pragmatismus ist erforderlich, keine Lippenbekenntnisse, wenn die Unternehmensleitung sich und das gesamte Unternehmen dazu verpflichtet, die Initiative über mehrere Jahre und bis in jede Ecke des Unternehmens voranzutreiben.

Die Geschichten von Robert W. Galvin von Motorola, Laurent Beaudoin von Bombardier, Lawrence A. Bossidy von AlliedSignal, Benjamin M. Rosen von Compaq and John F. Welch von GE weisen viele Ähnlichkeiten auf. Sie alle räumten Six Sigma oberste Priorität ein. Robert W. Galvin, früherer Vorstands- und Aufsichtsratsvorsitzender und heute Vorsitzender des Executive Committee von Motorola, verlangte in Besprechungen immer zuerst die Six Sigma-Berichte der verschiedenen Abteilungen. Angeblich hat er den anderen Punkten der Tagesordnung nicht so viel Bedeutung zugemessen, als dass er dafür noch weiter geblieben wäre.

Während die Kosteneinsparungen und Umsatzerfolge die Unternehmensleitung dazu motivieren, ihren Blick auf Six Sigma über mehrere Jahre hinweg beizubehalten, erfordert die Umsetzung des Programms jedoch zudem ein sichtbares und beständiges Engagement der Unternehmensführung. Verwirrung im Unternehmen oder Zweifel am Top-Management kann die Initiative erheblich erschweren. Es ist kein Zufall, dass Allen Yurko, Vorstandsvorsitzender von Invensys, dem weltweiten Elektronik- und Maschinenbauunternehmen mit Hauptsitz in London, sich dazu entschlossen hat, seine 5-10-15-20 Zielsetzung in Bezug auf Kosteneinsparungen, Umsatz- und Gewinnsteigerungen sowie Cashflow-Verbesserungen in den Geschäftsbericht aufzunehmen, und regelmäßige Berichte über den Fortschritt folgen ließ. Die Vorsitzenden anderer Unternehmen demonstrierten ihre Verpflichtung in ähnlicher Weise.

Bevor jedoch die ersten Ergebnisse an die Firmenzentralen berichtet werden können, ist ein hohes Maß an persönlicher Überzeugung und Engagement der Unternehmensleitung erforderlich. Ein gutes Beispiel hierfür sind die Ausführungen von John F. Welch zu seinem Fünf-Jahres-Plan bei einem Vortrag anlässlich der jährlichen Versammlung von GE in Charlottesville. In diesem Vortrag stellte Welch klar, dass „… wir uns zum Ziel gesetzt haben, bis zum Jahr 2000 ein Six Sigma-Qualitätsunternehmen zu sein". Für einen Vorstandsvorsitzenden oder Geschäftsführer, ob in großen oder kleinen Unternehmen, ist eine so starke Verpflichtung eher selten – zumindest wenn man berücksichtigt, dass John F. Welch wusste, welche Extrabelastung er sich selbst, der gesamten Unternehmensleitung und der ganzen Organisation damit auflädt. Welch fuhr fort: „… Wir haben die Schlüsselpersonen für das Six Sigma-Programm ausgewählt, ausgebildet und ihnen die Verantwortung für die Leitung dieser Six Sigma-Initiative übertragen. … wir haben eine Bilanz, die uns jegliche Investition erlaubt, die notwendig ist, um unser Ziel zu erreichen" und „… die Gewinne aus dieser Investition werden enorm sein". Diesen Vortrag zu lesen bereitet pure Freude und er ist in voller Länge in Anhang A.1 enthalten.

Die Unternehmensleitung ist auch dafür verantwortlich, herausfordernde, aber gleichzeitig erreichbare Ziele festzulegen. Einige Unternehmen setzten 6 Sigma oder 3.4 Fehler pro Million Möglichkeiten als Ziel für alle Merkmale, die für den Kunden als kritisch gelten. Die Ziele können jedoch auch intelligenter gesetzt werden, indem die angestrebte jährliche Verbesserungsrate für Prozessleistungen festgelegt wird. Diese Zielsetzung ist unabhängig vom aktuellen Leistungsniveau der Prozesse. Der Industriestandard für Verbesserungen ist eine jährliche Reduzierung der Fehlerquote um 50%. Organisationen innerhalb von ABB haben sich eine jährliche Reduzierung von 68% zum Ziel gesetzt, ein ehrgeiziges Ziel, das jedoch, wie Motorola gezeigt hat, erreichbar ist. Die Zielsetzung von GE ist sogar noch höher und liegt bei 80%. Im Anhang A.2 erläutern wir im Detail, wie eine passende jährliche Verbesserungsrate festgelegt werden kann und wie lange es dauert, ein gewünschtes FpMM-Niveau zu erreichen.

## 3.2 Einbeziehung der Stakeholder

Einbeziehung der Stakeholder bedeutet, Mitarbeitern, Lieferanten, Kunden und in weiterem Sinne den Eigentümern und der Gesellschaft die Verbesserungsmethodik und die statistischen Werkzeuge von Six Sigma zu vermitteln. Um das Ziel, das für die Verbesserung der Prozessleistungen gesetzt wurde zu erreichen und die Verbesserungsprojekte durchzuführen, ist die Verpflichtung der Unternehmensleitung allein nicht ausreichend. Das Unternehmen braucht Frontleute, die Projekte erfolgreich durchführen können. Dies ist nur durch aktive Unterstützung und Einbeziehung aller Interessengruppen möglich.

Die Menschen in der Organisation sind die bedeutendste Gruppe der Stakeholder einer Six Sigma-Initiative. Sie vollziehen die Mehrheit der Verbesserungsprojekte und müssen aktiv einbezogen werden. Das Six Sigma-Rahmenkonzept unterstützt diese Einbeziehung auf verschiedene Art, wie z.B. attraktive Ausbildungskurse, eine formalisierte Verbesserungsmethodik und Rückmeldungen zu Prozessleistungen und Verbesserungsrate. Drei Jahre nachdem GE Six Sigma eingeführt hat, resümierte John F. Welch, dass seine Mitarbeiter Six Sigma mit so viel Verantwortung, Engagement und Begeisterung entgegengenommen haben, wie er es im Unternehmen noch nie zuvor erlebt hat. In ihrer Rolle als Arbeitnehmervertreter ist es vorteilhaft, den Betriebsrat von vornherein in konstruktiver und verantwortungsvoller Weise einzubeziehen. Bei Scana Stavanger wurde beispielsweise der Betriebsrat sehr frühzeitig von der Initiative informiert und er ist im Six Sigma-Lenkungsausschuss, der strategische Fragen zur Einführung und zum Betrieb von Six Sigma behandelt, repräsentiert. Der Vorsitzende des Betriebsrats, Kjell-Ove Hjemdal, fasst zusammen: „Six Sigma ist für unser Unternehmen zwingend erforderlich. Wir haben jahrelang nach einem solchen Verbesserungsprogramm gesucht."

Lieferanten müssen in eine Six Sigma-Initiative ebenfalls einbezogen werden. Üblicherweise ermuntern Six Sigma-Unternehmen ihre bedeutendsten Lieferanten dazu, an dem Vorhaben teilzunehmen und ein eigenes Six Sigma-Programm einzuführen. Six Sigma-Unternehmen unterstützen ihre Lieferanten z.B. dadurch, dass sie ihnen die Teilnahme an internen Six Sigma-Trainingskursen ermöglichen. Der Grund für diese Art der Einbeziehung liegt darin, dass sich jede Variation in den Produkten der Lieferanten auf die Prozesse des Unternehmens überträgt und jede Verbesserung der Prozesse der Lieferanten auch eine Verbesserung der Prozesse des eigenen Unternehmens zur Folge hat. Eine der wichtigsten Lektionen, die führende Six Sigma-Unternehmen gelernt haben, ist in der Tat, dass sie ihre Lieferanten gleich von Beginn ihrer Initiative an stärker hätten einbeziehen sollen. Eine andere Praxis einiger Six Sigma-Unternehmen besteht darin, den Lieferanten die Leistungswerte der gelieferten Produkte mitzuteilen.

Der oben erläuterte Umsatzkreislauf hebt die Bedeutung des Kunden hervor. Six Sigma wird niemals den geplanten Erfolg erreichen, ohne dass die Kunden mit einbezogen werden und diese selbst von den Prozessverbesserungen profitieren. Zu Beginn einer Six Sigma-Initiative werden Kunden in besondere Aktivitäten einbezogen, wie z.B. zur Identifizierung der für sie kritischen Produkt- und Prozessmerkmale. Später werden sie noch stärker einbezogen. Dow Chemical berichtet im vierten Quartalsbericht 1999, dass für seine Six Sigma-Initiative nun die Zeit gekommen ist, „sich zuerst auf den Kunden zu konzentrieren". Einige Unternehmen lassen Kunden an ihren Six Sigma-Ausbildungskursen teilnehmen. Andere helfen ihren Kunden, die eigenen Prozesse zu verbessern. Die meisten Six Sigma-Initiativen benutzen beide Ansätze. Der Bereich Flugzeugmotoren von GE schreibt im Geschäftsbericht 1999: „In mehreren Fluggesellschaften arbeiten gemeinsame Six Sigma-Teams zur Verbesserung der gesamten Produktivität der Fluggesellschaften, während gleichzeitig die Lebenszykluskosten der Motoren reduziert werden. Dieser Ansatz – beim Kunden und für den Kunden – hat die laufenden Programme zur Reduzierung von Variation auf alle Kundenprozesse ausgedehnt."

## 3.3  Ausbildungsprogramm

Mit jedem Six Sigma-Programm ist eine umfassende Wissensbasis hinsichtlich Prozessleistungen, Verbesserungsmethodik, statistischen Werkzeugen, Projektarbeit, Personaleinsatz, Rahmenkonzept und vielem mehr verbunden. Dieses Wissen muss kaskadenförmig über die ganze Organisation verbreitet werden und zu Allgemeinwissen werden. Es gibt drei weitestgehend standardisierte Ausbildungskurse in Six Sigma. Sie unterscheiden sich im Detaillierungsniveau und der praktischen Anwendung, wobei die Skala von „sehr einfach" bis „sehr umfassend" reicht. Weiterhin werden für alle, die an Six Sigma beteiligt sind, besondere Rollen definiert. Als Bezeichnung für diese Rollen haben die meisten Six Sigma-Unternehmen das Gürtelsystem des Kampfsports übernommen (Abb. 3.2). Dort wird unterschieden zwischen Weißem, Grünem und Schwarzem Gürtel sowie Schwarzem Meistergürtel und Champion. Einige Unternehmen haben zwischen Weißem und Grünem Gürtel sogar noch einen Gelben Gürtel.

Der Kurs zum Weißen Gürtel ist eine grundlegende Einführung in Six Sigma. Normalerweise ist dies ein Eintageskurs für die Arbeiter – in einigen Unternehmen für alle Mitarbeiter. Der Kurs zum Grünen Gürtel ist ein fortgeschrittener Kurs mit weitergehendem Inhalt und die Teilnehmer lernen anhand eines echten Projektes, die formalisierte Verbesserungsmethodik anzuwenden. Die Zielgruppe sind typischerweise Vorarbeiter und das mittlere Management. Einige Unternehmen wählen jedoch einen breiteren Ansatz, wenn es sich um den Kurs zum Grünen Gürtel handelt. Jan Johannesen, Vorsitzender von Scana Stavanger betont: „Jeder in meinem Unternehmen, der echtes Interesse an kontinuierlicher Verbesserung zeigt, erhält die Möglichkeit, am Kurs zum Grünen Gürtel teilzunehmen." Der Kurs zum Schwarzen Gürtel ist umfassend und dient dazu, Experten auszubilden, die in Vollzeit für Verbesserungsarbeit zuständig sind. Abhängig vom Unternehmen, umfasst ein Kurs zum Schwarzen Gürtel 13 bis 17 Seminartage, die in einem Zeitraum von ca. 6 Monaten abgehalten werden. Zwischen den Unterrichtsblöcken müssen die Teilnehmer Verbesserungsprojekte mit unterschiedlichen und im vorhinein festgelegten Kosteneinsparungseffekten durchführen. Kandidaten für den Schwarzen Gürtel werden unter den besten Nachwuchsführungskräften des Unternehmens ausgewählt. Eine detaillierte Beschreibung der Inhalte eines Kurses zum Schwarzen Gürtel ist in Anhang A.5 enthalten.

Die zwei zusätzlichen Rollen sind Meistergürtel und Champion. Der Inhaber eines Meistergürtels hat die Qualifikationen des Schwarzen Gürtels und arbeitet in Vollzeit als Referent im Six Sigma-Ausbildungsprogramm. Champions sind die Motoren von Six Sigma-Programmen und mit ihren praktischen Erfahrungen zudem Quellen fundierten Wissens über Six Sigma. Diese Menschen gehören zu den erfahrensten Führungskräften der Organisation. Häufig ist der Champion auch an der Auswahl der Verbesserungsprojekte beteiligt.

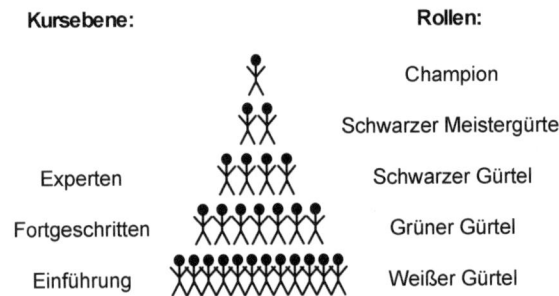

**Kursebene:**    **Rollen:**

Champion

Schwarzer Meistergürtel

Experten — Schwarzer Gürtel

Fortgeschritten — Grüner Gürtel

Einführung — Weißer Gürtel

Abb. 3.2 Das Six Sigma-Ausbildungsprogramm mit den verschiedenen Kursebenen und Rollen. Inhaber des Schwarzen Meistergürtels arbeiten als Vollzeitausbilder, während Champions oberste Führungskräfte sind, die unterstützende Funktion übernehmen. Der Six Sigma-Engineering-Kurs, der Six Sigma-Management-Kurs sowie der Kurs zum Gelben Gürtel, den manche Firmen haben, sind in dieser Abbildung nicht enthalten.

Die Anzahl derer, die in den unterschiedlichen Kursen ausgebildet werden, hängt von der Größe des Unternehmens und dessen Ressourcen ab. Eine allgemeine Richtlinie empfiehlt, pro 100 Mitarbeiter der Organisation einen Schwarzen Gürtel und 20 Grüne Gürtel zu haben sowie einen Meistergürtel auf zehn Schwarze Gürtel. Der Vorstandsvorsitzende Welch von GE hat bereits 1996, im zweiten Jahr der Initiative berichtet, wie sein Unternehmen im Top-Management Champions ausgewählt hat, um Six Sigma voranzutreiben und Verbesserungsprojekte auszuwählen, und 200 Meistergürtel als Vollzeitausbilder, 800 Vollzeit-Qualitätsexperten mit Schwarzem Gürtel, die an die Champions berichten, ausgesucht hat und dass „… wir beginnen, jeden der 20 000 Ingenieure" in einer „… unübertroffenen Fähigkeit auszubilden, alle 222 000 GE-Mitarbeiter in der Six Sigma-Verbesserungsmethodik zu schulen."

Zwei Kurse, die nicht erwähnt wurden, sind der Six Sigma-Engineering-Kurs und der Six Sigma-Management-Kurs. Der Six Sigma-Engineering-Kurs richtet sich an Ingenieure und Inhaber des Schwarzen Gürtels und beschäftigt sich mit Verbesserungsprojekten des Prozess- und Produktdesigns. Der Six Sigma-Management-Kurs konzentriert sich auf die Implementierung von Six Sigma und darauf, wie Führungskräfte das Programm unterstützen können. Beide Kurse werden normalerweise über zwei Tage abgehalten. Ein Vergleich der Themen der sechs verschiedenen Kurse zeigt, wie vielseitig die Inhalte von Six Sigma sind (Tabelle 3.1).

| Themen | Weißer Gürtel | Grüner Gürtel | Schwarzer Gürtel | Engineering-Kurs | Management-Kurs |
|---|---|---|---|---|---|
| 7 Qualitätswerkzeuge | | X | X | | |
| Benchmarking | | X | X | | |
| Schwarzer Gürtel, Rolle und Verantwortung | | | X | | X |
| Kosten schlechter Qualität | X | X | X | | X |
| Design für Produktion | | | | X | |
| Versuchsplanung, Grundlagen | X | X | X | | X |
| Versuchsplanung, praktische Anwendung | | X | X | | X |
| Versuchsplanung, fortgeschritten | | | X | X | |
| Versuchsplanung, Taguchi Design | | | | X | |
| Messungen, Analyse von Prozessleistungen | | X | X | | |
| Prozessmanagement | | X | X | | |
| Prozessvariation – FpMM | X | X | X | | X |
| Regressions- und Korrelationsanalyse | | | X | | |
| Robustes Design und Toleranz | | | | X | |
| Six Sigma-Engineering, Einführung | | | X | X | |
| Six Sigma, praktische Fälle | | X | X | | |
| Six Sigma, weltweit | | | X | | X |
| Six Sigma, Einführung | X | X | X | | X |
| Statistik, Grundlagen – Verteilungen, FpMM | X | X | X | | X |
| Statistik, Sigma-Werte und Datenarten | | X | X | | |
| Statistik, fortgeschritten – Testen von Hypothesen, Varianzanalyse | | | X | | |
| Statistik, Toleranz | | | X | | |
| Festlegen von Toleranzgrenzen, einschließlich Übungen | | | | X | |
| Variation verstehen | X | X | X | | X |

Tab. 3.1 Eine von den Autoren zusammengetragene und zusammengefasste Liste der Themen der fünf Kurse einiger Six Sigma-Unternehmen, ohne Anspruch auf Vollständigkeit.

In den meisten Unternehmen enthalten die Kurse zum Grünen und zum Schwarzen Gürtel zwischen den Trainingseinheiten praktische Verbesserungsprojekte, bei denen herausfordernde Kosteneinsparungsziele gesetzt werden. Von Teilnehmern des Kurses zum Grünen Gürtel verlangt man in der Regel ein Projekt, das zur Einsparung von mindestens 5000 US$ führt, während Teilnehmer des Kurses zum Schwarzen Gürtel vier Verbesserungsprojekte durchführen müssen, von denen das letzte Projekt mindestens zu 50 000 US$ Kosteneinsparung führt. Da-

## Six Sigma Zertifikat
## für den Schwarzen Gürtel

ausgestellt am ........................

für ..............................................................................

Dieses Zertifikat bestätigt die erfolgreiche Teilnahme an der ABB Six Sigma Ausbildung zum schwarzen Gürtel, einschließlich der erfolgreichen praktischen Durchführung eines Verbesserungsprojekts

zu ............................................................................................

welches zu signifikanten Kosteneinsparungen geführt hat..

........................................                ........................................
Werksleiter                                Six Sigma Ausbilder

**Die Ausbildung umfaßte:**

- Qualität als eine konsequente Managementtheorie.
- Kosten schlechter Qualität (Qualitätskosten).
- Six Sigma zur Reduzierung von Qualitätskosten durch Anwendung statistischer Methoden zur Verbesserung von Produktionsprozessen und produktionsfernen Prozessen; Six Sigma als klares, quantifizierbares, leicht zu kommunizierendes Ziel. Six Sigma zur Bestimmung der aktuellen Qualität. Six Sigma und robustes Design, Toleranz und Toleranzgrenzen. Six Sigma als Waffe gegen Selbstzufriedenheit und zur Schaffung von Bewusstsein für Weltklasseleistungen.
- Die Bedeutung interner Expertennetzwerke.
- Grundlagen der Statistik: Normalverteilung, Standardabweichung, Z-Umformung, FpMM, Veränderung von Mittelwerten. $C_p$, $C_{pk}$, Prozessfähigkeit. Kontinuierliche, attributive und diskrete Daten. Poisson- und Binomialverteilung. Nutzungsgrad. FpMM. Pragmatische Umsetzung.
- Statistik Teil II. Das Testen von Hypothesen: Vertrauensintervall, T-Test, F-Test, Varianzanalyse, Chi-Quadrat-Test. Pragmatische Umsetzung. Regressions- und Korrelationsanalyse. Vollständige und fraktionale Faktorversuche mit 2 Ebenen. Versuchsplanung, besonders die Bedeutung der Planungsphase. Anwendung von SimFactory Software. Praktische Experimente (Schleuder). Statistische Software. Statistische Prozessregelung.

Abb. 3.3 Beispiel eines Zertifikates für den Schwarzen Gürtel bei ABB.

durch soll sichergestellt werden, dass die Teilnehmer die Inhalte der Kurse verstanden haben und diese anwenden können, um in ihrem Unternehmen Kosteneinsparungen zu realisieren. Die Teilnehmer, die erfolgreich einen Kurs zum
Grünen oder Schwarzen Gürtel abschließen, erhalten ein Zertifikat (Abb. 3.3).
So wie der Kursinhalt von Unternehmen zu Unternehmen unterschiedlich ist, so
sind auch die Six Sigma-Zertifikate bezüglich Inhalt und Aussehen unterschiedlich. Obwohl keine formellen Zugangsvoraussetzungen für die Kurse bestehen,
ist für Teilnehmer des Kurses zum Schwarzen Gürtel ein grundlegendes Verständnis für Mathematik und Statistik sowie der unternehmensinternen Prozesse von Vorteil.
Nach Abschluss des Kurses fordern die meisten Unternehmen von Inhabern des
Grünen Gürtels die Durchführung eines Verbesserungsprojektes pro Jahr und von
Inhabern des Schwarzen Gürtels die Durchführung von vier Verbesserungsprojekten jährlich. Sind diese Anforderungen nicht erfüllt, werden den Verantwortlichen die Zertifikate entzogen. Die Anwendung solcher Mittel ist selbstverständlich nicht Pflicht für ein Six Sigma-Unternehmen, aber sie sind sehr wirkungsvoll
und tragen zum Erfolg des Programms bei. Ein Beispiel einer Tätigkeitsbeschrei-
bung für Inhaber eines Schwarzen Gürtels ist in Anhang A.4 enthalten.
Die Six Sigma-Unternehmen nehmen den Ausbildungsteil eines Six Sigma-Programms normalerweise sehr ernst. Motorola hat von 1987 bis 1992 jährlich 50
Millionen US$ investiert, was 40% des gesamten Ausbildungsbudgets der Firma
darstellt. Der Gewinn aus dieser Investition im selben Zeitraum betrug schät-
zungsweise 2,4 Milliarden US$, was einem Verhältnis 1 : 29 entspricht. Im Jahre
1996 hat GE angeblich mehr als 250 Millionen US$ in die Ausbildung in Six
Sigma investiert, im Jahre 1997 weitere 300 Millionen US$ und im Jahre 1998
ungefähr 450 Millionen US$. Der Vorsitzende Welch glaubt, dass diese Summen
gerechtfertigt sind und berichtet: „Das dritte Jahr unseres Six Sigma-Programms
zeigt, wie weit wir in unseren Anstrengungen, uns selbst auszubilden, gekommen
sind – 5000 Vollzeitmitarbeiter besitzen Schwarze Meistergürtel bzw. Schwarze
Gürtel und treiben weltweit Tausende von Verbesserungsprojekten voran,
nahezu alle Angestellten besitzen einen Grünen Gürtel, sind umfangreich ausgebildet und haben mindestens ein Verbesserungsprojekt durchgeführt. Messungen
der internen Leistungsverbesserungen und der Steigerung des Shareholder Value
zeigen, dass das Six Sigma-Programm ein Erfolg ist." Ähnlich schreibt William
S. Stavropoulos, der Vorsitzende von Dow Chemical, im Geschäftsbericht des
Jahres 1999: „In einem aggressiven Programm zur Einführung von Six Sigma im
gesamten Unternehmen investieren wir allein im Jahr 2000 mehr als 100 Millionen US$. Wir erwarten, dass uns Six Sigma auf ein vollkommen neues Leistungs-
niveau heben wird, welches bis 2003 durch eine Kombination von Umsatzwachstum, Kosteneinsparungen und gesteigerter Auslastung zu 1,5 Milliarden
US$ kumuliertem Gewinn vor Steuern führen wird."
Mikel J. Harry, Vorsitzender der Six Sigma-Academy, fasst treffend zusammen:
„Wenn Sie finden, dass die Ausbildungskosten zu hoch sind – versuchen Sie es
mit Ignoranz."

## 3.4 Messsystem

Das Six Sigma-Rahmenkonzept beinhaltet auch ein pragmatisches System zur
Messung der Prozessleistungen im gesamten Unternehmen unter Anwendung einer einzigen Maßeinheit – Fehler pro Million Möglichkeiten (FpMM). Das
Messsystem enthüllt schlechte Prozessleistungen und zeigt kommende Probleme
frühzeitig auf. Dabei wird die Variation der Produkt- und Prozessmerkmale gemessen, welche der Kunde als kritisch ansieht. Variation ist die bevorzugte
Messgröße, da mit ihr sowohl die Streuung als auch die Zentrierung nahezu aller Merkmale gemessen werden kann – auch die von Durchlaufzeit und Nutzungsgrad. Wenn möglich, sollten die Produkt- und Prozessmerkmale sehr detailliert festgelegt werden, z. B. für Teilprozesse und Produktteile.
Es gibt keine Obergrenze dafür, wie viele Prozessmerkmale gemessen werden
können. Damit das Six Sigma-Messsystem jedoch zufriedenstellend funktioniert, sollten in einer Niederlassung oder einem kleinen Unternehmen mehr als
80 verschiedene Merkmale gemessen werden. Es ist außerordentlich wichtig,
dass die ausgewählten Merkmale für den Kunden als kritisch gelten, genauso
wie die Kunden auch die Zielwerte für das Merkmal selbst bestimmen und festlegen sollten. Ein hervorragendes Werkzeug dafür ist Quality Function Deployment, siehe Kapitel 9. Das Six Sigma-Messsystem ist dynamisch, da weitere
Merkmale später hinzugefügt werden können. Es wird jedoch empfohlen, die
Mehrheit der Merkmale möglichst beizubehalten. Nach nur wenigen vollständigen Messdurchläufen kann das Messsystem dazu benutzt werden, Prozessleistungen zu beurteilen, Verbesserungspotenzial aufzuzeigen, realisierte Verbesserungen nachzuweisen und alarmierende Zustände aufzuzeigen. Es ist ein
ausgezeichnetes Werkzeug für alle Führungsebenen.
Die Daten für die zur Messung ausgewählten Merkmale werden in im vorhinein
festgelegten Zeitintervallen, z. B. Tag, Woche, Monat, Mengeneinheit, aufgezeichnet. Für jedes Merkmal muss eine konsistente Methode zur Erhebung der
Daten festgelegt werden. Dies stellt eine geringe Fehlerquote bei der Messung sicher und macht die Messwerte der Merkmale vergleichbar. Messfehler sind eine
Quelle für Variation in den Daten und sowohl die Wiederholbarkeit als auch die
Reproduzierbarkeit sollten unter 10% liegen. Wiederholbarkeit ist ein Ausdruck für Variation in den Messinstrumenten, also die Abweichung im Prüfmittel, wenn derselbe Arbeiter dasselbe Messinstrument innerhalb kurzer Zeit benutzt, um dasselbe Produkt mehrmals zu messen. Reproduzierbarkeit ist die
Variation, die entsteht, wenn unterschiedliche Operateure dieselben Messinstrumente benutzen, um dieselben Produkte mehrmals zu messen. Wenn eine konsistente Messmethode für jedes Merkmal entwickelt wird, können die Leistungsdaten der im Messsystem enthaltenen Merkmale problemlos aufgezeichnet
werden.
Es gibt zwei Arten von Merkmalen – kontinuierliche und diskrete Merkmale.
Beide können in das Messsystem integriert werden. Wie bereits oben erläutert,
können kontinuierliche Merkmale jeden gemessenen Wert auf einer kontinuier-

lichen Skala annehmen, was kontinuierliche Daten ergibt. Diskrete Merkmale
werden durch Zählung ermittelt und liefern attributive Daten, wie z.B. richtig/
falsch oder gut/schlecht. Bei kontinuierlichen Merkmalen führen alle Messungen zu umfangreichen und präzisen Daten, während bei diskreten Merkmalen
nur die Anzahl der Messwerte gezählt wird, die außerhalb der Spezifikationsgrenzen liegen (s. Anhang B.3). Aufgrund dessen ist für die Messung der Prozessleistung anhand von FpMM bei diskreten Merkmalen eine größere Anzahl
von Messwerten notwendig als bei kontinuierlichen Merkmalen. Eine Faustregel fordert mindestens 20–25 Messungen zur Beurteilung der Leistung eines
kontinuierlichen Merkmals und mindestens 300 Messungen für ein diskretes
Merkmal (s. Anhang C.2).
Die Aufzeichnung der Daten für die Merkmale in einem Messsystem geschieht
als natürlicher Teil der täglichen Arbeit. Auf Grundlage der gesammelten Daten
werden die FpMM-Werte für die einzelnen Merkmale errechnet, $FpMM_{Merkmal}$.
Obwohl kontinuierliche und diskrete Merkmale auf unterschiedliche Weise gemessen und analysiert werden müssen, können die Ergebnisse konsolidiert und
somit ein Wert für die Prozessleistung des gesamten Unternehmens ermittelt
werden. Dies geschieht einfach durch Berechnung des Durchschnitts aus den Er-

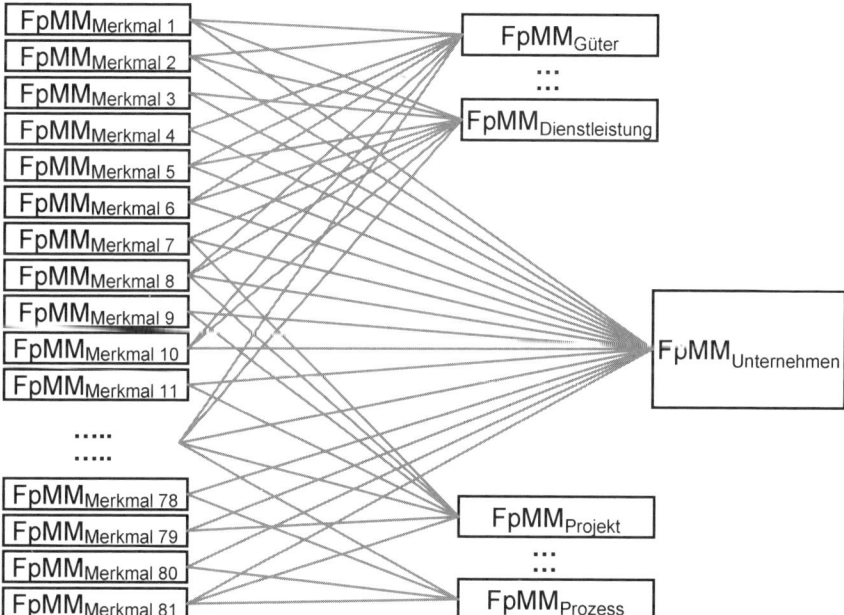

Abb. 3.4 Die Struktur des Messsystems in Six Sigma. Sowohl diskrete als auch kontinuierliche Merkmale können einbezogen werden durch Anwendung nur einer einzigen Maßeinheit
und Konsolidierung zu einem einzigen Wert für die Prozessleistungen des gesamten
Unternehmens.

gebnissen der einzelnen Merkmale. Auf dieselbe Art und Weise kann auch ein einziger Wert für die Leistungen eines bestimmten Produkts, Projekts, Prozesses oder einer bestimmten Dienstleistung ermittelt werden. Die Eigenschaft der Konsolidierung im Six Sigma-Messsystem liefert somit eine einfache Struktur (Abb. 3.5). In Anhang C.2 und C.3 wird detailliert erläutert, wie FpMM-Werte ermittelt und konsolidiert werden.

Leistungswerte für die einzelnen Merkmale in einem Messsystem können im Verlauf der Zeit ermittelt werden, ebenso die konsolidierten Werte für ein Unternehmen, ein Produkt, ein Projekt, einen Prozess oder eine Dienstleistung. Die meisten Six Sigma-Unternehmen benutzen Tabellenkalkulationsprogramme und Datenbanken, um Daten aufzuzeichnen, zu analysieren und Ergebnisse zu ermitteln. Sowohl Standardsoftwarepakete als auch individuelle Softwarelösungen werden hierzu eingesetzt. Die Ergebnisse, die typischerweise mit Hilfe einer einfachen graphischen Darstellung wie beispielsweise einem Spurendiagramm (s. Kap. 8.7.1) aufbereitet werden, werden im gesamten Unternehmen über Intranets, Newsletters, Informationsstände usw. bekanntgegeben. Besondere Bedeutung hat hierbei der konsolidierte FpMM-Wert für das gesamte Unternehmen. Das Messsystem lenkt die Aufmerksamkeit des gesamten Unternehmens auf die Prozessleistungen – es leicht verständlich und es ist einfach, sich daran zu erinnern.

## 3.5   Die formalisierte Verbesserungsmethodik

Six Sigma stützt eine formalisierte Verbesserungsmethodik. Am Beginn steht eine Definitionsphase, in welcher der zu verbessernde Prozess oder das zu verbessernde Produkt identifiziert wird. Daran schließen sich vier weitere Phasen an: Messen, Analysieren, Verbessern und Überprüfen (Abb. 3.6). Alle Six Sigma-Unternehmen wenden diese Methodik an, da sie zu wirklichen Verbesserungen und Resultaten führt. Die Methodik lässt sich ebenso auf Variation, Durchlaufzeit, Nutzungsgrad und Design anwenden – die Dimensionen des Leistungs- und Verbesserungsdreiecks.

In allen Schritten der Verbesserungsmethodik kommt eine Auswahl von statistischen Werkzeugen zur Anwendung. Die Art und Weise der Anwendung der Werkzeuge sowie das Detaillierungsniveau hängt vom einzelnen Verbesserungsprojekt ab, es lässt sich jedoch auch eine pragmatische und ziemlich allgemeine Verbesserungsreihenfolge darstellen, die alle Phasen von Definieren bis Überprüfen beinhaltet.

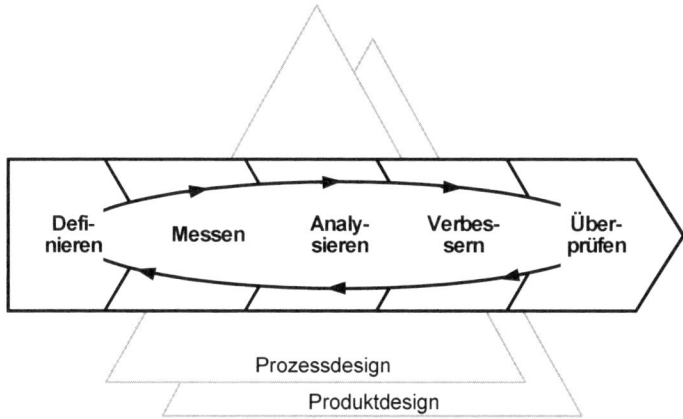

Abb. 3.5 Die fünf Phasen der formalisierten Verbesserungsmethodik. Das Leistungs- und Verbesserungsdreieck im Hintergrund zeigt die Anwendbarkeit der Methodik auf die Dimensionen Variation, Durchlaufzeit, Nutzungsgrad und Design.

## Definieren

Die Auswahl der richtigen Verbesserungsprojekte ist von hoher Bedeutung. Es handelt sich dabei im wesentlichen darum, den zu verbessernden Prozess oder das zu verbessernde Produkt aufzuzeigen. Eine sehr wertvolle Informationsquelle zur Identifizierung von Produkten und Prozessen mit großem Verbesserungspotenzial ist das Six Sigma-Messsystem. Andere üblicherweise angewendete und wertvolle Quellen sind z.b. Kundenbefragungen, Beschwerden von Kunden, Abweichungsberichte und das betriebliche Vorschlagswesen. In einfachen Fällen muss nur die Leistung eines einzelnen Merkmales verbessert werden, andere Male müssen das ganze Produkt oder der ganze Prozess verbessert werden.

Zur Priorisierung der verschiedenen möglichen Verbesserungsprojekte sind sowohl die Pareto-Analyse als auch das Ursache-Wirkungs-Diagramm nützliche Werkzeuge, die eine Rangfolge nach verschiedenen Kriterien ermöglichen. Kriterien zur Auswahl sind normalerweise:

- Nutzen für die Kunden
- Nutzen für das Unternehmen
- Komplexität des Prozesses
- Kosteneinsparungspotenzial

Auf Grundlage der oben erläuterten Identifikation wird ein einzelnes Merkmal, ein ganzer Prozess oder ein ganzes Produkt zur Verbesserung ausgewählt. Eine Person oder ein Team werden für das Projekt abgestellt und übernehmen die Verantwortung für die erfolgreiche Durchführung. Diese Personen oder Teams haben die verschiedenen Six Sigma-Kurse durchlaufen. Sie besitzen Schwarze, Grüne oder Weiße Gürtel. Vielen Unternehmen stellen jedem Projekt einen Projektsponsor aus der Unternehmensleitung zur Seite. Dies sichert, dass jedes Projekt priorisiert wird, dass die Unternehmensleitung informiert ist und das Interesse bewahrt.

**Messen**

Die erste Aktivität in der Messphase besteht darin, ein oder mehrere Merkmale des zu verbessernden Produkts oder Prozesses sowie die Regelfaktoren auszuwählen, von denen man glaubt, dass sie von Einfluss sind. Hier wenden die meisten Unternehmen das Six Sigma-Denkmodell an, $y$ ist eine Funktion von $x$, mit dessen Hilfe sie ein oder mehrere zu verbessernde $y$s (Ergebnisvariablen) sowie die $x$s (Einsatzfaktoren) auswählen, die die einzelnen $y$s möglicherweise beeinflussen. Hierbei ist wichtig, dass die ausgewählten $x$s Regelfaktoren sind, d.h. dass sie physisch kontrollierbar sind, im Gegensatz zu Störfaktoren, die nicht steuerbar sind oder bei denen eine Steuerung zu teuer wäre. Zur Visualisierung der Verhältnisse eines jeden $y$ und der zugehörigen $x$s wird oft ein einfaches Flussdiagramm angewendet (Abb. 3.6).

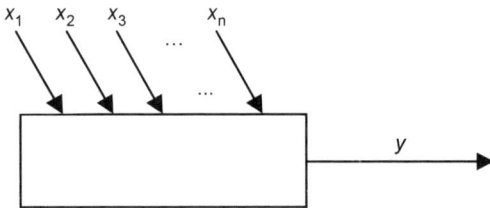

Abb. 3.6 Ein einfaches Flussdiagramm, das die Verhältnisse zwischen dem ausgewählten $y$ und der zugehörigen $x$s aufzeigt.

Die zweite Haupttätigkeit der Messphase besteht darin, Daten für die ausgewählten $y$s und $x$s zu erheben. Bevor jedoch die tatsächliche Erhebung der Daten stattfinden kann, müssen für jedes $y$ und jedes $x$ Entscheidungen bezüglich Datentyp, Genauigkeit der Messinstrumente, Stichprobenumfang, Messintervall und Dauer der Messung getroffen werden. Danach können die Daten erhoben werden.

Hierbei ist es wichtig zu verstehen, dass $y$s und $x$s in der Messphase der Verbesserungsmethode auf andere Weise gemessen werden als die Prozessleistung für ein bestimmtes Prozess- oder Produktmerkmal. Es kann z.B. angeführt werden, dass im Six Sigma-Messsystem sozusagen nur die $y$s (für den Kunden kritische Merkmale) gemessen werden, während in einem Verbesserungsprojekt sowohl $y$s als auch $x$s gemessen werden. Zur Durchführung von Verbesserungen ist oft ein höherer Genauigkeitsgrad erforderlich als wenn nur die Prozessleistung untersucht wird. Die Datenerhebung in der Messphase ist daher detaillierter als die Daten, die für ein Merkmal im Messsystem in regelmässigen Abständen erhoben werden und erfolgt immer in Zusammenhang mit einem Projekt.

**Analysieren**

In der Analysephase werden die Daten, die für die *ys* und *xs* erhoben wurden, untersucht. Typischerweise werden für jedes *y* und jedes *x* der Mittelwert und die Streuung berechnet. Häufig werden zur Beurteilung der Leistung der *ys* auch FpMM-Werte oder Sigma-Werte ermittelt. Ausserdem kann es hilfreich sein zu testen, ob die Leistung eines *y's* vorhersagbar ist. Dies erfolgt am besten durch Anwendung einer Regelkarte (s. Kapitel 8.9).

Es ist oft nützlich, die Leistungswerte, die für ein *y* gemessen wurden, mit den Leistungswerten ähnlicher Produkte oder Prozesse des Unternehmens zu vergleichen. Der Vergleich kann auch mit anderen Unternehmen durchgeführt werden, wenn diese ein besseres Leistungsniveau bei vergleichbaren Prozessen oder Produkten haben. Auf Grundlage der Analyse kann dann ein Ziel für die Verbesserung festgelegt werden.

**Verbessern**

Die erste Aktivität in der Verbesserungsphase besteht darin zu entscheiden, ob das jeweils gemessene *y* verbessert werden muss und wenn ja, in Bezug worauf – Vorausschaubarkeit, Streuung und Zentrierung. Daraufhin kann damit begonnen werden, die *xs* (Einsatzfaktoren) zu identifizieren, die zu verbesserten Werten für *y* (Ergebnisvariable) führen. Zuerst werden einfache Verbesserungsmöglichkeiten identifiziert. Eine Gruppe statistischer Werkzeuge, die sogenannten Sieben Qualitätswerkzeuge, sind hierfür sehr nützlich (s. Kap. 8). In den Fällen, wo die Zentrierung der Verteilung eines *y* zu verbessern ist, reichen häufig schon geringe Änderungen der *xs* aus, um eine Veränderung des Mittelwerts von *y* zu erzielen. In den Fällen, wo Vorhersagbarkeit und Streuung zu verbessern sind, werden die *xs* auf besondere Ursachen für Variation untersucht. Führen ein oder mehrere *xs* zu besonderer Variation der *ys*, so ist eine Verbesserungsaktivität durchzuführen – diese besteht darin, die *xs* so zu verbessern, dass sie zu allgemeinen Ursachen werden oder dass ihr Einfluss auf die *ys* reduziert wird (Abb. 3.7). Werden im Datenmaterial eines Prozesses keine besonderen Ursachen für Variation entdeckt, wird mit Hilfe eines weiter entwickelten Werkzeugs, der sogenannten Versuchsplanung (s. Kap. 10), dem Prozess absichtlich Variation zugeführt. Dieses Werkzeug ist hervorragend, wenn spezielle Ursachen für Variation durch Anwendung einfacherer Werkzeuge entweder nicht identifizierbar sind oder nicht beseitigt werden können. Werden mit Hilfe der Versuchsplanung spezielle Ursachen für Variation entdeckt, sollten diese entfernt oder ihr Einfluss reduziert werden.

Wenn spezielle Ursachen für Variation in einem Prozess immer noch nicht identifizierbar sind, wird sich das Verbesserungsprojekt dem Design des Prozesses und des Produktes zuwenden. Das Design des Prozesses oder des Produkts wird dabei unter der Zielsetzung durchgeführt, sowohl Parameterdesign als auch Toleranzdesign zu verbessern.

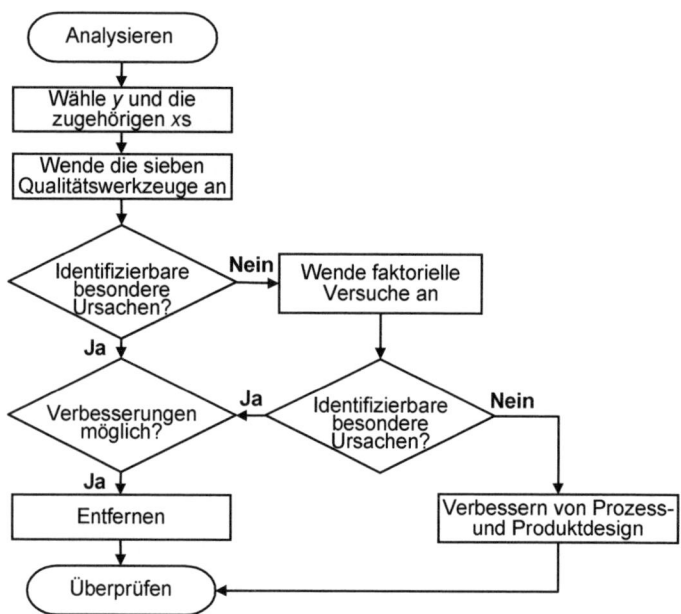

Abb. 3.7 Die Hauptaktivitäten der Verbesserungsphase der Six Sigma-Verbesserungsmethodik mit der Zielsetzung, Vorhersagbarkeit zu erreichen oder Streuung zu reduzieren.

## Überprüfen

Nachdem die Verbesserungsaktivitäten durchgeführt sind, wird in der sich an-
schliessenden Überprüfungsphase kontrolliert, ob die geplanten Verbesserungen
von $y$ (Ergebnisvariable) auch tatsächlich erreicht wurden. Zur Überprüfung der
Vorhersagbarkeit und der langfristigen Effekte von Verbesserungen sind Regelkarten hervorragend geeignet. Ebenso kann ein Verlaufsdiagramm des FpMM-
Werts benutzt werden.

Eine andere wichtige Aktivität in der Überprüfungsphase ist die Institutionalisierung der Ergebnisse. Z.B. müssen das Flussdiagramm oder die Verfahrensbe-
schreibung aktualisiert werden oder die Zeichnungen des Produkts. Wenn Flussdiagramme, Verfahrensanweisungen oder Zeichnungen nicht existieren, müssen
diese angefertigt werden. Eine andere Möglichkeit zur Institutionalisierung der
Verbesserungen besteht darin, die erwarteten Kosteneinsparungen für das kommende Jahr an die Unternehmensleitung zu berichten. Als Grundregel gilt hierbei, vorsichtige Schätzungen aufzustellen. Die meisten Six Sigma-Unternehmen
beziehen nur Einsparungen, die in direktem Zusammenhang mit Material und
Arbeit stehen, in die Schätzung ein.

Schließlich müssen noch die Ergebnisse und Erfahrungen von dem Verbesserungsprojekt mit dem Rest der Organisation geteilt werden. Normalerweise
werden kurze Fallstudien des Projektes verteilt und häufig wird das Intranet des

Unternehmens zur Speicherung und Distribution dieses angewandten Wissens über Verbesserungsarbeit benutzt.

Die Erfahrungen von Six Sigma-Unternehmen zeigen, dass Verbesserungsprojekte immer wieder neue Verbesserungprojekte generieren, d. h. ein erfolgreiches Verbesserungsprojekt enthüllt häufig weitere Verbesserungsmöglichkeiten. Es ist hierbei jedoch wichtig, dass die begonnenen Projekte zu Ende geführt und weitere Verbesserungen in separaten Projekten durchgeführt werden.

Eine nützliche Richtlinie bei der Durchführung von Six Sigma-Verbesserungsprojekten besteht darin, jeweils ein Projekt nach dem anderen durchzuführen. Erfahrungen von Six Sigma-Unternehmen zeigen, dass die Durchführung von Projekten wiederum neue Projekte generiert. Besonders in den Fällen, wo ein Projekt neue Verbesserungsmöglichkeiten beim selben Produkt oder Prozess enthüllt läuft das Projekt Gefahr, sich endlos auszudehnen und zu einem schwer hantierbaren Projekt zu werden. Entsprechend der Richtlinie ist es in solchen Fällen dann wichtig, für die neu entdeckten Verbesserungsmöglichkeiten eigene Projekte einzurichten. Jedes Projekt muss durch Verbesserung der Ergebnisvariablen, $ys$, in Bezug auf Kostenersparnis und/oder gesteigerte Kundenzufriedenheit gerechtfertigt sein.

### Kommentare und Literaturhinweise

Die acht Bände umfassende Serie über Six Sigma von Mikel J. Harry, *„The Vision of Six Sigma“*, herausgegeben 1997, behandelt die Elemente des Six Sigma Rahmenkonzeptes. Ebenso *„The Six Sigma Way: How GE, Motorola, and Other Top Companies are Honing Their Performance“* von Peter S. Pande, Robert P. Neuman und Roland R. Cavanagh aus dem Jahr 2000, sowie *„Six Sigma, The Breakthrough Management Strategy Revolutionizing The World's Top Corporations“* von Mikel J. Harry und Richard Schroeder von 1999. Andere gute Darstellungen von Six Sigma sind *„Implementing Six Sigma: Smarter Solutions Using Statistical Methods“* von Forrest W. Breyfogle von 1999 und *„The Complete Guide to Six Sigma“* von Thomas Pyzdek, 1999.

Ein Artikel von Keki R. Bhote mit dem Titel „Motorola's Long March to the Malcolm Baldrige National Quality Award“ behandelt das frühe Konzept von Six Sigma und wurde in der Herbstausgabe des *National Productivity Review* 1989 herausgegeben. Der Artikel „Six Sigma and the Future of the Quality Profession“ von Roger W. Hoerl von GE, herausgegeben in *Quality Progress* im Juni 1998, behandelt die Themen der Unterstützung durch die Unternehmensleitung, Ausbildungsprogramm und die Verbesserungsmethodik. Ein Artikel des Seniorherausgebers des Managements in *Computerworld*, Kathleen Leymuka, vom 8. Juni 1998 mit dem Titel „GE's Quality Gamble“ gibt eine umfassende Übersicht über das Six Sigma-Rahmenkonzept von GE.

# 4 Motorola – die Wiege von Six Sigma

Motorola wurde 1929 von Paul V. Galvin gegründet. Heute ist es mit mehr als 30 Milliarden US$ Umsatz und ca. 130000 Mitarbeitern ein Gigant der Elektroindustrie. Motorola begann mit Autoradios und hat nach dem zweiten Weltkrieg seine Produktpalette über Fernseher bis zu hochtechnologischen Elektronikprodukten erweitert und umfasst u.a. Systeme für mobile Kommunikation, Halbleiter, Steuersysteme für Motoren und Computersysteme. Robert W. Galvin wurde als Nachfolger seines Vaters 1956 Präsident von Motorola und 1964 Vorstandsvorsitzender und Aufsichtsratsvorsitzender.

Trotz blühender Geschäfte hat Robert W. Galvin mit der Zielsetzung, ein herausragendes Unternehmen zu schaffen, in den späten 70er Jahren ein Treffen mit 75 Führungskräften im Ambassador East Hotel in Chicago einberufen. Das Treffen war voll von Eigenlob und durch Selbstzufriedenheit gekennzeichnet. Die Harmonie ist allerdings jäh zerstört worden, als Arthur Sundry, ein leitender Verkaufsangestellter, am Ende des Treffens aufstand und sagte, Motorola sei in Gefahr, in Bezug auf Qualität von den Japanern überholt zu werden.

Das Unternehmen brauchte einige Zeit, um sich dieser Nachricht und ihrer Folgen bewusst zu werden. Erst im Jahre 1981 machte Robert W. Galvin, der inzwischen klare Anzeichen von Unzufriedenheit seitens seiner Kunden erkannt hat, die umfassende Kundenzufriedenheit zum grundlegenden Ziel seines Unternehmens. Der Zielpunkt, den er gesetzt hat, war eine zehnfache Verbesserung der Prozessleistung innerhalb der folgenden fünf Jahre. Nachdem Galvin erkannt hatte, dass Verbesserungen nicht möglich sind, wenn die Mitarbeiter nicht mit den geeigneten Werkzeugen ausgestattet sind, wurde Joseph M. Juran herangezogen, um die Identifizierung chronischer Qualitätsprobleme zu unterstützen, und Dorian Shainin, um diese mit Hilfe statistischer Werkzeuge, wie der Versuchsplanung und der statistischen Prozesssteuerung, zu lösen.

Es wurden Seminare geplant und etwa 3500 Mitarbeiter ausgebildet. Am Ende des Fünfjahresplans im Jahr 1986 hatte Motorola US$ 220000 investiert, während Kosteneinsparungen von US$ 6.4 Mio. erreicht wurden. Weniger greifbare Gewinne waren wirkliche Verbesserungen bei den Leistungen und der Kundenzufriedenheit, aufrichtiges Interesse der Unternehmensleitung an statistischen Verbesserungsmethoden sowie begeisterte Mitarbeiter. Trotz des Erfolges waren Galvin und sein Vorstand wie betäubt, als sie bei ihren Besuchen japanischer Unternehmen feststellten, dass deren Prozessleistungen mehr als 1000-Mal besser waren als die von Motorola. Galvin fasste die Erlebnisse dieser Reisen wie folgt zusammen: „Qualität war dort wie eine Religion. Sie besitzt einen vollkommen anderen Stellenwert."

Der Sektor „Communication", der Hauptproduktionsbereich von Motorola, wurde dann 1985 aufgefordert, einen Vorschlag für ein ehrgeiziges Verbesserungsprogramm zu entwickeln. Sie präsentierten ihre Ideen in einem Dokument mit dem Titel „Six Sigma Mechanical Design Tolerancing". Zu dieser Zeit verfügte Motorola über Daten, die zeigten, dass sie auf einem Leistungsniveau von vier Sigma waren, d.h. 6800 FpMM. Eine Verbesserung der Prozessleistung auf sechs Sigma, d.h. 3.4 FpMM, innerhalb der nächsten fünf Jahre, so schätzte der Communication-Sektor, würde den Vorsprung der Japaner drastisch verringern.

Angeblich mochte Mr. Galvin die Bezeichnung Six Sigma, da es sich wie ein neuer japanischer Autoname anhörte und er etwas Neues brauchte, um Aufmerksamkeit zu erregen. Der Kommunikationsbereich legte 1986 ein Six Sigma-Programm auf, mit dem Ziel, innerhalb von sechs Jahren sechs Sigma zu erreichen. Im Januar 1987 startete Galvin diese neue visionäre, strategische Initiative im Rest des Unternehmens und hob dabei folgende Meilensteine hervor:

• eine zehnfache Verbesserung der Produkt- und Servicequalität bis 1989
• eine hundertfache Verbesserung bis 1991
• Erreichen von sechs Sigma bis 1992.

„Six Sigma Quality", wie Motorola das Programm nannte, wurde parallel mit vier anderen eng verbundenen strategischen Initiativen zur umfassenden Kundenzufriedenheit durchgeführt:

• Drastische Reduzierung der Durchlaufzeit
• führend hinsichtlich Produkt and Herstellung
• Gewinnsteigerungen
• Partizipative Führung.

Um sicherzustellen, dass die Organisation die Meilensteine des Six Sigma-Programms erreichen konnte, wurde ein streitbares Ausbildungsprogramm gestartet, das die Mitarbeiter in Prozessvariation und in der Anwendung der notwendigen Werkzeuge zur Reduzierung von Variation schulte. Mit einer Investition von 50 Millionen US$ jährlich wurden Mitarbeiter aller Ebenen der Organisation ausgebildet. In diesem umfangreichen Six Sigma-Ausbildungsprogramm spielte die Motorola-Universität eine aktive Rolle.

In der Januarausgabe 1990 von *Business Month* berichtete Richard Buetow, Vizepräsident und Direktor für Qualität, vom Vorgehen und den erzielten Fortschritten: „Im Jahr 1988 hat die oberste Führungsebene das Tempo erhöht und die Mitarbeiter dazu gezwungen, Six Sigma schnell anzunehmen, eine Strategie, die gerne als ‚top-down commitment' bezeichnet wurde. In allen 54 Motorola-Standorten weltweit wurde ein Qualitätstag abgehalten. Das Büro des Vorsitzenden hat nahezu wöchentlich Mitteilungen bezüglich Qualität herausgegeben."

Motorola konzentrierte sich stark auf die Verpflichtung der Führungsspitze, um ihr Engagement für Six Sigma zu verstärken und dadurch die Mitarbeiter zu überzeugen, dass Six Sigma ernst zu nehmen sei. Die generelle Qualitätspolitik in dieser Zeit spiegelte auch die Six Sigma-Initiative des Unternehmens wider. Die Qualitätspolitik des Halbleiterbereiches legt ausdrücklich fest, dass Six

Sigma das System bzw. Rahmenkonzept dafür ist, „… Produkte zu produzieren und Dienstleistungen anzubieten, die exakt den Erwartungen, Spezifikationen und der Lieferplanung der Kunden entsprechen." (Abb. 4.1).

Abb 4.1 Ein Plakat mit Informationen zu Six Sigma im Bereich Halbleiter bei Motorola in den späten 80er Jahren.

Das Unternehmen hatte selbst exzellente Experten, die hervorragend zur Durchführung der konzeptionellen Entwicklung von Six Sigma beigetragen haben. Zu ihnen gehörten u. a. Bill Smith, Mikel J. Harry und Richard Schröder. Bill Smith hat die statistischen Werkzeuge aufbereitet, Harry und Schröder haben dem Management und den Mitarbeitern geholfen, diese anzuwenden.

Die geschätzten Kosteneinsparungen durch das Six Sigma-Programm betrugen insgesamt 480 Millionen US$ bei einem Umsatz von 9.2 Milliarden US$. Das Unternehmen begann auch, die meisten Leistungsbeurteilungen von Mitarbeitern und das Bonussystem mit Six Sigma zu verknüpfen, was dazu führte, dass manche Einheiten im Durchschnitt zusätzlich 20% ihres Gehaltes als Bonus erhielten, auch Fließbandarbeiter.

Motorola hat für seinen Six Sigma-Kreuzzug bald Anerkennung von außen erhalten. Es hat als erstes Unternehmen 1988 den prestigeträchtigen US-amerikanischen Qualitätspreis, Malcolm Baldrige National Quality Award, erhalten. Im Jahr darauf erhielt Motorola den japanischen Nikkei Award.

Im gesamten Unternehmen wurde ein Prozess nach dem anderen verbessert, sowohl in der Produktion als auch in den übrigen Bereichen. Die „Sechs Schritte zu Six Sigma" dienten als Leitfaden für die Verbreitung von Verbesserungsprojekten (Abb. 4.2).

**Fertigungsbereiche:**

- Physische und funktionale Kundenwünsche identifizieren.
- Merkmale der Produkte für alle Kundenwünsche festlegen.
- Für jedes Merkmal festlegen, ob es durch Produkt, Prozess oder beides bestimmt wird.
- Zulässigen Toleranzbereich für jedes Merkmal bestimmen.
- Prozessleistung für jedes Merkmal festlegen.
- Wenn die Prozessleistung weniger als 6 Sigma ist, müssen Material, Produkt und/oder Prozess geändert werden.

**Verwaltungsbereiche:**

- Produkt im Sinne des Arbeitsprozesses identifizieren.
- Kunden identifizieren.
- Material und Zulieferer für den Arbeitsprozess ermitteln.
- Prozess visualisieren.
- Prozess fehlerfrei gestalten und Ausfälle eliminieren.
- Einführen von Meßgrößen für Prozessleistung, Bearbeitungszeit und Verbesserungsziele.

Abb. 4.2 Die „Sechs Schritte zu Six Sigma", die Motorola in Rahmen seiner Verbesserungsinitiative anwendete.

Bei Ablauf der Frist im Jahre 1992 war Six Sigma bei Motorola eine unternehmensweite Erfolgsgeschichte geworden, die ihre Ziele in den meisten Bereichen erreicht hat. Der Vorsitzende George M. C. Fisher wird mit folgenden Worten aus dem Jahr 1993 zitiert: „Wir haben das Six Sigma-Ziel in vielen Bereichen erreicht, wenn auch nicht im gesamten Unternehmen. Zur Zeit liegt die Produktion bei ungefähr fünf Sigma. Wir haben ein Programm „jenseits Six Sigma" gestartet, damit die Bereiche, die Six Sigma überschritten haben, ihre Arbeit fortsetzen und die Fehlerquote alle zwei Jahre um das Zehnfache verbessern."

Er erläuterte auch, dass „... wir bedeutende Einsparungen in den Herstellungs-kosten erreicht haben, 700 Mio. US$ in 1991 und 2,4 Milliarden US$ seit Beginn unseres Six Sigma-Vorstoßes".
Der Name Motorola wird aufgrund der Pionierarbeit zur Erschaffung und Einführung immer mit Six Sigma verbunden sein. Dies gilt ebenso für den damaligen Vorsitzenden Robert W. Galvin. Seit 1986 hat das Unternehmen Six Sigma unaufhörlich als eine seiner Schlüsselstrategien betrieben, um das höchste Unternehmensziel zu erreichen: umfassende Kundenzufriedenheit.

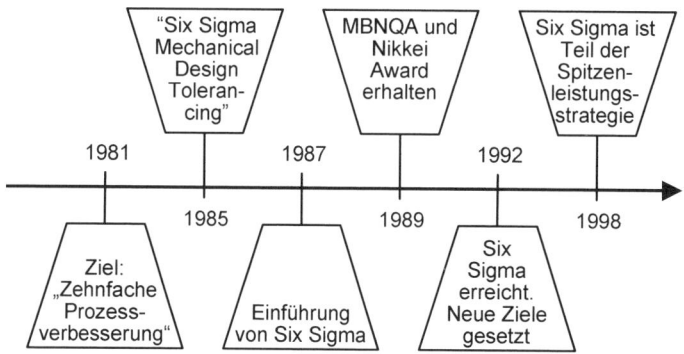

Abb. 4.3 Einige Meilensteine der Entwicklung von Six Sigma bei Motorola.

Motorola betreibt Six Sigma auch heute noch. 1998 wurde jedoch aufgrund der finanziellen Krise und Rezession in Asien – einer der wichtigsten Märkte von Motorola – ein Erneuerungsprogramm gestartet, in dem umfassende Kundenzufriedenheit durch vier Schlüsselziele ersetzt wurde: im Kerngeschäft weltweit führend zu sein, Komplettlösungen durch Partnerschaften, Grundlagen für zukünftige Führungspositionen und Spitzenleistungen. Unter Spitzenleistungen werden Six Sigma-Qualität sowie Reduzierung der Durchlaufzeit genannt und diese werden auch für die nächsten Jahre weiterhin bedeutende Ziele sein. Der Geschäftsbericht 1998 fasst zusammen: „Unser oberstes Geschäftsziel sind Spitzenleistungen. ... Heute erweitern und ergänzen wir unser Streben nach Qualität. Der Six Sigma-Qualitätsprozess hat die Grundlage für einen großen Teil des Fortschritts gelegt, den wir in den vergangenen zehn Jahren erreicht haben. Es ist immer noch eine fundamentale Initiative in unserem Unternehmen und wird von anderen guten Unternehmen übernommen. ... Motorola verlässt sich nicht nur auf Umsatzwachstum, um wieder Gewinne einzufahren. Die Konsolidierung unserer Produktion, Kostenreduzierung und Restrukturierungsprogramme sind ebenso wesentliche Teile unseres Bemühens, unsere finanzielle Leistungskraft wiederherzustellen und den Shareholder Value zu steigern."

**Kommentare und Literaturhinweise**

Einer der ersten Artikel über das Six Sigma-Programm von Motorola wurde am 24. April 1989 im *Fortune Magazine* veröffentlicht. Ronald Henkoff beschreibt darin die frühen Phasen der Initiative unter dem Titel: „What Motorola Learns from Japan". Im selben Jahr veröffentlichte der *National Productivity Review* in der Herbstausgabe den Artikel „Motorola's Long March to the Malcolm Baldrige National Quality Award" von Keki R. Bhote, dem Seniorberater für Qualität und Produktivität von Motorola. Zusammen mit dem Artikel „No more defects" von Glenn Rifkin vom 15. Juli 1991 in *Computerworld* und „Stalking Six Sigma" in der Januar-Ausgabe von *Business Month* von Mark Stuart Gill, liefern diese Beiträge eine gute Übersicht über den Hintergrund, die Bedingungen und den frühen Erfolg von Six Sigma bei Motorola.

Robert W. Galvin brachte die Six Sigma-Bewegung ins Rollen. Im Buch „*Creativity: Flow and the Psychology of Discovery and Intervention*" von Mihaly Csikszentmihalyi von 1997 erklärt Galvin in einem Interview, dass er Antizipation und Verpflichtung für wichtige Bestandteile von Kreativität hält. Sowohl Antizipation als auch Verpflichtung charakterisieren sein eigenes Verhältnis zu dem unternehmensweiten Verbesserungs- und Erneuerungsprogramm, dem er den Namen Six Sigma gab.

# 5 Six Sigma bei ABB – Geheimnisse des Erfolgs

> *Was sich nicht messen lässt, lässt sich auch nicht verbessern.*
> Percy Barnevik, Aufsichtsratsvorsitzender, ABB

Die schweizerisch-schwedische Technologiegruppe hat 160 000 Mitarbeiter in mehr als 100 Ländern und ist in fünf Segmenten tätig: Power Transmission; Automation; Oil, Gas und Petrochemicals; Building Technologies; Financial Services. Unter dem Präsidenten und Vorstandsvorsitzenden Percy Barnevik, heute Aufsichtsratsvorsitzender, und seinem Nachfolger Göran Lindahl, war das Unternehmen sehr erfolgreich. Im Geschäftsbericht stellt Lindahl, der 1999 von *Industry Week* zum Vorsitzenden des Jahres ausgezeichnet wurde, fest: „Unser Ziel ist es, so nah mit unseren Kunden zusammenzuarbeiten, dass wir einen Teil ihres Geschäfts werden und sie einen Teil des unseren, mit dem gemeinsamen Bestreben, Spitzenleistungen, Effizienz und Produktivität zu schaffen."

Mit dem Geschäftsbereich Power Transformers war ABB wahrscheinlich das erste europäische multinationale Unternehmen, das Six Sigma eingeführt hat. Es wurde 1993 auf freiwilliger Basis in den einzelnen Betrieben eingeführt. Das Six Sigma-Programm ist im Verlauf der Jahre konsistent geblieben, der Bereich ist gewachsen und aus den erzielten Erfolgen hat sich großes Engagement ergeben. Six Sigma ist in allen Werken des Transformatorenbereiches eingeführt worden und hat sich aufgrund seiner Erfolge auf andere Geschäftsbereiche von ABB sowie auf Lieferanten und Kunden ausgebreitet.

Der Geschäftsbereich Power Transformers umfasst ca. 7000 Mitarbeiter in 33 Werken in 22 Ländern. Er stellt Leistungstransformatoren zur effizienten Einspeisung von Elektrizität in Stromnetze zwischen Stromgeneratoren und Verteilungstransformatoren her (Abb. 5.1). Der Geschäftsbereich ist einer der größten innerhalb von ABB und gehört zum Segment Power Transmission.

Abb. 5.1 Ein Kraftwerk erzeugt Elektrizität, die für eine effiziente Übertragung auf höhere Spannung transformiert und später wieder vor Erreichen des Verteilungstransformators auf niedrigere Voltzahl umgespannt wird, um somit die für den Kunden erforderliche Spannung zur Verfügung zu stellen. Einer dieser Transformatoren ist im unteren mittleren Bereich der Abbildung dargestellt.

## 5.1  Die Umsetzung von Six Sigma

ABB hat jahrelang Programme zur Reduzierung von Kosten und Durchlaufzeit sowie Programme zur Selbstbewertung durchgeführt. Im Jahre 1993 hat der Geschäftsbereich Power Transformers nach neuen Wegen gesucht, um das übergeordnete Ziel der Kundenorientierung zu erreichen. Es wurden mehrere Initiativen gestartet, mit dem Ziel, einen pragmatischen Ansatz zu finden. Mikel J. Harry, einer der Six Sigma-Architekten bei Motorola, wurde herangezogen und dieser vermittelte Kjell Magnusson, ein Vizepräsident des ABB Geschäftsbereiches, das Grundverständnis von Six Sigma.

In einer Besprechung des Geschäftsbereiches wurde Six Sigma unter Anwesenheit der Bereichsleitung sowie den Werksleitern präsentiert und erhielt ungeteilte Zustimmung. Im selben Jahr stimmte Mikel J. Harry dann einem Angebot zu, als Vizepräsident Entwicklung Qualitätssysteme bei ABB einzusteigen. Während seiner zwei Jahre bei ABB hat Harry einen Grossteil seiner Zeit dem Geschäftsbereich Power Transformers gewidmet. Er war Mentor von Kjell Magnusson und zusammen haben die beiden mehrere Kontinente bereist, um an zahlreichen ABB-Standorten in Europa, USA und Australien Six Sigma zu vermitteln. Hierbei wurde besonderes Gewicht auf die Kostenreduzierung, das Messsystem, das

Ausbildungsprogramm und die formalisierte Verbesserungsmethodik gelegt. Ihre Nachricht war deutlich: Die Entscheidung, Six Sigma einzuführen, musste die Leitung eines jeden Standortes selbst treffen. Die Unternehmenszentrale hat die Einführung von Six Sigma nicht diktiert.

Die an Six Sigma interessierten Standorte haben Mitarbeiter zu Schwarzgürtel-Kursen in die Firmenzentrale geschickt und es wurden unmittelbar bedeutende Kosteneinsparungen realisiert. Der erste Kurs zum Schwarzen Gürtel wurde 1994 durchgeführt. Seither haben mehr als 500 Teilnehmer im Six Sigma-Ausbildungsprogramm des Geschäftsbereiches den Schwarzen Gürtel erhalten, darunter auch Teilnehmer von Lieferanten und anderen Unternehmen wie z.B. AlliedSignal, Ericsson und Volvo. Der Kurs zum Schwarzen Gürtel wurde mit den Jahren immer anspruchsvoller und von den verpflichtenden Projekten der Teilnehmer wurden frühzeitig bedeutende Kosteneinsparungen verlangt.

In den frühen Phasen von Six Sigma im Geschäftsbereich Power Transformers haben die einzelnen Standorte damit begonnen, Schlüsselprozesse und die zu messenden Produktmerkmale zu identifizieren sowie Messkarten zur Erhebung von Daten in den einzelnen Abteilungen zu entwickeln. Sie richteten Datenbanken zur Speicherung der Daten ein und berichteten die Fehlerquoten an die Unternehmenszentrale. Es wurde deutlich, dass ein bestimmter Prozess eines Standortes mit ähnlichen Prozessen anderer Standorte verglichen werden konnte. „Das ist wirkliches Benchmarking“ und „FpMM-Werte enthüllen Problembereiche“ waren die offensichtlichen Schlussfolgerungen. Die an den einzelnen Standorten gemessenen Merkmale wurden so standardisiert, dass Benchmarking ohne weiteres möglich war, sowohl für einzelne Prozesse als auch für eine Kombination von Prozessen. Dies galt auch für die Verbesserungsquote. Die Anstrengungen zur Entwicklung eines Standardsets zu messender Merkmale über alle Werke der Transformatorenproduktion hinweg waren sehr erfolgreich.

Im Verlauf der Jahre wurde ein Erfolg nach dem anderen erreicht. Die Manager haben erkannt, dass sich mit Hilfe von Six Sigma die im Transformatorenmarkt häufig als illusorisch geltenden zweistelligen Gewinnmargen realisieren lassen. Als sich Six Sigma ständig auf weitere Standorte ausbreitete, hat die Bereichsleitung 1998 beschlossen, Six Sigma zu einer strategischen Initiative des gesamten Geschäftsbereiches zu machen. Die einzelnen Standorte wurden zwar nicht zur Einführung von Six Sigma gezwungen, aber das Messen der Prozessleistungen anhand von FpMM und die Berichterstattung darüber wurden zur Pflicht gemacht.

Six Sigma hat Einzug in das Tagesgeschäft gehalten. Mehr als die Hälfte aller Werke wenden Six Sigma aktiv an und erreichen damit hervorragende Ziele, während sich die restlichen Werke mehr auf Ausbildung und Messungen konzentrierten statt auf wirkliche Verbesserungsarbeit. Heute ist die Anwendung von Six Sigma im gesamten Segment Power Transmission vorgeschrieben und hat sich auch auf andere Teile von ABB ausgebreitet.

Die Werke sind mit ihren Six Sigma-Programmen sehr zufrieden. Ein ABB-Ingenieur in Italien drückte dies folgendermaßen aus: „Six Sigma ist kein Unfug.“

Und ein Qualitätsmanager in Schottland stellte fest: „Six Sigma ist der wirkungsvollste Verbesserungsansatz der letzten Jahre." Six Sigma hat auch zu vielen positiven Rückmeldungen von Kunden und Lieferanten geführt, sowohl für die Unternehmenszentrale als auch für die einzelnen Werke. Einige haben an Kursen zum Schwarzen Gürtel teilgenommen, aber was noch bedeutender ist: sie haben tatsächliche Ergebnisse gesehen. Zu den Ergebnissen gehören Reduzierung der Prozessvariation und damit weniger fehlerhafte Produkte, gesteigerter Nutzungsgrad, verbesserte Liefergenauigkeit sowie Designverbesserungen.

## 5.2  Verbesserungsprojekte

Als Teil der Ausbildung und des Tagesgeschäftes der Inhaber von Schwarzen Gürteln sowie ihrer Teams mit Grünen und Weißen Gürteln wurden weltweit eine enorme Zahl von Verbesserungsprojekten durchgeführt. Die in den einzelnen Projekten erzielten jährlichen Kosteneinsparungen reichen von einigen Tausend US$ bis über eine halbe Million pro Jahr und Werk. Alle Kostenreduzierungen müssen streng nach vorgegebenen Regeln kalkuliert und vom Management anerkannt werden. Der Umfang der Verbesserungsprojekte hat sich ebenso weiter ausgedehnt, indem anspruchsvollere Six Sigma-Engineering-Projekte mit einbezogen wurden. Die meisten Projekte wurden bei den Produktionsprozessen durchgeführt, aber es gab auch viele Projekte im indirekten Bereich, wie z.B. bei der Fakturierung und Auftragsbearbeitung.

Das nachfolgend erläuterte Projekt zur Reduzierung von Variation bei den Abmessungen von Windungen ist ein typisches Verbesserungsprojekt im Geschäftsbereich Power Transformers. Es hat dazu geführt, dass ein teurer Prozess vollkommen gestrichen wurde.

Die zwei Hauptbestandteile im Inneren eines Transformators sind die Windungen und der Kern. Jede Windung, die meistens aus einer Kupferleitung sowie einer Isolierschicht aus Zellulosefaser besteht, ist um einen Kern herum angeordnet (Abb. 5.2). Die Windung ist je nach der Größe des Transformators zwischen ein und vier Metern hoch und der gesamte Transformator wiegt mehrere Tonnen.

Eine Windung wird von ausgebildeten Facharbeitern hergestellt, indem der Kupferdraht nach einem bestimmten Schema gedreht wird. Der Kupferdraht ist durch eine Isolierschicht geschützt. Die Maße der fertigen Windung galten aufgrund des Zellulosegehaltes der Isolierung und deren Empfindlichkeit gegen Feuchtigkeit bisher immer als „unvorhersehbar". Daher mussten die Windungen am Ende der Herstellung immer nachgebessert werden. „Das haben wir immer gemacht – es ist Teil unserer Arbeit" war die Begründung. Ein Six Sigma-Projekt wurde gestartet.

Abb 5.2 Das Innere eines Transformators mit drei Windungen (Zylinder), die um einen Kern herum angeordnet sind, mit einer Metallstruktur über, unter und innerhalb der Windungen.

**Messen**

Die Höhe der Windung wurde als Ergebnisvariable, $y$, ausgewählt; die Teile, welche die Höhe der Windung bestimmen, Kupfer und Islolation, sind die Einsatzfaktoren ($xs$).

**Analysieren**

Die Windungshöhe wurde gemessen und als schlecht beurteilt (ca 100 000 FpMM). Es wurde festgestellt, dass die Fehlerquote bei Kupfer relativ gut war (weniger als 500 FpMM) und die Ursache des Problems bei der Isolierung lag.

**Verbessern**

Folglich konzentrierten sich die weiteren Anstrengungen auf die Isolierung. Die eingehenden Materialien wurden weit detaillierter untersucht als zuvor, sodass die Höhe der Windungen bereits bei der Produktion viel genauer vorhergesagt werden konnte. Durch die Anwendung statistischer Werkzeuge wurde herausgefunden, dass die eingehenden Materialien eine besondere Ursache für Variation der Windungshöhe darstellten. Daraufhin sind Gespräche mit den Lieferanten aufgenommen worden, die dann auf Grundlage der vorliegenden Fakten und Zahlen geeignete Maßnahmen zur Verbesserung des eingehenden Materials trafen.

**Überprüfen**

Die Verbesserungen des eingehenden Materials wurden von den betroffenen ABB-Werken getestet und es wurde ein dramatischer Rückgang der Fehlerquote bei der Windungshöhe festgestellt. Als Folge dessen konnten die Windungen nun mit den korrekten Dimensionen hergestellt werden, ohne dass teure Nacharbeit notwendig war.

Abb. 5.3 Messungen stellen die Qualität sicher und machen Nacharbeit unnötig.

„Vor dem Beginn mit Six Sigma haben wir die Anpassung der Windungshöhe nie als Verbesserungsmöglichkeit in Betracht gezogen", war die Schlussfolgerung im spanischen Werk.

## 5.3 Erfolgsgeheimnisse

Die kritischen Erfolgsfaktoren in den sieben Jahren, in denen Six Sigma bei ABB im Geschäftsbereich Power Transformers angewandt worden ist, sind vielfältig. Es können jedoch zehn herausragende Faktoren identifiziert und erläutert werden. Einige von ihnen sind vielleicht ABB-spezifisch, aber wir glauben, dass sie auch über die Unternehmensgrenzen hinaus relevant sind.

## 1. Geheimnis: Ausdauer

Die Ausdauer der Schlüsselpersonen der Initiative – Vorstandsvorsitzender, Champion und Träger des Schwarzen Gürtels – war entscheidend. Der Vorstandsvorsitzende als derjenige, der am meisten an Six Sigma glaubte, der Champion als größter Antreiber und die Träger der Schwarzen Gürtel als führende Experten in Sachen Verbesserungsarbeit. Wenn sie aufgeben, wird das Programm stehenbleiben. Harte Arbeit ist gefordert. Verbesserungen von Variation, Durchlaufzeit, Nutzungsgrad und Design erfordern viel Einsatz, aber kurz- und langfristige Ergebnisse wirken motivierend und liefern Bestätigung.

## 2. Geheimnis: Frühe Kostenreduzierungen

In allen Werken, die Six Sigma anwenden, haben die in den ersten Verbesserungsprojekten erzielten Kosteneinsparungen das Vertrauen und die Verpflichtung zu Six Sigma gestärkt. Die Einsparungen brauchen am Anfang nicht unbedingt hoch zu sein. Es ist wichtiger, dass die Projekte durchgeführt und abgeschlossen werden und dass die gesammelten Erfahrungen innerhalb der Organisation geteilt werden. Die „Hausaufgabenprojekte" der Kurse zum Schwarzen Gürtel sind hierbei sehr hilfreich, da durch diese frühzeitig gezeigt werden kann, wie Verbesserungen der Prozessleistungen Kosten reduzieren und Umsätze erhöhen.

## 3. Geheimnis: Verpflichtung der Unternehmensleitung

Six Sigma ist eine strategische Initiative, die eine Entscheidung des Topmanagements fordert, zu der es sich bekennen und für die es Verantwortung übernehmen muss. Die erfolgreichsten Werke haben gemeinsam, dass sich dort die Führungsspitze die Zeit genommen hat und die Ressourcen zur Verfügung gestellt hat, die notwendig sind, um die gesetzten Ziele zu erreichen – das ist in die Praxis umgesetzte Verpflichtung.

## 4. Geheimnis: Freiwilligkeit

Die Einführung von Six Sigma auf freiwilliger Basis führte dazu, dass die praktische Umsetzung länger gedauert hat, als wenn sie durch die Unternehmensleitung vorgeschrieben worden wäre. Six Sigma konnte dadurch aus seinen eigenen Verdiensten heraus entstehen und nicht durch aufgezwungene Fügsamkeit. Aufgrund der Erfolge, aber auch aufgrund des pragmatischen Ansatzes hat sich Six Sigma folglich auf andere Geschäftsbereiche von ABB ausgebreitet.

## 5. Geheimnis: Anspruchsvolle Kurse zum Schwarzen Gürtel

Der Kurs zum Schwarzen Gürtel wird in der Unternehmenszentrale gehalten und ist sehr anspruchsvoll. Er ist ein Mittel zur Verbreitung von Six Sigma, mit Hilfe dessen das Six Sigma-Rahmenkonzept und die Verbesserungsmethodik in das Unternehmen hineingetragen werden. Er bringt die Begeisterung für Verbesserungsarbeit hervor. In der Umsetzung von Six Sigma spielt daher der Kurs zum Schwarzen Gürtel eine entscheidende Rolle.

**6. Geheimnis: Vollzeitbeschäftigte Träger des Schwarzen Gürtels**

Träger des Schwarzen Gürtels sollten vorzugsweise in Vollzeit mit Six Sigma beschäftigt sein. Ein Hauptgrund hierfür ist, dass Vollzeitkräfte genug Zeit zur Verfügung haben, um Verbesserungsprojekte in Gang zu setzen und weiterzuverfolgen. Auf der anderen Seite finden die Träger des Schwarzen Gürtels häufig, dass zwei bis drei Jahre Vollzeitarbeit in der Rolle des Schwarzen Gürtels genug sind, und haben den Wunsch, wieder in der Linie tätig zu sein und nur einen Teil ihrer Zeit für Verbesserungsprojekte zu verwenden. Dies führt zu einer gesunden Rotation und es erhalten immer wieder neue Personen die Möglichkeit, am Kurs zum Schwarzen Gürtel teilzunehmen und sich in Vollzeit mit Verbesserungsprojekten zu beschäftigen.

**7. Geheimnis: Aktive Einbeziehung des mittleren Managements**

Die Rolle des Schwarzgürtels wird typischerweise aus den Reihen des mittleren Managements besetzt. Ein Grund hierfür ist, dass diese Manager normalerweise eine höhere Ausbildung besitzen und damit ein gewisses Verständnis für Statistik mitbringen. Zum Zweiten erweitern sie dadurch ihr Verständnis für Verbesserungsarbeit. Sie lernen, wie eine formalisierte Verbesserungsmethodik in der Praxis angewandt wird. Zum Dritten haben sie in der Regel die Fähigkeit und den Status, ein Verbesserungsprojekt von Anfang bis Ende durchzuführen.

**8. Geheimnis: Messung allein genügt nicht**

Messungen und Messsysteme allein führen nicht zu Verbesserungen von Prozessleistungen und Kostenreduzierungen. Die Six Sigma-Verbesserungsmethodik, die auf der Anwendung statistischer Werkzeuge beruht, muss angewandt werden, um die Informationen, die durch die Messungen gewonnen werden, intelligent zu nutzen. Ebenso ist das Messsystem zur Untersuchung der Prozessleistungen nur sinnvoll, wenn dadurch Prozesse und Produkte mit Verbesserungspotenzial identifiziert werden.

**9. Geheimnis: Eine einzige Maßeinheit und Kennzahl**

Durch die Anwendung nur einer einzigen Maßeinheit für Prozessleistungen und einer einzigen Kennzahl zur Beurteilung der Prozessleistung verringert Six Sigma effizient das Gefühl der Selbstzufriedenheit, der Erzfeind jeder Verbesserungsarbeit. Die Werke haben häufig ein hohes Maß an Selbstvertrauen und eine „Wir sind gut genug"-Haltung. Die Präsentation nur einer einzigen Zahl, die objektiv die eigene Leistung widerspiegelt, zeigt, dass man doch nicht so gut ist, wie man selbst glaubt, und flößt ein Gefühl der Dringlichkeit ein.

**10. Geheimnis: Faktorversuche**

Vor Six Sigma wurden Faktorversuche bei ABB ohne Erfolg angewandt. Aufgrund dessen waren die Mitarbeiter zu Beginn misstrauisch und widerwillig, dieses Werkzeug anzuwenden. Erfolg wirkt jedoch immer überzeugend und beseitigt Widerstand. Faktorversuche werden heute stark genutzt, entweder als einzelnes Werkzeug oder in Kombination mit den Sieben Qualitätswerkzeugen.

# 6 Die Einführung von Six Sigma in Ihrem Unternehmen

> *„Beginne mit Verbesserungen und Versuchen – mach es nicht zu kompliziert und versuch, am Anfang nicht zu wissenschaftlich zu sein."*
> Chris Rector, ABB USA

Nach all der Beachtung, die Six Sigma erhalten hat, ist es für jede Organisation verlockend, sich kopfüber in Six Sigma hineinzustürzen – unabhängig davon, ob es sich um einen produzierenden Betrieb, einen Verwaltungsbereich, ein Dienstleistungsunternehmen, eine private oder öffentliche Organisation handelt. Bei der Einführung von Six Sigma empfehlen wir, die folgenden zwölf Schritte zu beachten, welche vier Implementierungsstufen zugeordnet werden können – Anfang, Ausbildung, Messen und kontinuierliche Verbesserung. Die zwölf Schritte sichern, dass Verbesserungsprojekte auf unternehmensweiter und kontinuierlicher Basis durchgeführt werden (Abb. 6.1). Die Schritte können auch als Leitfaden zur Implementierung des Six Sigma-Programms dienen. Sie wurden auf Basis der Erfahrungen von Motorola und anderen Unternehmen sowie unserer

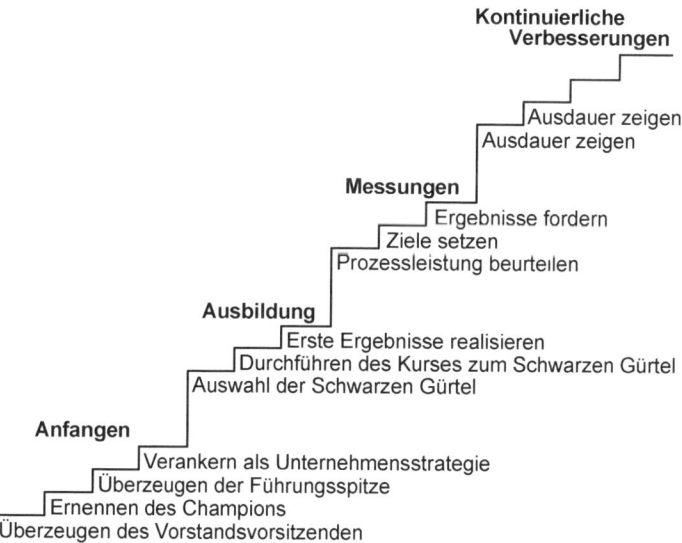

Abb. 6.1 Zwölf Schritte zur Einführung von Six Sigma, eingeteilt in die vier übergeordneten Implementierungsstufen. Die Stufe kontinuierliche Verbesserungen besteht aus einem endlosen Kreislauf von Verbesserungsprojekten.

eigenen Erfahrungen von ABB entwickelt und weisen offenbare Ähnlichkeiten mit dem in Kapitel 3 vorgestellten Rahmenwerk auf. Es ist zu beachten, dass die zwölf Schritte auf einen Top-down-Ansatz der Einführung von Six Sigma gründen. In letzter Zeit wurde Six Sigma in einigen Ländern und Unternehmen mehr bottom-up durchgeführt. Dieser Sachverhalt ist von besonderem Interesse und wird in Kapitel 7.3 weiter diskutiert werden.

## Schritt 1: Überzeugen des Vorstandsvorsitzenden

Der Vorstandsvorsitzende muss vollständig von der Umsetzung von Six Sigma überzeugt sein und diese Überzeugung muss für die gesamte Organisation sichtbar sein. Die mit Six Sigma verfolgten Ziele müssen effektiv kommuniziert und der Zusammenhang mit der Vision des Unternehmens muss aufgezeigt werden. Der Vorstandsvorsitzende muss die Begeisterung der Mitarbeiter wecken. Diese Begeisterung und das frühe Engagement des Top Managements sind oft wichtiger, als lediglich die Ressourcen bereitzustellen. Es ist entscheidend, dass das Engagement des Vorstandsvorsitzenden als glaubwürdig aufgefasst wird und dass Six Sigma als persönliches Anliegen des Vorstandsvorsitzenden gilt. Eine Checkliste des Vorstandsvorsitzenden in der Startphase kann u. a. folgende Themen enthalten:

- Sind die mit Six Sigma verfolgten Ziele und das persönliche Engagement für alle sichtbar?
- Sind Ressourcen, die nicht bereits ausgeschöpft sind, mit Six Sigma verbunden und zugeteilt?
- Sind die Pläne zur Umsetzung und die Aufgabenverteilungen realistisch?
- Sind die zu erwartenden Kosten und Kosteneinsparungen in den Budgets enthalten?

Eine Checkliste des Vorsitzenden im fortgeschrittenen Stadium kann u. a. enthalten:

- Hat sich die Sprache von Six Sigma in der Organisation etabliert?
- Ist Six Sigma ein aktuelles Thema in den Vorstandssitzungen?
- Werden die richtigen Signale gesendet? Kleine, positive Signale des Vorsitzenden, die in regelmäßigen Abständen an die Organisation gegeben werden, haben wahrscheinlich die größten Auswirkungen auf das Ergebnis.
- Werden Erfolgsgeschichten verbreitet?
- Haben alle Verbesserungsprojekte Auswirkungen auf den Gewinn?
- Wurde die angestrebte jährliche Verbesserungsquote festgelegt und kommuniziert?

## Schritt 2: Ernennen des Champions

Ein Six Sigma-Champion, manchmal Trainer, Förderer oder Meister genannt, muss ernannt werden. Dies bedeutet nicht, dass das Engagement delegiert wird, sondern dass ein Leiter die praktische Umsetzung des Programms anführt. Er oder sie muss selbstverständlich hinter den Zielen und den erforderlichen Änderungen stehen. Außerdem muss der Champion ein Six Sigma-Experte sein und somit über das entsprechende Wissen verfügen. In anderen Worten: Der Champion also sollte die treibende Kraft und nach dem Vorsitzenden der am meisten überzeugte Verfechter von Six Sigma in der Organisation sein. In den meisten Fällen ist der Champion Angehöriger der Führungsspitze. Neben der operativen Leitung von Six Sigma fungiert der Champion auch als Verbindungsglied zwischen dem Vorsitzenden und den Trägern des Schwarzen Gürtels. Um mit den Trägern des Schwarzen Gürtels effektiv zusammenzuarbeiten und um zu verstehen, was von ihnen erwartet wird, ist es vorteilhaft, wenn der Champion selbst die Ausbildung zum Schwarzen Gürtel erfolgreich absolviert hat.

Der Champion muss:

- Eine Leidenschaft für Prozessverbesserungen und die dafür erforderliche Ausdauer haben.
- Betriebsam sein und zu Geschäftsentwicklungen und Ergebnissen beitragen.
- Die pragmatische Forderung vertreten, dass jegliche Verbesserungsarbeit zu Kostenreduzierungen führen muss.
- Eine Führungskraft sein, welche die Schwarzen Gürtel und andere motivieren kann.
- Pädagogische Fähigkeiten besitzen und ein Interesse dafür haben, andere zu unterrichten.

Der Champion sollte:

- Prozessleistungen beurteilen und diskutieren sowie Verbesserungsmöglichkeiten priorisieren.
- Eine Strategie und einen Arbeitsplan entwickeln, der die erfolgskritischen Tätigkeiten enthält.
- Für eine systematische Bewertung der Prozessleistung mit Hilfe von FpMM sorgen.
- Six Sigma-Statistiken anwenden, um unzureichende Prozessleistungen zu analysieren und Lösungen für Verbesserungen vorschlagen.
- Pläne, Methoden und erreichte Ergebnisse kommunizieren.
- Formalisierte Trainingskurse halten und Einzelpersonen in ihrer praktischen Arbeit unterstützen.

**Schritt 3: Überzeugen der Führungsspitze**

Hat sich der Vorsitzende für Six Sigma entschieden und ist der Champion ernannt, muss das gesamte Topmanagement ein Verständnis für die Ziele entwickeln und den Veränderungsbedarf erkennen. Im Ergebnis sollte sich jeder Einzelne der Führungsspitze für Six Sigma verantwortlich fühlen. Die Personalleitung sowie der Finanzdirektor müssen auch einbezogen werden, da sie in den Schritten 5 und 6 besondere Rollen spielen.

**Schritt 4: Verankern als Unternehmensstrategie**

Wenn sich der Vorsitzende, der Champion und das Topmanagement entschieden haben und bereit sind, Six Sigma einzuführen, ist das Programm zu formalisieren. Six Sigma muss in die reguläre Unternehmensstrategie integriert werden. Viele Unternehmen haben ein formelles Gremium zur Koordination von Six Sigma über die gesamte Organisation hinweg, häufig Lenkungsausschuss genannt. Es unterstützt die operative Umsetzung von Six Sigma, sichert die strategische Verankerung, überwacht die Implementierungspläne und beurteilt Verbesserungsprojekte.

**Schritt 5: Auswahl der Schwarzen Gürtel**

Die zukünftigen Experten, d. h. die Kandidaten für den Schwarzen Gürtel, sollten sorgfältig ausgewählt werden. In dieses Auswahlverfahren ist die Personalleitung mit einzubeziehen, da Ausbildung eine Investition in die Mitarbeiter darstellt und die Auswahl angemessen erfolgen sollte.

Normalerweise sollten die Kandidaten des Schwarzen Gürtels junge, dynamische Mitarbeiter sein, die ein echtes Interesse daran haben, die Six Sigma-Methodik für kontinuierliche Verbesserungen zu lernen. Sie müssen von der Organisation respektiert werden und entsprechende Kompetenzen besitzen, um Änderungen in der Organisation umzusetzen. Vorzugsweise sollten sie eine Universitäts- oder Hochschulausbildung absolviert haben und es ist ausgesprochen wichtig, dass sie sich dazu verpflichten, zumindest in den nächsten Jahren im Unternehmen zu bleiben.

Die Schwarzen Gürtel sollten ihre Funktion in Vollzeit ausüben. Der Hauptgrund hierfür ist, dass Verbesserungsprojekte oft sehr viel Einsatz erfordern und genügend Zeit entscheidend für den Erfolg ist. Ein Manager kommentierte: „Ergebnisse stellten sich nicht wirklich ein bevor wir Vollzeit-Schwarzgürtel hatten".

Um erfolgreich zu sein, müssen die Träger des Schwarzen Gürtels eine starke Persönlichkeit besitzen. Das Management muss sie unterstützen und ihr Selbstbewusstsein durch Ausbildung und Schulung stärken. Das Management muss ihnen erlauben, die erforderliche Zeit aufzuwenden, und erkennen, dass dies eine langfristige Investition ist. Sie müssen akzeptieren, dass alte Weisheiten und Gewohnheiten in Frage gestellt werden. Sie müssen die Ressourcen zur Verfügung stellen, die notwendig sind, um Erfolge zu erzielen.

**Schritt 6: Durchführung des Kurses zum Schwarzen Gürtel**

Die zukünftigen Six Sigma-Experten starten ihre Karriere mit der Teilnahme am Kurs zum Schwarzen Gürtel, die vom Topmanagement genehmigt werden muss. Die Kandidaten müssen als Teil des Kurses praktische Verbesserungsprojekte durchführen, die durch das Management unterstützt und begleitet werden müssen. Es ist hierbei äußerst wichtig, dass der Finanzdirektor in alle Berechnungen der Kostenreduzierungen einbezogen wird.

Der Rest der Organisation muss ebenfalls ausgebildet werden und es ist normalerweise die Aufgabe des Champion, ein geeignetes Ausbildungsprogramm für
alle Ebenen der Organisation zu entwickeln. Es ist wichtig, dass alle Mitarbeiter
verstehen, warum Six Sigma eingeführt wird, wie dies geschieht und was die Erwartungen des Topmanagements sind. Der Champion und die Schwarzgürtel
fördern die „Vermarktung" der Initiative, geben Unterricht, führen Schulungen
durch und beraten.

**Schritt 7: Erste Ergebnisse realisieren**

Wie bereits erwähnt, müssen die Teilnehmer des Kurses zum Schwarzen Gürtel
praktische Verbesserungsprojekte als Hausaufgaben durchführen. Dies ist eine
gute Methode, um Six Sigma-Verbesserungsprojekte einzuführen und es ist
wichtig, dass die ersten Erfolge in der Organisation bekannt gemacht werden.
Jedes Ergebnis muss institutionalisiert werden, um ein dauerhaftes positives Ergebnis zu sichern. In den meisten Organisationen gibt es Menschen, die jegli-
chen Änderungen, und damit auch Six Sigma kritisch gegenüberstehen. Alle
Schätzungen von Kosteneinsparungen durch Six Sigma-Verbesserungsprojekte
müssen daher zuverlässig sein, die Berechnungen müssen transparent und die
Ergebnisse dauerhaft sein.

**Schritt 8: Prozessleistung beurteilen**

In diesem Schritt wird die Messung der Prozessleistungen geplant. Hierbei sollte
man sich auf die Prozesse und Produkte konzentrieren, welche die größte Bedeutung für das Geschäft haben, und die gemessenen Merkmale müssen für den
Kunden als kritisch gelten und messbar sein. Sowohl Produktions- als auch Ver-
waltungsprozesse sowie Güter und Dienstleistungen sollten abgedeckt werden.
Prozessleistungen werden mit Hilfe von Variation gemessen unter bevorzugter
Verwendung von FpMM als Maßeinheit. Die verschiedenen Messergebnisse
müssen in einem Six Sigma-Messsystem zusammengeführt werden, mit Hilfe
dessen die Einzelergebnisse zu einer einzigen Kennzahl für die Prozessleistungen
des gesamten Unternehmens konsolidiert werden. Zur Speicherung der Daten
und der statistischen Auswertungen ist eine Datenbank erforderlich. Hierbei
sollte erwähnt werden, dass ein zu hohes Maß an Engagement bei der Entwicklung eines Messsystems nicht die Aufmerksamkeit von anderen Six Sigma-Akti-
vitäten ablenken darf, insbesondere von Verbesserungsprojekten.
Stehen die ersten Messergebnisse zur Verfügung, ist es wiederum äußerst wichtig, dass die Führungsspitze die FpMM-Tabellen und Verlaufsdiagramme vollständig versteht. Sie sollte Trends in den Grafiken erkennen und Fragen über
getroffene Maßnahmen stellen. Z.B. geben schlechte FpMM-Werte die Möglichkeit, Selbstzufriedenheit zu verringern – das Management muss diese Gelegenheit ergreifen. Man muss sich bewusst sein, dass schnell sinkende FpMM-
Werte für bestimmte Merkmale lediglich auf eine sorgfältigere Messung und auf
die gesteigerte Aufmerksamkeit auf die gemessenen Merkmale zurückzuführen

sind. Aber echte Prozessverbesserungen sind notwendig, um dauerhafte Ergebnisse zu erzielen.

Wenn die Organisation das Messen von Prozessleistungen und die Berichterstattung gelernt hat, sollten auch die Leistungen der Lieferanten in die Untersuchungen mit einbezogen werden. Viele Unternehmen werden herausfinden, dass die beabsichtigten Verbesserungen nicht erreicht werden können, wenn die Lieferanten nicht mit „an Bord" sind.

### Schritt 9: Ziele setzen

Wenn ein konsolidierter FpMM-Wert ermittelt ist, sollte ein langfristiges Ziel für die Six Sigma-Initiative des Unternehmens, ausgedrückt in FpMM, definiert werden. Das Ziel ergibt sich dabei aus dem ermittelten aktuellen FpMM-Wert und der ausgewählten jährlichen Verbesserungsquote der Prozessleistung. Ein herausforderndes Ziel führt dazu, dass sich die Mitarbeiter auf wirkliche Prozessänderungen konzentrieren, statt bestehende Prozesse lediglich zu justieren. Das Ziel muss realistisch und glaubwürdig sein.

### Schritt 10: Ergebnisse fordern

Das Topmanagement sollte nun Ergebnisse fordern. Nach einigen Jahren Six Sigma-Initiative und nur mageren Ergebnissen stellt ein Manager fest: „Ich hätte mich mehr in die Verbesserungsarbeit der Schwarzen Gürtel einbringen müssen. Wir haben nicht ausreichend auf die Ergebnisse der Schwarzen Gürtel und anderer Mitarbeiter gedrängt – noch nicht einmal darauf, was hinsichtlich Personaleinsatz zu tun ist." Der Vorsitzende und das Topmanagement müssen nicht nur von Six Sigma überzeugt sein, sie müssen die Initiative und den Fortschritt genau überwachen und Ergebnisse fordern, genau wie sie dies in anderen Bereichen tun.

### Schritt 11. Ausdauer zeigen

Six Sigma erfordert Ausdauer. Verbesserungen geschehen nicht über Nacht und manche Anstrengungen werden nicht die erwarteten Ergebnisse liefern. Das Unternehmen muss mit dem Six Sigma-Programm so viel Eigendynamik erzeugen, dass es organisatorische Widerstände und Herausforderungen übersteht.

Wenn sich die ersten Anstrengungen auf Produktionsprozesse konzentriert haben, ist es nun an der Zeit, auch andere Geschäftsprozesse einzubeziehen. In vielen Organisationen hat sich gezeigt, dass der Champion hier die Führung übernehmen muss, da die Träger des Schwarzen Gürtels es häufig als schwierig empfinden, Verbesserungen in produktionsfernen Prozessen zu realisieren. Außerdem ist es in dieser Phase auch wichtig, die Verbesserungsprojekte und die Grundsätze, die zu Beginn der Initiative festgelegt wurden, nicht aus den Augen zu verlieren. Zum Beispiel nimmt die Bedeutung des Engagements des Vorsitzenden und der Signale, die von ihm ausgehen, mit der Zeit nicht ab, im Gegenteil – sie nimmt sogar immer weiter zu.

## Schritt 12. Ausdauer zeigen

Die Notwendigkeit, Ausdauer zu beweisen, verschwindet nicht. Sie bleibt während der gesamten Six Sigma-Initiative bestehen. Die erfolgreichsten Six Sigma-Unternehmen berichten, dass ein exponentieller Anstieg der finanziellen Gewinne sowie eine positive Weiterentwicklung der Organisation die langfristigen Ergebnisse sind. Und langfristig wird sich ein aufregender Lern- und Verbesserungskreislauf nur dort ergeben, wo die Synergien des Six Sigma-Umsatz- und Kostenkreislaufs wirksam werden.

Wenn sich die Anstrengungen der internen Verbesserungsprojekte ausbezahlt haben, ist es Zeit dafür, die Perspektive des Six Sigma-Programms auszuweiten. Dies bedeutet, Verbesserungsprojekte zusammen mit den Kunden durchzuführen – wenn notwendig, sogar unter den Prämissen der Kunden. Dadurch werden der Initiative neue Dimensionen hinzugefügt und der Lern- und Verbesserungskreislauf angeregt.

### Kommentare und Literaturhinweise

In vielen ABB-Werken und auch bei Scana Stavanger wurden die zwölf Schritte rigoros als Leitfaden für die Implementierung angewendet. Ein grosser Vorteil dieses Leitfadens besteht darin, dass er eine schnelle Implementierung ermöglich. Bei Scana Stavanger mit seinen 250 Mitarbeitern wurden die ersten zehn Schritte innerhalb 10 Monaten erfolgreich durchgeführt, einschliesslich Kursen zu Weißen, Grünen und Schwarzen Gürteln sowie der Entwicklung eines voll funktionsfähigen Messsystems. Dies ermöglichte es dem Unternehmen, in weniger als einem Jahr in die Phase kontinuierlicher Verbesserungen überzugehen.

Der Artikel „Six Sigma" von Kerri Walsh, John Fuller und Andrew Wood und Samuel K. Moore in *Chemical Week* vom 1. März 2000 behandelt die Implementierung von Six Sigma in den folgenden sieben Unternehmen: W.R. Grace, DuPont, Dow Chemical, Air Products, Avery Dennison, Great Lakes und Honeywell. In der acht Bände umfassenden Serie zu Six Sigma von Mikel J. Harry, „*The Vision of Six Sigma*", 1997, wird die Einführung von Six Sigma bei ABB, Texas Instruments und Motorola vorgestellt.

# 7 Häufig gestellte Fragen – pragmatische Antworten

*„Es ist sicher wahr, dass wir das Wahrscheinlichste befolgen sollten, wenn es nicht in unserer Macht steht, zu bestimmen, was wahr ist."*
René Descartes

Bei der Präsentation von Six Sigma, ob in großen oder kleinen Unternehmen und in unterschiedlichen Branchen, werden häufig dieselben Fragen gestellt. Auf einige dieser Fragen werden wir hier eingehen. Es gibt nicht für alle Fragen eine klare Antwort, aber wir hoffen, dass die Erläuterungen unserer Sichtweise hilfreich sind.

## 7.1 Ist Six Sigma im Dienstleistungssektor anwendbar?

Obwohl Unternehmen wie AIG Insurance, American Express, Citibank, GE Capital Services, NBC und US Postal Service mit Six Sigma arbeiten, fragen Vertreter des Dienstleistungssektors häufig, ob Six Sigma auf ihr Geschäft anwendbar ist. Diese Frage wird von Führungskräften der gesamten Branche gestellt – im Handel, Transport und öffentlichen Dienst.
Unsere Antwort ist, dass Six Sigma – wenn es in einer pragmatischen Art und Weise umgesetzt wird – das Potenzial hat, in so gut wie jeder Branche erfolgreich zu sein. Durch Six Sigma können Variation, Durchlaufzeit, Nutzungsgrad und das Design von Prozessen und Produkten verbessert werden. Das Engagement und die Ergebnisse von Dienstleistungsunternehmen, die Six Sigma anwenden, ist ebenso beeindruckend wie bei ihren Kollegen in der verarbeitenden Industrie. Nehmen wir das Beispiel von GE Capital Services. Drei Jahre nach der Einführung von Six Sigma bei GE Capital Services wurde berichtet: „Im Jahr 1998 hat GE Capital ein Drittel Milliarde Dollar Nettoumsatz durch Six Sigma-Verbesserungen erzielt – das Doppelte von 1997. Ungefähr 48 000 unserer Mitarbeiter sind in dieser komplexen Verbesserungsmethodik intensiv ausgebildet worden – und sie haben mehr als 28 000 Projekte durchgeführt."
Die in Six Sigma verankerten Strukturen zur Sicherung der Kundenanforderungen sind für die meisten Dienstleistungsorganisationen sicherlich auch interessant. In Six Sigma werden die Kunden danach befragt, welche Merkmale einer Dienstleistung sie als kritisch betrachten und was sie bei den einzelnen Merkmalen als Fehler werten. Auf dieser Basis wird das Six Sigma-Messsystem aufgebaut. Dieses System ermöglicht es, z.B. für alle Verkaufsstellen einer Handelskette oder für alle Schiffe einer Schifffahrtsgesellschaft Prozessleistungen zu

messen und zu festen, definierten Zeitpunkten eine einzige konsolidierte Zahl an die Firmenzentrale zu melden. Wir verweisen auch auf die Tatsache, dass zahlreiche produzierende Unternehmen hervorragende Ergebnisse bei den produktionsfernen Prozessen, die denen in Dienstleistungsunternehmen ähnlich sind, erreicht haben.

Wir möchten jedoch betonen, dass das Six Sigma-Rahmenkonzept – obwohl es allgemein anwendbar ist – auf das jeweilige Unternehmen und die Branche zugeschnitten werden muss. Sowohl die Einführung als auch die weitere Umsetzung von Six Sigma sind von den unternehmerischen Rahmenbedingungen abhängig. Weiterhin haben wir herausgefunden, dass es im Dienstleistungssektor Aspekte gibt, die bei der Anwendung von Six Sigma zu größeren Herausforderungen führen als in produzierenden Unternehmen. Ein Grund dafür ist, dass in großen Teilen des Dienstleistungssektors die Unternehmen hinsichtlich Prozessmanagement noch nicht so weit gekommen sind, um an der Verbesserung von Prozessleistungen zu arbeiten. Viele sind gerade dabei, ihre Prozesse zu identifizieren und zu dokumentieren und somit das Bewusstsein für Prozesse in der Organisation zu entwickeln. Ein anderer Grund ist, dass Dienstleistungsunternehmen es oft schwierig finden, ihre Prozesse richtig zu messen. Im Vergleich zu Produktionsunternehmen ist es oft aufwendiger, für die Messung geeignete Merkmale von Prozessen und Produkten zu finden. Auf der anderen Seite sind die Kunden und deren Konsum des tatsächlichen Prozessergebnisses – also die Dienstleistung – offensichtlicher als in vielen Prozessen der verarbeitenden Industrie. Es ist beispielsweise kein Geheimnis, dass Fluggesellschaften, die ihre Kunden an den Flugsteigen und an Bord befragen, enorme Antwortquoten erzielen. Sie gewinnen dabei – also zum Zeitpunkt des Konsums der Dienstleistung – wertvolle Informationen von ihren Kunden.

Six Sigma kann also im Dienstleistungssektor angewandt werden. Es gibt genügend Erfolgsgeschichten, die diese Schlussfolgerung untermauern. Es muss jedoch angemerkt werden, dass es hauptsächlich Dienstleistungsunternehmen in den USA sind, die mit Six Sigma arbeiten. Betrachtet man die Verbreitung von Six Sigma im produzierenden Gewerbe, wäre es nur eine natürliche Entwicklung, wenn sich Six Sigma auf weitere Dienstleistungsunternehmen und auf mehrere Länder ausbreiten würde.

## 7.2  Soll Six Sigma eine formelle Strategie oder ein Verbesserungswerkzeug sein?

Was die Integration von Six Sigma in die Unternehmensstrategie betrifft, gibt es große Unterschiede zwischen den Six Sigma praktizierenden Unternehmen. Auf der einen Seite gibt es Unternehmen, wie z.B. AlliedSignal, GE und Motorola, die Six Sigma als eine Schlüsselstrategie verfolgen, um die übergeordneten Unternehmensziele, wie z.B. Gewinn, Wachstum oder Kundenzufriedenheit zu erreichen. Die genannten drei Unternehmen schreiben beispielsweise in ihrem Geschäftsbericht über Six Sigma. Auf der anderen Seite gibt es die Unternehmen, die ausdrücklich betonen, dass Six Sigma eines von vielen Verbesserungswerkzeugen des Unternehmens ist. Six Sigma ist dort also nur ein Werkzeug unter vielen. Neben der Anwendung von Six Sigma als formelle Strategie und als Verbesserungswerkzeug gibt es auch Mischformen dieser beiden Anwendungsformen.

Analysiert man die ersten Implementierungen von Six Sigma in der Industrie, so fällt auf, dass es in allen Unternehmen den Status einer formellen Strategie hatte. Bei Motorola war Six Sigma eine von fünf Strategien zum Erreichen umfassender Kundenzufriedenheit und bei GE wurde Six Sigma als eine von vier Wachstumsstrategien gestartet. Die Anwendung von Six Sigma als Verbesserungswerkzeug ist eine jüngere Entwicklung, die hauptsächlich seit 1997 zu erkennen ist. Wir glauben zwar, dass die Anzahl von Unternehmen, die Six Sigma als Verbesserungswerkzeug implementieren, in der Zukunft schnell ansteigen und dominierende Praxis werden wird, möchten aber gleichzeitig vor einer solchen Entwicklung warnen.

Sowohl in Bezug auf die Gewinne als auch auf den Pragmatismus, ist die Veränderung der Implementierungspraxis nicht als positiv zu beurteilen. Es ist zwar richtig, dass Berichte von Six Sigma-Unternehmen zeigen, dass sowohl die Anwendung von Six Sigma als formelle Strategie als auch die Anwendung als Verbesserungswerkzeug zu Umsatz- und Gewinnsteigerungen führen. Dies stimmt jedoch nur auf kurze Sicht. Es ist dokumentiert, dass die Unternehmen, die Six Sigma als eine formelle Strategie implementieren, auf lange Sicht weit bessere Ergebnisse erzielen und ein breiteres Engagement in der gesamten Organisation erhalten. Der Grund hierfür liegt darin, dass es erst nach einer gewissen Zeit möglich ist, die in Bezug auf Kosteneinsparungen und Kundenzufriedenheit attraktivsten Verbesserungsprojekte durchzuführen. Die Six Sigma-Gewinn- und Lernkurven zeigen im Zeitverlauf eine exponentielle Steigung.

Die Gründe für die steigende Anzahl von Unternehmen, die sich für eine Anwendung von Six Sigma als Verbesserungswerkzeug entscheiden, sind schwer zu erläutern. Ein Grund ist, dass sie Six Sigma nur kurzfristig anwenden. Sie investieren in die Mitarbeiter, indem sie diese in der Anwendung der Werkzeuge schulen, und realisieren dann schnelle Gewinne. Sie erwarten allerdings keine langfristigen Kosteneinsparungen und die notwendige Ausdauer ist nicht vorhanden. Ein anderer Grund ist, dass das Topmanagement Six Sigma als Unternehmensstrategie ablehnt, aber den Einsatz als Werkzeug attraktiv genug findet. Dies ist symptomatisch für die Unternehmen, die sich nicht für eine bestimmte Verbesserungsmethodik entscheiden möchten. Da dann der Fokus der Verbesserungen nicht deutlich wird, ist es schwierig, eine Sprache für Verbesserungen, eine Messmethode für Prozessleistungen sowie ungeteilte Unterstützung des Managements zu erhalten. Der dritte und vielleicht wichtigste Grund ist, dass bei der Ausbreitung von Verbesserungskonzepten in der Industrie die ursprünglichen Ideen und Praktiken durch Vermischen mit anderen Unternehmensstrategien häufig verschwimmen oder sich verändern. Dadurch ergibt sich die Gefahr, dass einige Unternehmen ein etwas blasses und verzerrtes Abbild dessen implementieren, was die Pioniere und Gründer geschaffen hatten. Die Implementierung von Six Sigma als formelle Strategie verhindert die Verwässerung des Ansatzes und die Initiative wird in Bezug auf langfristige Ziele und Erwartungen vorhersehbarer.

## 7.3  Ist Six Sigma unabhängig von Kulturen?

Für die erfolgreiche Einführung von Veränderungen in einem Unternehmen spielen sicherlich die kulturellen Gegebenheiten des jeweiligen Landes, der jeweiligen Industrie und des jeweiligen Unternehmens eine Rolle. In einer Kultur mit ausgeprägter Teamarbeit wäre es sicherlich schädlich, Trägern des Schwarzen Gürtels die Rolle der heldenhaften Verbesserungsexperten zukommen zu lassen. Im Gegenteil, die Träger des Schwarzen Gürtels sollten gut ausgebildete Unterstützer sein, die den Verbesserungsteams mit ihrem Wissen helfen und als Katalysator für die erfolgreiche Verbesserungsarbeit der Teams wirken. Solche Strategien haben wir in einigen europäischen Six Sigma-Unternehmen gesehen.

Generell wurden Six Sigma-Programme bisher immer vom Topmanagement initiiert, entsprechend einem Top-down-Ansatz, siehe z.B. Kapitel 6. Wir haben jedoch auch erfolgreiche Six Sigma-Programme gesehen, die von der ausführenden Ebene gestartet wurden. Ein solches Beispiel ist die Erfolgsgeschichte des Ericsson Microwave Systems in Borås in Schweden. Peter Häyhänen erzählt die Geschichte seiner Six Sigma-Einführung, die sich von den meisten anderen ziemlich unterscheidet und dennoch sehr erfolgreich ist. Die Initiative startete auf einer niedrigen Führungsebene, als einer der Mitarbeiter begann, sich für Six Sigma zu interessieren und die Möglichkeit und Erlaubnis bekam, an einem Kurs zum Schwarzen Gürtel bei ABB teilzunehmen. Dieser bei ABB ausgebildete Träger des Schwarzen Gürtels, Peter Häyhänen, führte darauf hin erfolgreiche Verbesserungsprojekte durch und die Ideen verbreiteten sich. Weitere Mitarbeiter wurden zu Schwarzen Gürteln ausgebildet, mehr Ergebnisse wurden erzielt, höhere Führungsebenen begeisterten sich – heute ist es eine Erfolgsgeschichte des gesamten Werkes. Sie ist auf der Grundlage von überzeugten Mitarbeitern entstanden, die freiwillig die Ausbildung durchlaufen haben und hervorragende Verbesserungsarbeit machen.

Im Herbst 2000 hat z.B. eine schwedische Studiengruppe mit Teilnehmern, die in verschiedene Six Sigma-Programme einbezogen sind, über geeignete Ansätze der Einführung von Six Sigma in skandinavischen Unternehmen – die gewöhnlich durch teamorientierte Organisation, offenen Führungsstil und geringe Distanz zwischen den Hierarchieebenen gekennzeichnet sind – nachdenken. Diese Studiengruppe wird vom Schwedischen Institut für Qualität organisiert. Erfahrungen, wie sie bei Ericsson Microwave Systems gemacht wurden, liefern einen inspirierenden Input für diese Arbeit.

## 7.4 Ist Spitzenleistung durch Selbstbewertung und Six Sigma dasselbe?

Spitzenleistungen sind normalerweise an Modelle der Selbstbewertung, wie dem Malcolm Baldrige National Quality Award, dem Europäischen Qualitätspreis, dem Deming Preis und dem Shingo Preis geknüpft. Sie alle bieten ein Set ähnlicher Kriterien, die dem Unternehmen helfen sollen, ein Verständnis für Spitzenleistungen zu entwickeln (Tab. 7.1). Die Verbesserungsmethodik besteht hauptsächlich darin, dass Unternehmen mit Hilfe umfassender Selbstbewertungen Verbesserungsbereiche identifizieren und Aktionspläne für Verbesserungen erarbeiten.

| Malcolm Baldrige National Quality Award | European Quality Award | Deming Preis | Shingo Preis |
|---|---|---|---|
| Unternehmens-führung | Unternehmens-führung | Organisation | Managementkultur und Infrastruktur |
| Strategische Planung | Politik & Strategie | Politik | |
| Kunden- und Markt-orientierung | Mitarbeiter | Information | Produktionsstrategy und Systemintegration |
| Information & Analyse | Partnerschaften & Ressourcen | Standardisierung | |
| Mitarbeiterorientie-rung | Prozesse | Personalentwick-lung | Funktionen und Prozessintegration |
| Prozessmanage-ment | Kundenergebnisse | Qualitätssiche-rungsaktivität | |
| Geschäftsergeb-nisse | Mitarbeiterergeb-nisse | Instandhaltung | Messbare Qualität, Produktivität und Kundenservice |
| | Gesellschaftliche Ergebnisse | Verbesserungsar-beit | |
| | Ergebnisse bei Schlüsselleistungen | Ergebnisse | Messbare Ergeb-nisse |
| | | Zukunftspläne | |

Tab. 7.1 Übersicht der Kriterien einiger der bekanntesten Selbstbewertungsmodelle. Die Ähnlichkeit der Kriterien in den verschiedenen Modellen ist deutlich sichtbar. Alle enthalten z. B. Führung und Management, Strategie, Information, Mitarbeiter und Ergebnisse.

Einiges deutet auf eine Beziehung zwischen Selbstbewertung und Six Sigma hin.
In erster Linie deshalb, weil seit der ersten Vergabe des Malcolm Baldrige National Quality Award im Jahr 1987 zumindest zwei Unternehmen diesen angesehe-
nen Preis hauptsächlich aufgrund ihres Six Sigma-Programmes erhalten haben.
Die Unternehmen sind Motorola (1988) und Defence Systems Electronics
Group (1992), heute Raytheon TI Systems. Zweitens ist ein Zusammenhang
deshalb zu vermuten, da einige Unternehmen, die zuvor Selbstbewertungsmodelle vorangetrieben haben, jetzt Six Sigma lancieren. Das bekannteste Beispiel
hierfür ist wahrscheinlich Solectron, das als einziges Unternehmen den Malcolm
Baldrige National Quality Award zweimal, 1991 und 1997, erhalten hat. Das
Unternehmen begann 1999 mit Six Sigma. Drittens erreichen Six Sigma-Unternehmen jährliche Verbesserungen der Prozessleistung in der Größenordnung
von 70%.

Andere Anzeichen deuten wiederum auf erhebliche Unterschiede hin. Während
Selbstbewertung sehr diagnostisch ist und eine Reihe von Kriterien auflistet, die
Unternehmen zu Spitzenleistungen führen sollen, ist Six Sigma ein mehr umset-
zungsorientiertes und pragmatisches Rahmenkonzept, das Verbesserungsmethodik, Werkzeuge, Ausbildung und Messsysteme enthält, welche zur Erreichung
von Spitzenleistungen notwendig sind. Wir erklären den Unterschied oft in der
Weise, dass Six Sigma der handlungsorientierte Weg zu Spitzenleistungen ist. Six
Sigma konzentriert sich stark auf Verbesserungsprojekte zur Erreichung von
Kosteneinsparungen und Umsatzsteigerungen unter unternehmensweiter Einbeziehung der Mitarbeiter. Auf der anderen Seite wurde Selbstbewertung dafür
kritisiert, nur dürftig zu finanziellen Gewinnen beizutragen und auf einer über-
ladenen Bewertungspraxis durch unternehmenseigene Experten zu beruhen. Sie
bezieht auch nicht die Breite der Mitarbeiter in dem Maße und so systematisch
ein, wie dies bei Six Sigma der Fall ist.

Die beiden Initiativen können einander jedoch gegenseitig unterstützen. Während die Selbstbewertung Verbesserungsbereiche aufzeigt, gibt Six Sigma eine
Anleitung für umsetzungsorientierte Verbesserungsprojekte. Beide haben zum
Ziel, Unternehmen zu Spitzenleistungen zu führen. Im Ansatz, der Methode und
den Ergebnissen ist Six Sigma ein Weg zu Spitzenleistungen – und unserer Ansicht nach der bei weitem pragmatischste.

## 7.5  Macht die neue ISO 9000:2000 Six Sigma überflüssig?

Mehr als 300 000 Unternehmen sind weltweit nach dem Standard der ISO 9000
Serie zertifiziert, der von der Internationalen Organisation für Standardisierung
(ISO) zum ersten Mal 1987 herausgegeben und 1994 revidiert wurde. Die
2000er Revision der ISO 9000 Normenreihe, bezeichnet als ISO 9000:2000, hat
in der Industrie große Erwartungen hervorgerufen. Sie verkörpert ein konsisten-

tes Paar von Normen, ISO 9001:2000 und ISO 9004:2000, welche beide erheblich aktualisiert und modernisiert wurden. Die ISO 9001:2000-Norm spezifiziert Anforderungen an ein Qualitätsmanagementsystem, für welches eine Zertifizierung durch Dritte möglich ist, während ISO 9004:2000 Richtlinien für organisationsumfassende Qualitätsmanagementsysteme und Leistungsverbesserungen durch Selbstbewertung enthält.

Manche fragen sich, ob die ISO 9000:2000-Reihe Six Sigma überflüssig macht. Sie beziehen sich dabei auf Klausel 8 der ISO 9001: „Messung, Analyse, Verbesserung", die fordert, dass Unternehmen Verfahren zur Messung von Prozessen und zur Datenanalyse unter Anwendung statistischer Methoden und zum Nachweis kontinuierlicher Verbesserungen in ihre Produktionsabläufe integrieren (Abb. 7.1). Sie beziehen sich auch zum Teil auf ISO 9004:2000, welche die Richtlinien und Kriterien für Selbstbewertung, ähnlich den nationalen Qualitätspreisen, enthält.

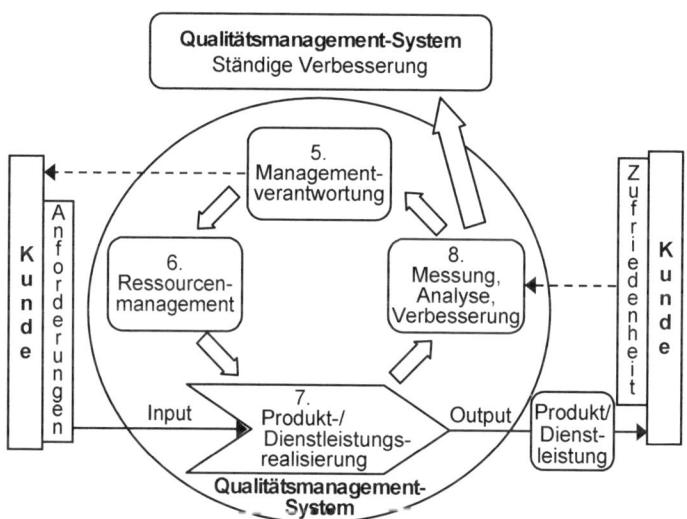

Abb. 7.1 Das neue Prozessmodell der ISO 9001:2000 für ein Qualitätsmanagementsystem mit den vier Hauptelementen „Managementverantwortung", „Ressourcenmanagement", „Produkt- und/oder Dienstleistungsrealisierung" und „Messung, Analyse und Verbesserung".

Unsere einfache Anwort auf die Frage, ob die ISO 9000:2000-Reihe Six Sigma überflüssig machen wird, lautet, dass Six Sigma erforderlich ist, unabhängig davon, ob ein Unternehmen ein Qualitätsmanagementsystem hat oder nicht. Die beiden Initiativen schließen sich gegenseitig nicht aus. Ein Six Sigma-Programm wird in Organisationen aufgrund der Umsatz- und Kostenvorteile angewendet. Der vorrangige Zweck der Anwendung eines Qualitätsmanagementsystems besteht gemäß ISO 9001:2000 darin, die Fähigkeit nachzuweisen, beständig konforme Produkte und/oder Dienstleistungen hervorzubringen. Um direkt auf die Frage zu antworten: Wir glauben, dass die ISO 9000:2000-Reihe nicht ausreicht, um Six Sigma überflüssig zu machen. Für diese frühe Vorhersage gibt es eine Vielzahl von Gründen. Erstens, die 2000er Revision wird aller Wahrscheinlichkeit nach nichts an der Tatsache ändern, dass die ISO 9001 in der Industrie weit häufiger angewandt wird als ISO 9004. Dies trifft zumindest sowohl für die 1987er Ausgabe als auch für die 1994er Ausgabe der ISO 9000-Reihe zu. Dies bedeutet, dass die Forderungsnorm in der Industrie dominiert und nicht der Leitfaden.

Zweitens wurde die ISO 9001 von Anfang an von der Industrie als Mindestforderung betrachtet und entsprechend angewandt. ISO 9001:2000 ändert an dieser Betrachtungsweise nichts. Sie wird eher noch verstärkt, wenn man bedenkt, dass die Revision unter der Prämisse erfolgt ist, für die Unternehmen den Übergang von der 1994er Ausgabe möglichst einfach zu vollziehen. Six Sigma dagegen hat Weltklasseleistungen zum Ziel und basiert dabei auf einem pragmatischen Rahmenkonzept für kontinuierliche Verbesserungen. Unternehmen können also ISO 9004 durchaus als einen Ansatz für Spitzenleistungen benutzen, da es die Schlüsselelemente einer Selbstbewertung enthält. Erfahrungen der Vergangenheit haben jedoch gezeigt, dass die ursprünglichen Intentionen solcher Leitfäden in der Praxis nur selten verwirklicht werden.

Drittens sind der Ursprung und die historische Entwicklung von ISO 9000 und Six Sigma vollkommen unterschiedlich. Die Entstehung der ISO 9000 rührt von den Standards her, welche die britische Luftfahrtindustrie und die amerikanische Luftwaffe in den 20er Jahren entwickelt haben. Die Entwicklung der Standards erfolgte mit der Zielsetzung, die bis dahin erforderlichen Inspektionen dadurch zu reduzieren, dass die Produktqualität der Lieferanten im vorhinein bestätigt wurde. Diese Standards entwickelten sich in einer Vielzahl westlicher Länder in den 70er Jahren zu Anforderungen für Qualitätssicherungssysteme von Lieferanten. 1987 wurden sie zur ISO 9000er Reihe verschmolzen. Im selben Jahr wurden auch, allerdings unabhängig voneinander, Six Sigma bei Motorola gestartet sowie Selbstbewertungen auf Basis des Malcolm Baldrige National Quality Award. Sowohl Six Sigma als auch Selbstbewertung können bis zu Walter A. Shewhart und seine Arbeit in den 20er Jahren mit Variation und kontinuierlichen Verbesserungen zurückverfolgt werden. Seine Ideen wurden zuerst in der japanischen Industrie in den Jahren 1950 bis 1970 in der Praxis breit angewendet. Als amerikanische Geschäftsleute Ende der 80er Jahre auf Variation und kontinuierliche Verbesserungen aufmerksam wurden, nahmen auch auf nationaler Ebene der Malcolm Baldrige National Quality Award und bei Motorola Six Sigma Form an.

Zusammenfassend glauben wir nicht, dass ISO 9000:2000 Six Sigma ersetzen wird. Wir würden die Frage eher umdrehen und behaupten, dass Six Sigma die ISO 9000 Reihe überflüssig machen kann. Einer der Gründe für diese Behauptung ist, dass Six Sigma in so wichtigen Bereichen wie Verbesserungsquote, Umsatzsteigerungen und Kostenreduzierungen, Kundenzufriedenheit und Engagement des Topmanagements der ISO 9000-Reihe weit überlegen ist. Ein anderer Grund ist, dass Six Sigma zur erfolgreichen Anwendung nicht eines Qualitätsmanagementsystems bedarf. Berücksichtigt man jedoch die starke Stellung, die ISO 9000 in der Industrie einnimmt, werden manche Unternehmen wahrscheinlich sowohl Six Sigma als auch ISO 9000 anwenden, jedoch mit unterschiedlichen Zielsetzungen.

## 7.6 Kann jedes Unternehmen Six Sigma erfolgreich anwenden?

Eine in verschiedenen Zusammenhängen immer wieder gestellte Frage ist die, ob die Anwendung von Six Sigma in allen Unternehmen erfolgreich ist. Uns ist bekannt, dass eine sehr große Anzahl von Unternehmen bereits sehr früh von Erfolgsgeschichten und Kosteneinsparungen berichten können – eine der Hauptstärken von Six Sigma. Es gibt jedoch auch einige Unternehmen, welche die gewünschten langfristigen Ergebnisse nicht erzielt haben. Ihnen ist der Übergang vom kurzfristigen Erfolg zu einer langfristigen Strategie mit Kosteneinsparungen und Umsatzwachstum nicht gelungen.

Das wahrscheinlich bekannteste Unternehmen, das diesen Übergang nicht geschafft hat, ist IBM. Das Unternehmen startete Six Sigma 1989, aber es wurde schnell wieder aufgegeben, nachdem der Vorsitzende John Akers 1993 von seinem Amt entbunden wurde. IBM hat dagegen große Anerkennung erhalten für die Pionierarbeit zur erfolgreichen Umsetzung des Business Process Reengineering Mitte der 90er Jahre. Ein anderes Beispiel ist Lockheed Martin, wo Six Sigma in den frühen 90er Jahren begonnen und bald daraufhin aufgegeben wurde, um schließlich 1997 wieder erfolgreich aufgenommen zu werden. Heute erzielt das Unternehmen riesige Ergebnisse mit Six Sigma.

Anstatt über weitere Unternehmen zu spekulieren, die mit Six Sigma nicht erfolgreich waren, diskutieren wir manchmal die Frage, was als akzeptable Erfolgsquote gilt: 99%, 90%, 80%, 60% oder weniger? Zum Vergleich kann erwähnt werden, dass Beratungsunternehmen und Forschungsinstitute in internationalen Berichten schätzen, dass die Erfolgsquoten anderer Verbesserungsansätze unter 50% liegen. Dies gilt für so angesehene Initiativen wie Total Quality Management und Business Process Reengineering. Berichte von Six Sigma-Unternehmen lassen auf eine Erfolgsquote von weit über der für andere Verbesserungsprogramme üblichen 50% schließen.

## 7.7  Sind Grüne und Weiße Gürtel wirklich notwendig?

Obwohl durch die Grünen und Weißen Gürtel eine große Zahl von Verbesserungsprojekten realisiert wird und das Wissen der Schwarzen Gürtel über die Grünen und Weißen Gürtel weitergetragen wird, behaupten manche Six Sigma-Unternehmen, dass sie nur Träger von Schwarzen Gürteln brauchen. Sie stellen ein Six Sigma-Programm in Frage, welches die Masse der Mitarbeiter mit Wissen ausstattet, wenn ein Programm, in dem gezielt nur Schwarze Gürtel ausgebildet werden, auch erfolgreich ist.

Diese Unternehmen gründen ihre Entscheidung auf drei Faktoren. Zum Ersten sind es die Schwarzen Gürtel, die die größten und erfolgreichsten Verbesserungsprojekte realisieren. Sie sind Verbesserungsexperten, an die die gesamte Organisation hohe Erwartungen stellt. Zum Zweiten erbringen die Weißen und Grünen Gürtel durch ihre Verbesserungsprojekte geringere Kosteneinsparungen. Zum Dritten steht aufgrund des Tagesgeschäftes nicht ausreichend Zeit zur Ausbildung von Grünen und Weißen Gürteln zur Verfügung. Diese Unternehmen machen Six Sigma zu einem Expertenprogramm.

Auf der einen Seite bilden Motorola, GE und andere Six Sigma-Pioniere buchstäblich alle Mitarbeiter in Six Sigma aus und folgen dabei der Struktur der Weißen, Grünen und Schwarzen Gürtel. Oft werden zuerst die Träger von Schwarzen Gürteln ausgebildet und diese bilden dann so genannte Six Sigma-Teams aus. Die Teams bestehen aus Freiwilligen und alle erhalten die Ausbildung zum Weißen Gürtel und manche sogar die zum Grünen Gürtel. Die Schwarzen Gürtel benutzen die Teams, um Ideen für Verbesserungsprojekte hervorzubringen und um sich in die praktische Anwendung der formalisierten Verbesserungsmethodik einzubringen. Durch diese Vorgehensweise kann eine große Anzahl an Mitarbeitern in die Verbesserungsarbeit einbezogen und eine große Anzahl an Verbesserungsprojekten realisiert werden. Eine andere Möglichkeit besteht darin, die Ausbildung zum Weißen und Grünen Gürtel ebenfalls frühzeitig, d.h. parallel zur Ausbildung zum Schwarzen Gürtel durchzuführen. Dadurch wird Six Sigma sehr frühzeitig in der gesamten Organisation bekannt gemacht, was ebenso zur frühzeitigen Einbindung der Mitarbeiter führt und deren frühes Engagement fördert.

Unabhängig von der Kursstruktur ist es wichtig, dass ein Unternehmen ein gutes Gleichgewicht zwischen kleinen und einfachen Verbesserungsprojekten mit mittelgroßem Einsparungspotenzial sowie großen Verbesserungsprojekten mit hohem Einsparungspotenzial herstellt. Eine große Anzahl einfacher und kleiner Projekte ist oft ebenso wirkungsvoll wie ein komplexes und zeitaufwendiges Projekt. Orientiert man sich an der Struktur der Weißen, Grünen und Schwarzen Gürtel, so erreicht man dieses gute Gleichgewicht.

# 7.8 Was sind die Hauptkritikpunkte an Six Sigma?

Wenn wir Topmanagern Six Sigma erläutern, diskutieren wir oft über einige der Hauptkritikpunkte an Six Sigma, da sie eine gute Grundlage darstellen, um mögliche Missverständnisse aufzudecken und den Unterschied zwischen Six Sigma und anderen Verbesserungskonzepten deutlicher aufzuzeigen. Die historische Entwicklung von Six Sigma zeigt viele Veränderungen des Programms auf und es gibt offenbar immer noch Raum für weitere Verbesserungen und Verfeinerungen. Die Hauptargumente der Gegner von Six Sigma können in den folgenden Punkten zusammengefasst werden:

- Es ist unklug, sich vollständig auf eine einzige Strategie wie Six Sigma zu verlassen.
- Six Sigma ist nichts Neues, es sind nur alte Werkzeuge in einer neuen Verpackung.
- Die erwarteten Gewinne sind unrealistisch.
- Zentrale Six Sigma-Verfahren basieren auf fehlerhaften Annahmen.
- Six Sigma wird bald durch andere Verbesserungsprogramme ersetzt werden

Diese Argumente sind einfach zu verstehen und wir werden daher erläutern, wie Befürworter von Six Sigma zu diesen Kritikpunkten stehen:

**Six Sigma als einzige Strategie**

Viele finden, dass es unklug ist, so sehr auf eine einzige Strategie zu setzen. In Six Sigma werden eine Menge Ressourcen und Engagement des Topmanagements investiert und die Kritiker behaupten, dass die Unternehmen dabei zu weit gehen.
Die Befürworter von Six Sigma würden diese Ansicht wahrscheinlich teilen, wenn die Six Sigma anwendenden Unternehmen zur Erreichung ihrer übergeordneten Ziele nur diese eine Strategie verfolgen würden. Unter den zahlreichen uns bekannten Six Sigma-Unternehmen ist keines, das sich ausschließlich auf Six Sigma verlässt. Die Geschichten von Six Sigma bei AlliedSignal, GE, ABB und Motorola zeigen alle, dass Six Sigma nur als eine von mehreren strategischen Initiativen verfolgt wird. Bei Motorola wurde Six Sigma als Teil der übergeordneten Zielsetzung der umfassenden Kundenzufriedenheit neben anderen Initiativen, wie drastische Reduzierung der gesamten Durchlaufzeit, Führungsposition hinsichtlich Produkt and Herstellung, Gewinnsteigerungen und partizipative Führung. Bei GE wird Six Sigma als eine von vier Strategien zur Erreichung des übergeordneten Ziels Wachstum verfolgt – neben Globalisierung, Dienstleistungen und E-Business. (Abb. 7.2).

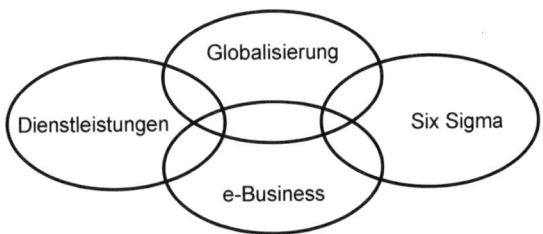

Abb. 7.2 GE's vier strategische Initiativen für Wachstum. Darstellung auf Basis des GE Geschäftsberichts 1999.

Was einige Unternehmen tun, ist, Six Sigma als einzige Strategie für kontinuierliche Verbesserung von Variation, Durchlaufzeit, Nutzungsgrad und Design anzuwenden. Die beeindruckende Referenzliste von Six Sigma in diesen Dimensionen veranlasst ihre Befürworter zu der Aussage, dass dieser integrierte Ansatz gerechtfertigt ist. Die Alternative dazu wäre, für jede Dimension jeweils unterschiedliche Strategien zu verfolgen, was jedoch zum Verlust solcher Vorteile wie einer einheitlichen Sprache für Verbesserungen und einer formalisierten Verbesserungsmethodik führt. Interessanterweise führte erst die Anwendung von Six Sigma bei GE zur Integration aller Dimensionen. Motorola hatte z.B. beides, Total Cycle Time Reduction und Six Sigma.

## Alte Werkzeuge in neuer Verpackung

Kritiker von Six Sigma sagen häufig, Six Sigma beinhalte nichts Neues. Die Befürworter wissen wohl, dass die Werkzeuge nicht neu sind – es sind erprobte statistische Werkzeuge. Six Sigma liefert jedoch ein schlagkräftiges Rahmenkonzept, das diese Werkzeuge effektiv macht und zu Kostensenkungen und Umsatzsteigerungen nutzt. Wir möchten nachfolgend die wichtigsten Fakten aufzeigen, die Six Sigma von früheren Versuchen, statistische Werkzeuge zur Prozess- und Produktverbesserung anzuwenden, abheben.

- Die Strategie, die oberste Führungsebene in den unternehmensweiten Verbesserungsprozess einzubeziehen
- Der Schwerpunkt auf Kostensenkung
- Die Orientierung am Kunden
- Der Schwerpunkt auf Ausbildung und Schulung in Kombination mit der o.g. Ergebnisorientierung als pädagogischer Bestandteil der Ausbildung
- Die unternehmensweite systematische und formalisierte Verbesserungsmethodik

Diese Haltung wird auch im Geschäftsbericht des Jahres 1998 von AlliedSignal deutlich, in dem einige der Schlüsselstrategien, einschließlich Six Sigma, erläutert werden: „[Die Strategien] … sind nicht vollkommen neu, wir hatten diese schon früher in anderer Form. Aber wir sind mehr als je zuvor davon überzeugt, im Laufe des Jahres 1999 gute Fortschritte zu machen, um sie zu erreichen und damit einen Gewinnzuwachs von mindestens 13% und einen bereinigten Cashflow in Höhe von $ 700 Millionen zu erzielen. Damit wäre bereits über drei Jahre hinweg ein beschleunigter, substanzieller Zuwachs des Cashflows zu verzeichnen."

Indirekt fragen damit die Kritiker nach Modeerscheinungen, welche die Befürworter von Six Sigma ablehnen. Der Vorsitzende von GE, Welch, stellte in seiner Rede zum Jahrestreffen 1996 fest: „NIH – not invented here – gibt es nicht mehr bei GE." Damit brachte er zum Ausdruck, dass seine Organisationen von den Besten lernt, im Fall von Six Sigma also von Motorola und AlliedSignal.

### Unrealistische Erwartungen

Die Geschäftsberichte von Six Sigma-Unternehmen widerlegen eindeutig den Kritikpunkt unrealistischer Gewinnerwartung. GE hat 1998 Gewinne in Höhe von 1,2 Milliarden US$ erzielt bei einer Investition von 450 Millionen US$ und für das Jahr 1999 wurden Kosteneinsparungen von mehr als 2 Milliarden US$ erreicht. Bemerkenswerterweise haben externe Analysten geschätzt, dass GE mit der Six Sigma-Initiative Gewinne von bis zu 6 Milliarden US$ erzielen könne – ca. 5 % des Umsatzes. ABB, LG, Motorola und andere Unternehmen berichten ebenfalls, dass Six Sigma hält, was es verspricht.

### Fehlerhafte Annahmen

Kritiker behaupten, einige der in Six Sigma unterstellten Annahmen seien fehlerhaft. Die meist kritisierten Annahmen beziehen sich auf:

- Die Normalverteilung
- Das Akzeptieren einer langfristigen Prozesslageverschiebung von $1.5\ \sigma$
- Vorhersagbarkeit

Eine allgemeine Antwort auf diese Bedenken ist, dass die Annahmen aus pragmatischen Gründen gemacht werden, um Dinge zu vereinfachen und für das gesamte Unternehmen verständlich zu sein. Das Verständnis für Variation ist nicht weit verbreitet. Daher ist es von großer Bedeutung, eine vereinheitlichende Sprache zu benutzen, die jeder verstehen kann. Nur in seltenen Ausnahmefällen werden diese Annahmen Folgewirkungen haben. Nachfolgend werden wir diese einzeln behandeln:

Obwohl die Normalverteilung nicht immer vollständig gegeben ist, sind die auf der Annahme einer Normalverteilung basierenden Verfahren oft sehr robust, d.h. die Konsequenzen vernachlässigbar. In einigen Fällen ist es auch einfach, die betrachtete Variable umzuformen, sodass sie dem Normalwert näher kommt, z.B. durch Anwendung des Logarithmus (oder einer Dezibelskala). Dies ist bei vielen physikalischen Größen mit ihren natürlichen Gesetzmäßigkeiten der Fall.

Die Anwendung der $1.5\ \sigma$-Verschiebung wird als unrealistisch und als in der Realität nicht haltbar kritisiert. Natürlich gibt es kein Naturgesetz, das besagt, dass alle Prozesse dieser langfristigen Veränderung unterliegen. Die meisten Prozesse haben jedoch einige besondere Ursachen von Variation, die bei genauerer Untersuchung als vorhersagbar angesehen, d.h. auf die natürliche Variation der einfließenden Prozesse zurückgeführt werden können. Wenn z.B. Rohmaterial in Stapeln von einem Lieferanten angeliefert wird, dessen Produktionsprozess vorhersagbar ist, liegt jedes Mal, wenn ein neuer Stapel von Rohmaterial in dem betrachteten Prozess eingesetzt wird, eine besondere Ursache von Variation vor (und wird wahrscheinlich auch aufgezeichnet). Um diese Quelle der Veränderlichkeit zu beseitigen, sind kostspielige Änderungen im Prozess des Lieferanten erforderlich. Manchmal wird dies gerechtfertigt sein, aber nicht immer. In Six Sigma geht man davon aus, dass alle diese tolerierten Quellen von Variation in der Summe höchstens $1.5\sigma$ ergeben. Die industrielle Praxis hat dies als vernünftig bestätigt. Natürlich könnte man auch für jeden Prozess dessen individuelle langfristige Verschiebung verwenden, was jedoch nicht sehr praktisch wäre. Ein pragmatischer Ansatz ist, eine Veränderung von $1.5\,\sigma$ zugrunde zu legen.

Streng genommen ist ein Prozess nur vorhersagbar, wenn keinerlei besondere Ursachen von Variation vorliegen. Wie wir jedoch oben gesehen haben, ist eine Verkettung von vorhersagbaren Prozessen in diesem strengen Sinne nicht vorhersagbar. Es ist dennoch möglich, Aussagen über das zukünftige Ergebnis zu treffen. Im obigen Beispiel kann der Produktionsprozess während der Verarbeitung eines Stapels vorhersagbar sein. D.h. in diesem Intervall ist der Prozess vorhersagbar. Die Variation im Rohmaterial ist auch vorhersagbar. Dadurch ist also der gesamte Produktionsprozess vorhersagbar. Hierbei ist zu beachten, dass wir die mögliche Nichtvorhersagbarkeit des Zeitpunktes des Wechsels nicht berücksichtigen, was jedoch von geringer Bedeutung sein dürfte.

In sehr erfahrenen Unternehmen, ist heute zum Teil umfassendes statistisches Wissen vorhanden, sodass fortgeschrittene Methoden angewendet und immer präzisere Annahmen zugrunde gelegt werden.

Die oben beschriebenen Annahmen werden nicht nur in der Verbesserungsmethodik, sondern auch im Messsystem angewendet. Abweichungen von der Normalität ergeben eine Verzerrung der Umwandlung von FpMM-Werten und Sigma-Werten. Im Sinne der Vereinfachung müssen wir jedoch diese Genauigkeit aufgeben. Wir sind der Meinung, die Abweichungen sind selten so groß, dass unter besseren Annahmen völlig andere Entscheidungen getroffen worden wären. Dies gilt ebenso für die Annahmen hinsichtlich der langfristigen Veränderung der Prozesslage und der Vorhersagbarkeit.

Six Sigma-Unternehmen haben gelernt, die statistischen Werkzeuge in ihrer einfachsten Form und auf pragmatische Weise anzuwenden. Die traditionelle Anwendung statistischer Werkzeuge in der Industrie ist sehr spezialisiert und oft engstirnig, in der Verantwortung von Statistikern, die ihr Wissen kaum teilen und sich nur am Rande mit dem finanziellen Nutzen beschäftigen. Six Sigma macht die statistischen Werkzeuge der breiten Masse auf eine Weise zugänglich, die jeder verstehen kann.

Dass Statistiken manipuliert werden können, ist nicht neu. Six Sigma enthält jedoch nichts, was den Gebrauch manipulierter Daten attraktiv machen könnte. Im Gegenteil, das Messsystem dient dazu, Prozessvariation über einen längeren Zeitraum zu messen. Mitarbeiter und Lieferanten haben keinen Vorteil, auf lange Sicht Daten zu manipulieren. Es ist auch üblich, die Finanzabteilung in die Schätzung der Kosteneinsparungen durch Six Sigma-Verbesserungsprojekte einzubeziehen.

**Six Sigma ist nur eine Modeerscheinung**

Das Argument, Six Sigma werde durch andere strategische Initiativen ersetzt werden, ist nicht zu bestreiten und trifft auf alle strategischen Initiativen in der Geschäftswelt zu, seien sie nun weit verbreitet oder nicht. Manche, die glauben, Six Sigma verschwinde bald von der Bühne, bezeichnen es als Modeerscheinung. Es gibt jedoch einige Anzeichen dafür, dass Six Sigma mehr als eine Modeerscheinung ist. Geht man davon aus, Six Sigma breitet sich entsprechend den Trends zur horizontalen und vertikalen Verteilung in Asien und Europa, ähnlich wie in den USA, aus, so wird Six Sigma in der überschaubaren Zukunft weiterhin existieren. Das Konzept besteht außerdem bereits seit mehr als zehn Jahren und hat den Punkt, zum „Managementkonzept des Jahres" zu werden, weit überschritten. Ein Grund hierfür könnte sein, dass Six Sigma von der Industrie für die Industrie entwickelt worden ist – und die Verbreitung aufgrund selbst erzielter Ergebnisse statt aufgrund von Modetrends erfolgte.

Man muss sich jedoch trotzdem bewusst sein, dass Six Sigma immer noch relativ gering verbreitet ist, vergleicht man es mit so strategischen Konzepten wie Customer Relationship Management, e-Commerce und Wissensmanagement. Diese stehen sozusagen auf der Agenda eines jeden Weltunternehmens. Six Sigma wird wahrscheinlich nicht eine solche herausragende Stellung erreichen. Six Sigma wird sich in den meisten Branchen und Ländern eher zu einer hoch anerkannten strategischen Initiative entwickeln, die von einer Auswahl von Unternehmen angewendet wird, die nach pragmatischen Wegen zur Erreichung von Weltklasseleistungen suchen.

**Kommentare und Literaturhinweise**

Mehr Informationen über die Anwendung von Six Sigma im Dienstleistungssektor sind in dem Artikel von J. Erwin von 1999 in *Measuring Business Excellence*, mit dem Titel „The Six Sigma Focus on Total Customer Satisfaction" zu finden. Andere gute Quellen sind die Geschäftsberichte der Dienstleistungsunternehmen, die Six Sigma anwenden. Zum Beispiel geben die Geschäftsberichte von GE der Jahre 1996–1999 einen interessanten Einblick in die Umsetzung von Six Sigma bei GE Capital Services und NBC.

Die Bedeutung von Six Sigma als strategische Initiative ist einer der Hauptpunkte in „Six Sigma. A Breakthrough Strategy for Profitability" von Mikel J. Harry in der Maiausgabe 1998 von *Quality Progress*. Um den engen Zusammenhang zwischen Six Sigma und den einst übergeordneten Zielen von Motorola zu verstehen, empfehlen wir „Motorola's Long March to the Malcolm Baldrige National Quality Award" von Keki R. Bhote in der Herbstausgabe des *National Productivity Review* 1989.

Eine gute Möglichkeit, mehr über Selbstbewertung zu lernen, besteht darin, die Kriterienmodelle und Richtlinien eines Qualitätspreises zu studieren, z.B. des Malcolm Baldrige National Quality Award oder des EFQM Excellence Model. Diese sind im Internet zugänglich oder können bei *National Institute of Standards and Technology (http://www.asq.org/)* bzw. *The European Foundation for Quality Management (http://www.efqm.org/)* bestellt werden. Eine gute Informationsquelle zur ISO 9000:2000 ist die Lektüre des Standards selbst oder es können auch Informationen von der *International Organization for Standardization* eingeholt werden, alternativ über deren Homepage *(http://www.iso.ch/).*

Was die Kritikpunkte an Six Sigma betrifft, so hat ein Artikel von Jim Smidt, dem Vorsitzenden von Cambridge Management Sciences, große Anerkennung erhalten. Der Titel lautet „A Questionable Bet on Six Sigma" und wurde im Januar 1998 vom *Assembly Magazine* veröffentlicht. Die direkte Antwort von B. Bunch auf den kritischen Artikel von Smidt wurde vom selben Magazin im März 1998 unter dem Titel „GE says Six Sigma is worth the investment" veröffentlicht und ist sehr lesenswert. Im Artikel „Six Out of Six?" in *Accountancy*, Ausgabe 1254 von 1998, diskutiert A. Murdoch generell die Pros und Contras von Six Sigma und ebenso Roderick A. Munro in der Mai 2000 Ausgabe von *Quality Progress* unter dem Titel „Linking Six Sigma With QS-9000".

# 8 Die Sieben Qualitätswerkzeuge und das Flussdiagramm

*Einige graphische Methoden haben sich im Lauf der Jahre so bewährt,*
*dass sie in Spitzenunternehmen permanent angewendet werden.*
*Die Anwendung ist auf allen Ebenen des Unternehmens so verbreitet,*
*dass sie auch als „die Prächtigen Sieben" bezeichnet werden.*
*Diese einfachen Werkzeuge sollte jeder Einzelne*
*verstehen und routiniert anwenden können.*
Harrison M. Wadsworth, Kenneth S. Stephens
und A. Blanton Godfrey, 1986

Die Sieben Qualitätswerkzeuge sind grafische statistische Werkzeuge und Methoden zur kontinuierlichen Verbesserung. Sie können auf alle Dimensionen des Leistungs- und Verbesserungsdreiecks – Variation, Durchlaufzeit, Nutzungsgrad und Design – angewandt werden. Sie wurden bereits in den 60er Jahren von einer kleinen Gruppe japanischer Wissenschaftler zusammengestellt, um Qualitätszirkeln effektive und einfach anzuwendende Werkzeuge zur Verfügung zu stellen. Die Sieben Qualitätswerkzeuge sind Prüfformulare, Histogramme, Pareto-Diagramme, Ursache-Wirkungs-Diagramme, Graphischer Vergleich

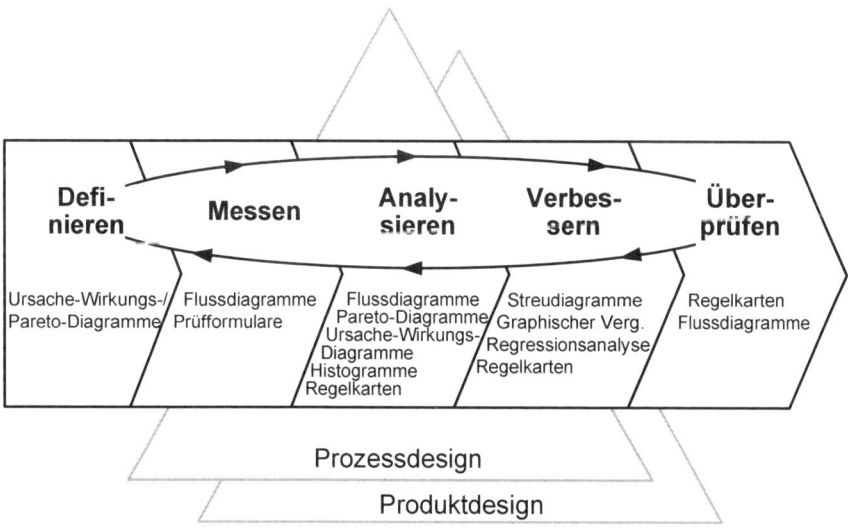

Abb. 8.1 Die Anwendung der Verbesserungswerkzeuge in den verschiedenen Phasen der Six Sigma-Verbesserungsmethodik zur Verbesserung von Variation, Durchlaufzeit, Nutzungsgrad und Design.

(Schichtung), Streudiagramme, Regelkarten. Seit den 90er Jahren ist es üblich, zwei weitere Werkzeuge, das so genannte Flussdiagramm und die Regressionsanalyse, mit in die Sieben Qualitätswerkzeuge einzubeziehen. In Six Sigma werden diese Werkzeuge in allen Phasen der Verbesserungsmethodik – Definieren, Messen, Analysieren, Verbessern, Überprüfen – umfassend genutzt (Abb. 8.1). Die oben genannten Verbesserungswerkzeuge arbeiten alle nach dem Denkmodell für Verbesserungen von Six Sigma; „$y$ ist eine Funktion von $x$". Sie dienen dazu, die $x$ zu identifizieren, die zu einem verbesserten Wert für $y$ führen. Zusammen mit den neun Verbesserungswerkzeugen präsentieren wir hier auch praktische Beispiele von Six Sigma-Verbesserungsprojekten, die wir im Lauf der Jahre gesammelt haben. Die Reihenfolge der Darstellung ist bewusst gewählt, um zu zeigen, wie die verschiedenen Werkzeuge in Six Sigma-Verbesserungsprojekten zusammen angewendet werden können:

- Flussdiagramme
- Prüfformulare
- Histogramme
- Pareto-Diagramme
- Ursache-Wirkungs-Diagramme
- Graphischer Vergleich (Schichtung)
- Streudiagramme
- Regressionsanalyse
- Regelkarten

## 8.1 Flussdiagramme

Flussdiagramme finden in der Industrie breite Anwendung und haben sich inzwischen zu einem Schlüsselwerkzeug in der Entwicklung von Informationssystemen, Qualitätsmanagementsystemen und Mitarbeiterhandbüchern entwickelt. Der Wert von Flussdiagrammen liegt hauptsächlich darin, Aktivitäten in Prozessen zu identifizieren und aufzuzeichnen sowie dadurch den Hauptfluss von Produkten und Informationen zu visualisieren und jedem verständlich zu machen. Es ist in jedem Six Sigma-Projekt von wesentlicher Bedeutung, den vorliegenden Prozess zu verstehen. Flussdiagramme werden daher häufig in der Mess-Phase benutzt. Sie werden aber auch in der Analyse-Phase angewendet, um im Vergleich mit anderen Prozessen Verbesserungspotenzial zu identifizieren, und in der Überprüfungs-Phase, um Prozessänderungen zu institutionalisieren. Die Komplexität von Flussdiagrammen kann sehr unterschiedlich sein und variiert von einfachsten bis zu weit entwickelten Diagrammen, abhängig von der zu verbessernden Dimension – Variation, Durchlaufzeit und Nutzungsgrad. Bei der Verbesserung von Variation wird in der Mess-Phase häufig ein sehr einfaches Flussdiagramm benutzt, um die $xs$ (Einsatzfaktoren) und $y$ (Ergebnisvariable) des zu verbessernden Prozesses oder Produkts darzustellen. Wie in

Kapitel 1 dargestellt, sind Einsatzfaktoren entweder Regelfaktoren oder Störfaktoren. Sie können mit Hilfe von Flussdiagrammen sehr gut dargestellt werden (Abb. 8.2).

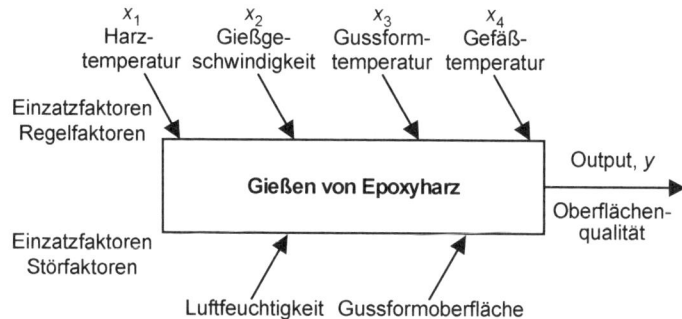

Abb. 8.2 Flussdiagramm zur Darstellung von Regel- und Störfaktoren, angewendet in
einem Verbesserungsprojekt bei ABB in Finnland. Das Diagramm wurde später in der Verbesserungsphase benutzt, um Faktorielle Versuche für die Regelfaktoren durchzuführen,
was schließlich zu einer beachtlichen Reduzierung der FpMM-Quote und Kosteneinsparungen in Höhe von US$ 168000 führte.

In Six Sigma-Projekten zur Verbesserung von Durchlaufzeit und Nutzungsgrad
werden komplexere Flussdiagramme verwendet. In der Mess-Phase werden
Flussdiagramme verwendet, um ein gutes Verständnis für den Prozess zu erhalten. In der Analyse-Phase werden sie zu Vergleichen mit anderen Prozessen und
Unternehmen benutzt und in der Überprüfungs-Phase zur Visualisierung des
verbesserten Prozesses.
Bei der Erstellung von Flussdiagrammen ist es wichtig, einen passenden Detaillierungsgrad zu finden und diesen für das gesamte Flussdiagramm konsequent
anzuwenden. Das Zeichnen von Flussdiagrammen ist weitestgehend standardisiert und in einer entsprechenden internationalen Norm festgehalten, der ISO
5807 „Information processing — Documentation symbols and conventions for
data, program and system flow charts, program network charts and system resources charts". Der Standard gibt einen guten Überblick über die Symbole, die
bei der Erstellung von Flussdiagrammen verwendet werden (Abb. 8.3). Die
Symbole sind üblicherweise in Computersoftware zur Zeichnung von Flussdiagrammen, wie z.B. Flowcharter® von Micrografx und PowerPoint® von Microsoft, enthalten.
Das am häufigsten benutzte Flussdiagramm zur Verbesserung von Durchlaufzeit
und Nutzungsgrad beinhaltet alle Aktivitäten des betrachteten Prozesses. Hierfür werden die Standardsymbole benutzt (Abb. 8.3). Es ist auch üblich geworden, die für die Aktivitäten funktionellen Zuständigkeiten und verantwortlichen
Abteilungen in Flussdiagrammen darzustellen (Abb. 8.4). In der Analyse-Phase
werden Flussdiagramme hauptsächlich auf zwei Arten angewendet. Die eine
dient dazu, Aktivitäten zu analysieren, um dabei herauszufinden, welche Aktivi-

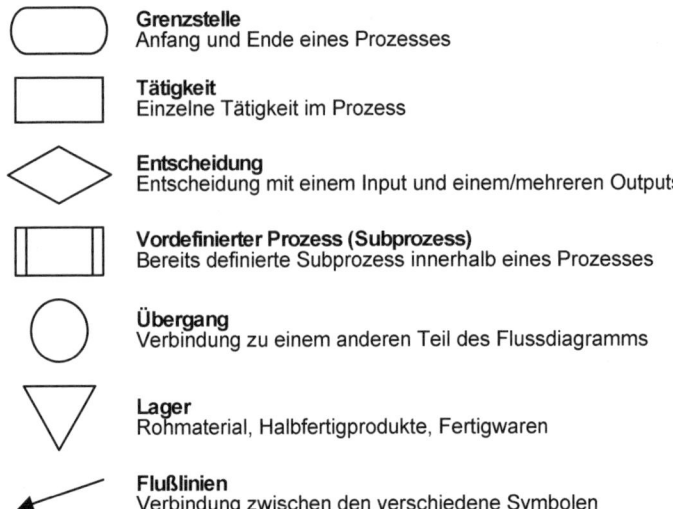

Abb. 8.3 Einige der am häufigsten verwendeten Symbole bei der Erstellung von Flussdiagrammen. Die Symbole sind dem internationalen Standard ISO 5807 entnommen und sind üblicherweise in Computerprogrammen zur Erstellung von Flussdiagrammen enthalten.

täten keine Wertsteigerung für den Kunden beinhalten. Dies wird üblicherweise als Streamlining bezeichnet. Auf der anderen Seite werden Flussdiagramme benutzt, um im Sinne eines Benchmarkings den Fluss von Aktivitäten und Entscheidungen mit dem anderer Prozesse, externer oder interner, zu vergleichen. In beiden Fällen wird Verbesserungspotenzial identifiziert und in der Verbesserungsphase werden dann die geeigneten Maßnahmen getroffen. In der Überprüfungsphase wird ein neues Flussdiagramm erstellt, um die Änderungen des verbesserten Prozesses zu visualisieren und sicherzustellen, dass dieser neue Fluss von Aktivitäten in der Praxis institutionalisiert wird.

Zur Verbesserung von Durchlaufzeit und Nutzungsgrad kann auch ein mehr technisches Flussdiagramm angewendet werden. In der Mess-Phase werden die Bereiche mit einem kontinuierlichen Fluss von Gütern sowie der Lagerhaltung aufgezeichnet. Ein kontinuierlicher Fluss von Gütern ist eine Reihe von Aktivitäten, die zwischen jeder Lagerung, z.B. von Rohmaterial, Halbfertigprodukten oder Schlussprodukten, stattfindet. Diese Flussdiagramme sind stärker technisch orientiert, da für jeden Bereich mit kontinuierlichem Fluss und für Lager ein eigenes Feld mit den wichtigsten Daten hinzugefügt wird (Abb. 8.5). Die Datenangabe für den kontinuierlichen Fluss von Gütern enthält typischerweise Informationen über Durchlaufzeit, Rüstzeit, wertschöpfende Zeit und Nutzungsgrad bzw. Verfügbarkeit von kritischen Ressourcen. Für Lager ist es üblich, Informationen über Ort, Größe und Lagerumschlagshäufigkeit in die Datenangabe mit aufzunehmen.

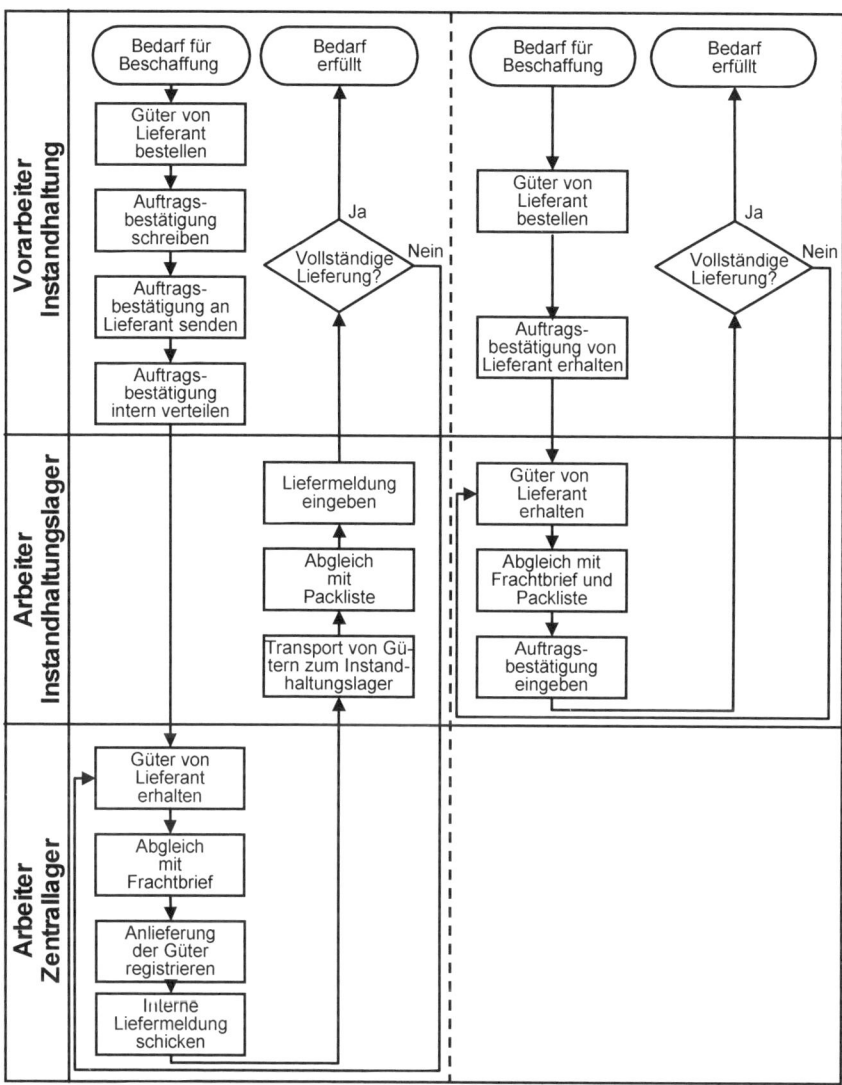

Abb. 8.4 Ein Beispiel der Anwendung eines Flussdiagramms in einem Six Sigma-Verbesserungsprojekt für den Beschaffungsprozess bei Scana Stavanger. Links der Prozess, der in der Mess-Phase aufgezeichnet wurde, und rechts der geänderte Prozess, der eingeführt wurde. Durch direkte Anlieferung der Produkte an das Instandhaltungslager und Nutzen der Auftragsbestätigung des Lieferanten wurde die Durchlaufzeit des Prozesses signifikant reduziert und eine Kosteneinsparung von US$ 3000 erreicht. In diesem Verbesserungsprojekt wurde Flowcharter® von Micrografx angewendet.

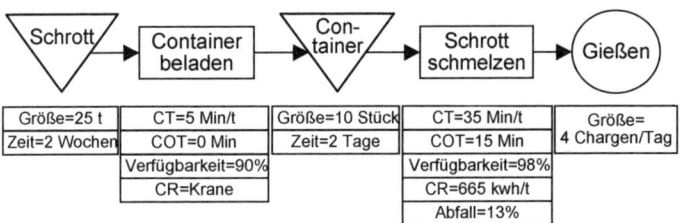

| Größe=25 t | CT=5 Min/t | Größe=10 Stück | CT=35 Min/t | Größe= |
|---|---|---|---|---|
| Zeit=2 Wochen | COT=0 Min | Zeit=2 Tage | COT=15 Min | 4 Chargen/Tag |
| | Verfügbarkeit=90% | | Verfügbarkeit=98% | |
| | CR=Krane | | CR=665 kwh/t | |
| | | | Abfall=13% | |

Abb. 8.5 Ein Flussdiagramm für die Verbesserung der Durchlaufzeit in einem Schmelzprozess bei Scana Stavanger. In der Phase „Analysieren" wurde herausgefunden, wie z. B. die Anlieferung von Schrott durch die Lieferanten die Aktivität des Beladens von Container überflüssig machen konnte. CT steht für Durchlaufzeit (cycle time), COT für Rüstzeit (change-over time) und CR für kritische Ressource (critical resource).

Nachdem der Prozess aufgezeichnet ist, werden gewöhnlich die anderen in diesem und den nachfolgenden Kapiteln dargestellten Verbesserungswerkzeuge angewendet, um Verbesserungsmöglichkeiten zu identifizieren.

## 8.2 Prüfformulare

Prüfformulare werden benutzt, um bestimmte Daten über jedes beliebige Merkmal, $y$, eines zu verbessernden Produktes oder Prozesses zu sammeln sowie über die Einsatzfaktoren, $xs$, von denen man glaubt, dass sie $y$ beeinflussen. Es wird häufig in der Mess-Phase der Six Sigma-Verbesserungsmethodik angewendet. Aus praktischen Gründen werden Prüfformulare üblicherweise als Tabellen dargestellt. Sie sollten einfach gehalten sein und ihr Design an den zu messenden Merkmalen orientieren. Bei der Entwicklung von Prüfformularen ist auch zu beachten, wer für die Datenerfassung zuständig ist und in welchen Intervallen sie aufgenommen werden. Prüfformulare gibt es in zwei verschiedenen Formen, abhängig davon, ob es sich um kontinuierliche Merkmale handelt, woraus sich dann kontinuierliche Daten ergeben, oder um diskrete Merkmale, woraus sich attributive Daten ergeben.

Prüfformulare für diskrete Merkmale sind normalerweise einfacher als die für kontinuierliche Merkmale, da sie auf Zählungen basieren. Ein sehr gut auf diskrete Merkmale zugeschnittenes Prüfformular würde auch Art, Häufigkeit und Ort der festgestellten Fehler erfassen (Abb. 8.6).

Zusätzlich zur Erfassung von Daten können Prüfformulare auch dazu benutzt werden, die Verteilung von Prozessen und die Häufigkeit kontinuierlicher Merkmale zu bestätigen (Abb. 8.7).

**ABB - Sigma Karte**      Mo      Di      Mi      Do      Fr&Sa

Tick:  ☐   ☐   ☐   ☐   ☐

**Six Sigma**                                                           A - Datenform
                     Arbeitsstelle: Schlussmontage            PSA - LS

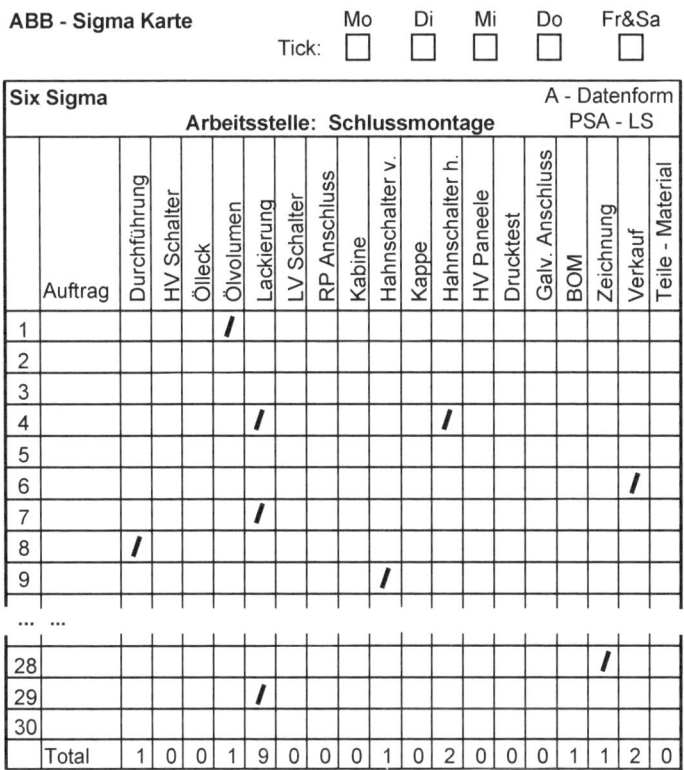

|   | Auftrag | Durchführung | HV Schalter | Ölleck | Ölvolumen | Lackierung | LV Schalter | RP Anschluss | Kabine | Hahnschalter v. | Kappe | Hahnschalter h. | HV Paneele | Drucktest | Galv. Anschluss | BOM | Zeichnung | Verkauf | Teile - Material |
|---|---|---|---|---|---|---|---|---|---|---|---|---|---|---|---|---|---|---|---|
| 1 |  |  |  |  | / |  |  |  |  |  |  |  |  |  |  |  |  |  |  |
| 2 |  |  |  |  |  |  |  |  |  |  |  |  |  |  |  |  |  |  |  |
| 3 |  |  |  |  |  |  |  |  |  |  |  |  |  |  |  |  |  |  |  |
| 4 |  |  |  |  |  | / |  |  |  |  |  | / |  |  |  |  |  |  |  |
| 5 |  |  |  |  |  |  |  |  |  |  |  |  |  |  |  |  |  |  |  |
| 6 |  |  |  |  |  |  |  |  |  |  |  |  |  |  |  |  |  | / |  |
| 7 |  |  |  |  |  | / |  |  |  |  |  |  |  |  |  |  |  |  |  |
| 8 |  | / |  |  |  |  |  |  |  |  |  |  |  |  |  |  |  |  |  |
| 9 |  |  |  |  |  |  | / |  |  |  |  |  |  |  |  |  |  |  |  |
| ... ... |  |  |  |  |  |  |  |  |  |  |  |  |  |  |  |  |  |  |  |
| 28 |  |  |  |  |  |  |  |  |  |  |  |  |  |  |  |  |  | / |  |
| 29 |  |  |  |  |  | / |  |  |  |  |  |  |  |  |  |  |  |  |  |
| 30 |  |  |  |  |  |  |  |  |  |  |  |  |  |  |  |  |  |  |  |
| Total |  | 1 | 0 | 0 | 1 | 9 | 0 | 0 | 0 | 1 | 0 | 2 | 0 | 0 | 0 | 1 | 1 | 2 | 0 |

Abb. 8.6  Ein Prüfformular von ABB in Australien zur Erfassung von Fehlern in einem Endmontageprozess. Prüfformulare bieten eine hervorragende Basis zur Analyse und Verbesserung innerhalb der Six Sigma-Verbesserungsmethodik. In diesem Fall wurde herausgefunden, dass die Lackierung die häufigste Ursache für Fehler war.

**Kilo Abfall pro Charge**

| | |
|---|---|
| 0 - 399 | \| |
| 400 - 799 | ЖЖ \| |
| 800 - 1199 | ЖЖ ЖЖ |
| 1200 - 1599 | ЖЖ ЖЖ ЖЖ ЖЖ \| |
| 1600 - 1999 | ЖЖ ЖЖ ЖЖ ЖЖ ЖЖ |
| 2000 - 2399 | ЖЖ ЖЖ ЖЖ \|\|\| |
| 2400 - 2799 | ЖЖ \| |
| 2800 - 3199 | \|\| |
| 3200 - 3599 | |
| 3600 - 3999 | \| |

Abb. 8.7  Ein Prüfformular zur Erfassung der Abfallmenge bei Scana Stavanger. Die Messung erfolgte über einen Zeitraum von 3 Monaten und umfasste 90 Messungen. Die Daten wurden im Rahmen eines Kurses zum Weißen Gürtel erfasst.

In den Six Sigma-Unternehmen ist es üblich, elektronische Prüfformulare zu verwenden, sodass die Daten direkt in den betreffenden Datenbanken erfasst und damit Zeit und Ressourcen gespart werden. Daten der zu messenden Merkmale können häufig auch früheren Aufzeichnungen und dem IT-System des Unternehmens entnommen werden. In diesen Fällen ist es daher nicht immer notwendig, Prüfformulare zu erstellen, sondern statt dessen direkt in die Analyse-Phase überzugehen. Bei der Verwendung bereits vorliegender Daten ist jedoch zu beachten, dass diese unter Umständen nicht immer konsistent sind, da häufig nicht genug Information über deren Erfassung oder über Änderungen des Prozesses im Laufe der Messung vorhanden ist. Weitere Ausführungen zu Bedenken bei der Verwendung historischer Daten sind in Anhang C.4 enthalten.

## 8.3  Histogramme

Ein zentraler Bestandteil der Statistik ist die Analyse von Häufigkeitsverteilungen. In der Analyse-Phase der Six Sigma-Verbesserungsmethodik werden Histogramme normalerweise benutzt, um die Verteilung der in der Mess-Phase gesammelten Daten der *ys* und *xs* zu verstehen und Verbesserungspotenzial aufzudecken. Mit Hilfe von Histogrammen können gesammelte Daten in unterschiedliche Datenarten oder Intervalle klassifiziert werden. Jede Säule in einem Histogramm wird proportional zur Anzahl der Messungen innerhalb jeder Datenart oder jedes Intervalls dargestellt. Das Histogramm zeigt sowohl die Prozessvariation als auch die Art der Verteilung der Daten (Abb. 8.8).

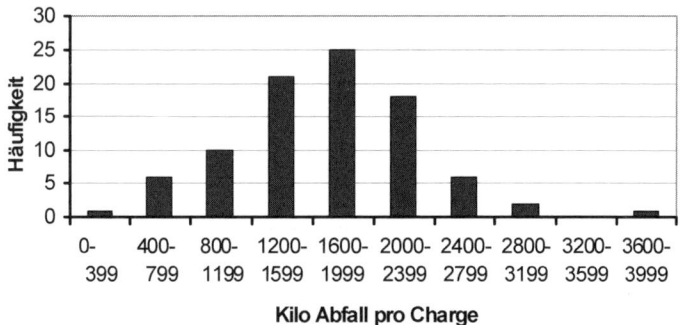

Abb. 8.8 Darstellung der 90 Messungen zur Abfallmenge aus Abb. 8.7 als Histogramm. Auf Grundlage der gesammelten Daten wurde eine durchschnittliche Abfallmenge von 1729 kg ermittelt bei einer Standardabweichung von 596.

Bei der Anwendung von Histogrammen ist es nützlich, mindestens 50 Erhebungen vorzunehmen, um ein gutes Bild der Verteilung zu erhalten. Die Anzahl der Werte oder Intervalle muss für jeden einzelnen Fall betrachtet werden, wobei die Zahl häufig zwischen 6 und 12 liegt. Manche benutzten sogar 20 Intervalle, wir empfehlen jedoch, ungefähr 10 Intervalle anzuwenden. Zur Bildung von Intervallen nimmt man üblicherweise die Differenz zwischen dem höchsten und dem niedrigsten Wert und berechnet daraus Anfang und Ende der einzelnen Intervalle. Zu viele oder zu wenige Werte oder Intervalle führen zu sehr flachen oder sehr spitzen Formen. Enthält ein Prüfformular Daten zur Häufigkeit, so ist es einfach, daraus ein Histogramm zu entwickeln.

### 8.3.1 Normalverteilungsdiagramm

In vielen Prozessen gibt das Normalverteilungsdiagramm eine vernünftige Beschreibung eines vorhersagbaren Prozesses, insbesondere wenn keine besonderen, sondern nur allgemeine Ursachen von Variation vorliegen. Abweichungen von der glockenförmigen Normalverteilungskurve geben daher Hinweise auf die Existenz besonderer Ursachen von Variation. Liegen nur wenige Datenpunkte vor, kann es schwierig sein, Abweichungen im Histogramm aufzudecken. In diesen Fällen werden häufig Normalverteilungsdiagramme benutzt.

Werden Abweichungen gefunden, können diese entweder darauf zurückzuführen sein, dass besondere Ursachen von Variation vorliegen oder auf die Tatsache, dass die zugrunde liegende Verteilung von der Normalverteilung abweicht. In weiter entwickelten Anwendungen sollte besonderes Augenmerk auf die zu-

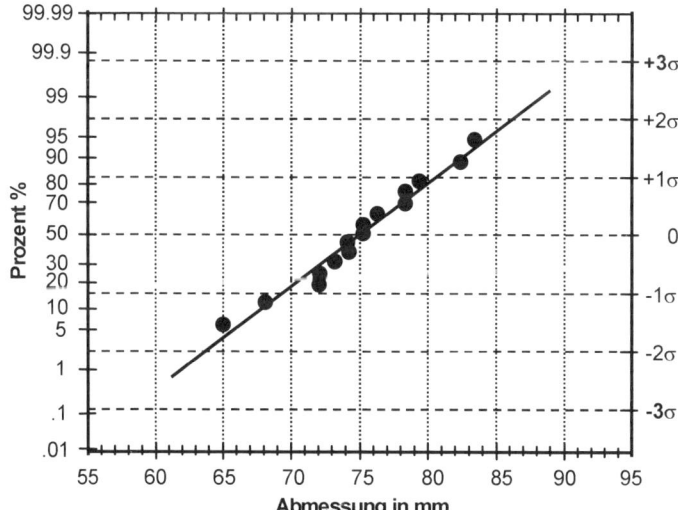

Abb. 8.9 In diesem Fall von Scana Stavanger wurde getestet, ob ein bestimmtes Merkmal von Spindeln für große Schiffsmotoren normalverteilt ist. Die abgebildeten Daten zeigen, dass von einer Normalverteilung ausgegangen werden kann, da die Datenpunkte nahe der Ausgleichsgeraden (best-fit line) liegen und keine systematischen Abweichungen erkennbar sind.

letzt genannte Alternative gelegt werden. In den meisten Fällen sind jedoch besondere Ursachen von Variation in Betracht zu ziehen.

Eine Abbildung erfolgt oft auf einem Normalverteilungsdiagramm, in welchem die Y-Achse die theoretische Prozentzahl angibt (Wahrscheinlichkeit, eine solch kleine oder kleinere Messung zu erhalten), sowie die entsprechenden Werte der Standardabweichung ($\sigma$) unter der Annahme, dass die Daten aus einer Normalverteilung stammen, während die X-Achse die Messungen abbildet.

Das Erstellen eines Normalverteilungsdiagramms kann anhand fünf allgemeiner Schritte erfolgen. Wir veranschaulichen das Verfahren an den 15 Messwerten des Beispiels von Scana Stavanger (Abb. 8.9).

**Schritt 1. Variablen auswählen und Messwerte ordnen**

Die zu testende Variable ist auszuwählen und die Messwerte in aufsteigender Reihenfolge vom kleinsten zum größten Wert zu ordnen. Die Reihenfolge der Messungen kann bezeichnet werden mit

$$g = 1, 2, \ldots n_g$$

wobei $n_g$ die gesamte Anzahl der Datenpunkte der zu ordnenden Stichprobe ist (Tab. 8.1).

**Schritt 2. Position im Wahrscheinlichkeitsgraphen berechnen**

Die Position im Wahrscheinlichkeitsgraphen, $F_g$, wird für den Rang $g$ auf Grundlage folgender Formel berechnet

$$F_g = \frac{g}{n_g + 1}$$

Eine Referenztabelle mit Positionen im Wahrscheinlichkeitsgraphen, $F_g$, für verschiedene Werte von $n_g$ ist in Anhang E.4 enthalten.

| $g$ | Abmessung in mm | $F_g$ |
|---|---|---|
| 1 | 65 | 0.06 |
| 2 | 68 | 0.13 |
| 3 | 72 | 0.19 |
| 4 | 72 | 0.25 |
| 5 | 73 | 0.31 |
| 6 | 74 | 0.38 |
| 7 | 74 | 0.44 |
| 8 | 75 | 0.50 |
| 9 | 75 | 0.56 |
| 10 | 76 | 0.63 |
| 11 | 78 | 0.69 |
| 12 | 78 | 0.75 |
| 13 | 79 | 0.81 |
| 14 | 82 | 0.88 |
| 15 | 83 | 0.94 |

Tab. 8.1 Die Abmessungsdaten aus Abb. 8.9. Hier sind sie in aufsteigender Reihenfolge geordnet und der jeweiligen Position im Wahrscheinlichkeitsgraphen, $F_g$, zugeordnet.

**Schritt 3. Werte eintragen**

In einem Normalverteilungsdiagramm sind die Messwerte entlang der X-Achse gegen ihre prozentualen Wahrscheinlichkeiten entlang der Y-Achse abzutragen.

**Schritt 4. Ausgleichsgerade (best-fit line) abschätzen**

Eine Ausgleichsgerade für die abgebildeten Punkte ist einzuzeichnen. Technisch gesehen bedeutet dies, die Summe der quadrierten Abweichungen zu minimieren.

**Schritt 5. Daten analysieren**

Es ist zu beurteilen, ob die abgebildeten Daten einer Normalverteilung entsprechen. Dies erfolgt durch Betrachtung des Abstands der Werte von der Ausgleichsgeraden und durch Überprüfen hinsichtlich systematischer Abweichungen von der Linie. Einige Beispiele für systematische Abweichungen sind in Abb. 8.10 enthalten. Sind die Datenpunkte nicht nahe der Ausgleichsgeraden oder sind systematische Abweichungen zu erkennen, sind die Daten wahrscheinlich nicht normalverteilt.

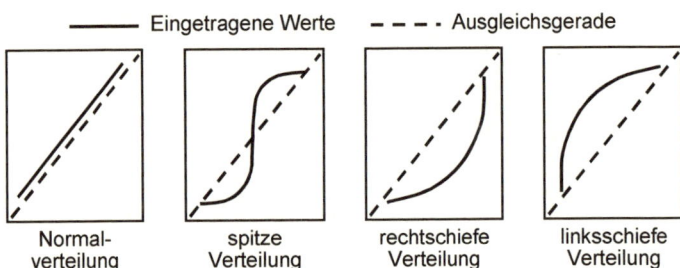

Abb. 8.10 Einige systematische Abweichungsmuster von der Ausgleichsgeraden, die eine Normalverteilung anzeigen.

In Kapitel 10 erläutern wir, wie das Normalverteilungsdiagramm in Verbindung mit faktoriellen Versuchen angewendet wird, um besondere Ursachen von Variation zu identifizieren.

## 8.4  Pareto-Diagramme

Das Pareto-Diagramm wurde in den 1940er Jahren von Joseph M. Juran entwickelt und nach dem italienischen Ökonom und Statistiker Vilfredo Pareto (1848–1923) benannt. Es dient dazu, die „wenigen Wichtigen von den vielen Unwichtigen" zu unterscheiden, wie Juran sinngemäß den Zweck des Pareto-Diagramms beschrieb. Es ist ähnlich der 80/20-Regel, wonach 80% der Probleme auf 20% der Produkte zurückzuführen sind, oder, in Bezug auf Six Sigma, wonach 80% der schlechten Werte für $y$ auf 20% der $xs$ zurückzuführen sind.
In der Six Sigma-Verbesserungsmethodik hat das Pareto-Diagramm zwei Hauptanwendungsgebiete. Eines davon ist die Auswahl geeigneter Verbesserungsprojekte in der Definitions-Phase. Hierfür bietet das Pareto-Diagramm eine objektive Grundlage zur Auswahl und die Möglichkeit, über die Kriterien, nach welchen die Daten klassifiziert werden können, zu entscheiden – z.B. Häufigkeit, Kosteneinsparungen, Verbesserungspotenzial von Prozessleistungen.
Das andere Hauptanwendungsgebiet ist in der Analyse-Phase und besteht darin, die wenigen wichtigen Ursachen ($xs$) zu identifizieren, die zu den bedeutendsten Verbesserungen von $y$ führen, sofern korrekt gemessen wurde. In diesen Fällen kann das Pareto-Diagramm mehrmals angewendet werden, um die wenigen wichtigen Kategorien zu verfeinern und sich somit nach und nach den wesentlichen Ursachen für Verbesserungen anzunähern (Abb. 8.11). Bei jedem weiteren Durchgang wird das Verständnis erhöht.

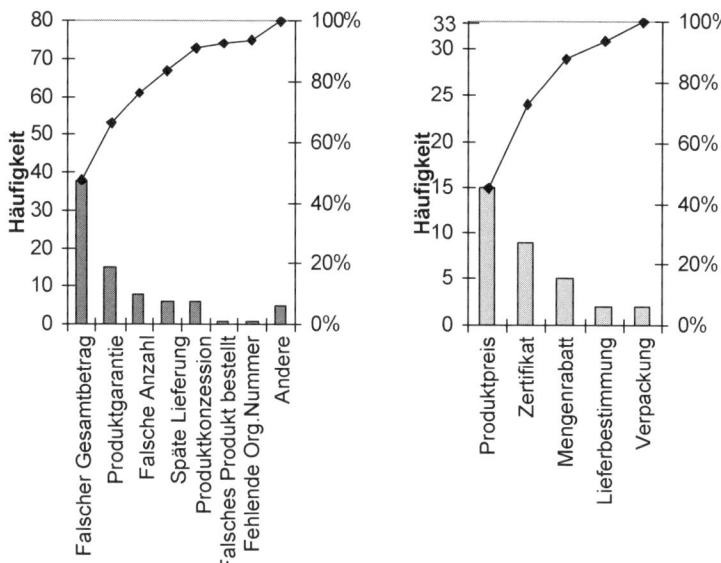

Abb. 8.11 In diesem Verbesserungsprojekt bei Scana Stavanger wurde das Pareto-Diagramm benutzt, um die Ursachen für Fehler im Prozess der Rechnungsstellung aufzudecken. Als Fehler wurden dabei an Kunden erteilte Gutschriften definiert. Das erste Pareto-Diagramm (links) zeigte dabei „falscher Gesamtbetrag" als häufigste Fehlerursache der Rechnungen auf. Bei der Analyse dieser Ursache mit dem zweiten Pareto-Diagramm (rechts) wurde herausgefunden, dass die Fehlerursachen hierfür beim „Produktpreis" und „Zertifikat" lagen.

Der erste Schritt bei der Erstellung eines Pareto-Diagramms besteht darin, sich für ein Mittel zur Klassifizierung der Daten zu entscheiden, ähnlich wie beim Histogramm. Weiterhin muss auch die Anzahl der Kategorien festgelegt werden, wobei sechs bis zwölf Kategorien zu empfehlen sind. Im zweiten Schritt wird das Datenmaterial in die spezifizierten Kategorien eingruppiert. Danach werden die Kategorien entsprechend ihrer Größe nach Wichtigkeit geordnet. Daraufhin wird die kumulative Häufigkeit berechnet und schließlich anhand eines Balkendiagramms die relative Wichtigkeit der Kategorien in absteigender Reihenfolge aufgezeigt. Dabei werden üblicherweise die Kategorien mit geringer Bedeutung zu einer Gruppe „Andere" zusammengefasst. Die wichtigsten Kategorien wurden dadurch identifiziert und auf sie sollte das Hauptaugenmerk der Verbesserungsarbeit gerichtet werden.

## 8.4.1 Kuchendiagramm

Eine beliebte Alternative zum Pareto-Diagramm ist das Kuchendiagramm, das den prozentualen Anteil jeder Gruppe an einer Stichprobe anzeigt. Das Kuchendiagramm wird ähnlich wie das Pareto-Diagramm erstellt, es ist jedoch nicht notwendig, die Kategorien der Wichtigkeit nach zu ordnen oder die kumulativen Prozentanteile zu berechnen (Abb. 8.12).

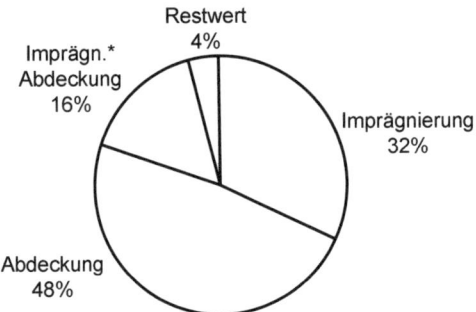

Abb. 8.12 Kuchendiagramm, welches die Einflussfaktoren der Lagerung von Isoliermaterial in einem Prozess zeigt; Beispiel von ABB in Polen. In diesem Projekt wurden die 7 Qualitätswerkzeuge zusammen mit faktoriellen Versuchen angewendet, was zu einer beachtlichen Reduzierung der FpMM-Quote führte.

## 8.5  Ursache-Wirkungs-Diagramm (Ishikawa-Diagramm)

Das Ursache-Wirkungs-Diagramm ist ein wirkungsvolles Werkzeug zur Identifizierung der Hauptursachen von Effekten oder, entsprechend dem Denkmodell für Verbesserung in Six Sigma, zur Identifizierung der $x$, die einen Einfluss auf $y$ haben. In der Six Sigma-Verbesserungsmethodik wird das Ursache-Wirkungs-Diagramm in der Definitionsphase angewendet, um Verbesserungsprojekte zu identifizieren und in der Analyse-Phase, um die verschiedenen $x$ zu identifizieren, die einen Einfluss auf $y$ haben. Andere Bezeichnungen für das Ursache-Wirkungs-Diagramm sind Ishikawa-Diagramm oder Fischgräten-Diagramm. Es wurde von Kaoru Ishikawa in den 1940-er Jahren im Rahmen eines Qualitätsprogrammes bei Kawasaki Steel Works in Japan entwickelt.

Bei der Erstellung eines Ursache-Wirkungs-Diagramms besteht der erste Schritt darin, sich über die Bezeichnung des Effektes zu einigen und dann die Hauptursachen zu identifizieren, die diesen Effekt bewirken. Die Hauptursachen sind oft unter den sieben M's zu finden: Management, Mensch, Methode, Messung, Maschine, Material, Milieu. Die sieben M's sind für Anfangsarbeit hilfreich, jedoch keineswegs allumfassend. Durch die Anwendung von Brainstorming wird jede Hauptursache analysiert. Das Ziel besteht darin, die Liste der Ursachen soweit zu detaillieren, bis die Wurzel einer bestimmten Hauptursache gefunden ist. Dieselbe Vorgehensweise wird dann für jede andere Hauptursache angewendet. Das Werkzeug wird hauptsächlich für qualitative Daten benutzt, kann jedoch auch quantitative Elemente, wie z.B. Messungen, enthalten.

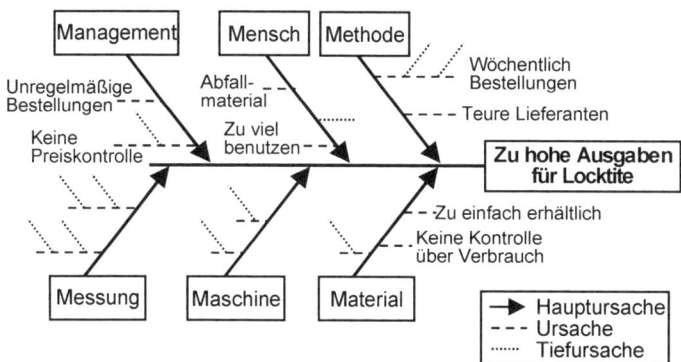

Abb. 8.13 Ein Beispiel eines Ursache-Wirkungs-Diagramms eines ABB Werks in den USA. Locktite ist ein Schrauben- und Bolzenbefestigungsmaterial, das in Montagewerken benutzt wird. Das Verbesserungsprojekt konzentrierte sich auf die Reduzierung der hohen Ausgaben für Locktite und führte zu einer jährlichen Einsparung von US$ 5000 .

Das Ursache-Wirkungs-Diagramm ist zwei anderen Werkzeugen ähnlich, die auch manchmal in Six Sigma-Verbesserungsprojekten angewendet werden, und zwar das Baum-Diagramm und die Fehler-Ursachen- und -einflussanalyse (FMEA). Keines der beiden zählt zu den Sieben Qualitätswerkzeugen, aber sie dienen der systematischen Unterteilung und Analyse. Die FMEA wird in Kapitel 9.4 näher erläutert. Eine weitere Technik, die so genannten Fünf Warums, ist auch mit dem Ursache-Wirkungs-Diagramm verwandt. Die Technik basiert auf der Annahme, dass man fünf Mal die Frage „Warum?" stellen muss, bevor die Wurzeln eines Problems gefunden sind. Über das Werkzeug sind bereits eine Reihe von Büchern publiziert worden.

## 8.6  Graphischer Vergleich (Schichtung)

Der Graphische Vergleich ist ein Werkzeug, das dazu dient, gesammelte Daten in Untergruppen einzuteilen, um spezielle Ursachen von Variation herauszufinden. Dadurch können Daten für einen Prozess, die aus verschiedenen Quellen stammen, herausgefiltert und einzeln analysiert werden. Obwohl der Graphische Vergleich unter den 7 Qualitätswerkzeugen wahrscheinlich am wenigsten angewendet wird, ist es ein sehr nützliches Hilfsmittel.

In der Six Sigma-Verbesserungsmethodik wird der Graphische Vergleich hauptsächlich in der Verbesserungsphase verwendet, um Daten zur Identifizierung von speziellen Ursachen für Variation zu unterteilen (Abb. 8.14). Ein bedeutender Schritt ist dabei die Festlegung der Kriterien, nach welchen die Daten unterteilt werden sollen. Beispiele hierfür sind Maschinen, Materialien, Lieferanten, Schichten, Altersgruppen usw. Wenn die Anzahl der Messungen groß genug ist, kann auch in mehrere Bereiche unterteilt werden.

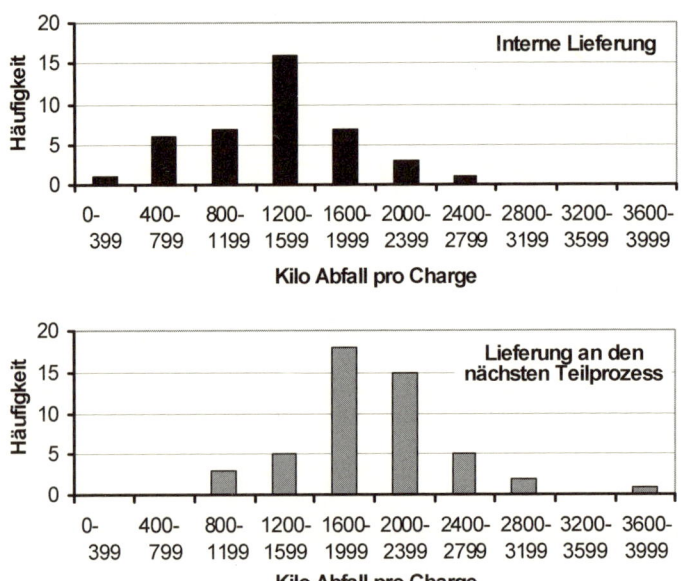

Abb. 8.14 Ein graphischer Vergleich der 90 Messungen zur Abfallmenge pro Charge bei Scana Stavanger (vgl. Abb. 8.7). Die zwei verschiedenen Verteilungen für interne Lieferungen und Lieferungen an den nächsten Teilprozess enthüllten eine große Differenz bei der durchschnittlichen Abfallmenge pro Charge.

## 8.7  Streudiagramme

Streudiagramme sind ein nützliches Werkzeug, um in der Verbesserungsphase das Verhältnis zweier Faktoren $x$ und $y$, d.h. die Korrelation, zu bestimmen. Eine bedeutende Eigenschaft des Diagramms ist die Visualisierung von Korrelationsmustern, wodurch das Verhältnis der Faktoren dann bestimmt werden kann. Kennt man das Verhältnis zwischen $y$ und $x$ ist es möglich, die $xs$ zu identifizieren, die zu besseren Werten für $y$ führen. Es kann dann bestimmt werden, wie die Einsatzfaktoren ($xs$), wenn diese steuerbar sind, festgelegt werden müssen, um den Prozess zu verbessern. Gibt es mehrere Faktoren, welche die $y$-Werte beeinflussen können, sollte für jede Parameterkombination von $x$ und $y$ ein eigenes Streudiagramm erstellt werden (Abb. 8.15).

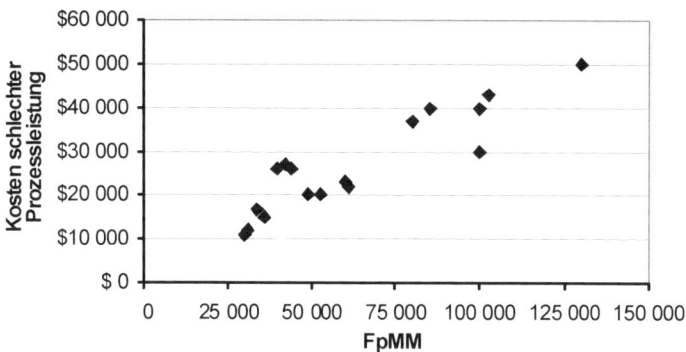

Abb. 8.15 Ein Streudiagramm von ABB in Australien, das den Zusammenhang zwischen den gemessenen Fehlern pro Million Möglichkeiten (FpMM) und den Kosten schlechter Prozessleistungen zeigt.

Bei Erstellen des Streudiagramms ist es üblich, den Einsatzfaktor ($x$) auf der X-Achse und die Ergebnisvariable ($y$) auf der Y-Achse abzubilden. Die beiden Variablen können dann gegeneinander aufgezeichnet werden und die Streuung der Punkte wird sichtbar. Dies führt zu einem besseren Verständnis des Verhältnisses von $x$ und $y$ und bildet die Basis für Verbesserungen.

Eine mehr formelle Technik als die Erstellung von Streudiagrammen ist die Durchführung einer Korrelationsanalyse. Mit ihrer Hilfe kann die Beziehung zwischen zwei unabhängigen Variablen $x$ und $y$ quantifiziert werden. Der Korrelationskoeffizient, $r$, der im Rahmen der Korrelationsanalyse berechnet wird, entspricht der Neigung der Linie im Streudiagramm. Der Korrelationskoeffizient kann zwischen – 1 und + 1 liegen, wobei ein Wert von + 1 einen vollständigen positiven linearen Zusammenhang, 0 keinen Zusammenhang und – 1 einen vollständigen negativen linearen Zusammenhang anzeigt. Korrelationskoeffizienten von 0,7 oder höher werden in den Fällen als stark positiver Zusammenhang betrachtet. Dasselbe gilt für eine Korrelation von – 0,7 oder weniger, was dann als stark negativer linearer Zusammenhang betrachtet wird. Der Korrelationskoeffizient, $r$, wird auf Basis der Messungen der Stichproben für $x$ und $y$ berechnet, ebenso der Mittelwert und die Standardabweichungen für die Stichprobe:

$$r = \frac{\sum (x - \bar{x})(y - \bar{y})}{(n - 1)s_x s_y}$$

In vielen Fällen gibt es mehrere Einsatzfaktoren ($xs$) und sogar mehrere Merkmale ($ys$), bei denen es nützlich ist, die Wirkungen herauszufinden. Da ein Streudiagramm und die Korrelationsanalyse jeweils nur für zwei Variablen (ein $x$ und ein $y$) angewendet werden kann, müssen andere Werkzeuge wie z.B. die Regressionsanalyse oder Faktorielle Versuche benutzt werden. Die Regressionsanalyse ist ein Werkzeug mit dessen Hilfe die Beziehung zwischen einem oder mehreren $x$s und $y$ beschrieben werden kann. Die Regressionsanalyse wird in Kapitel 8.8 erläutert und Faktorielle Versuche in Kapitel 10.

### 8.7.1 Spuren-Diagramm

Eine spezielle Form des Streudiagramms ist das Spuren-Diagramm. Es zeigt die Veränderungen jeglicher Merkmale im Zeitverlauf. In Six Sigma wird es hauptsächlich benutzt, um Änderungen der FpMM-Werte von einzelnen Prozessmerkmalen wie Gütern, Dienstleistungen, Prozessen, Projekten etc. im Lauf der Zeit zu erfassen (Abb. 8.16).

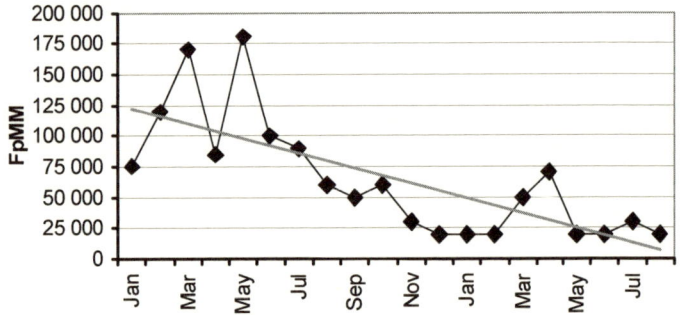

Abb. 8.16 Ein Beispiel eines Spuren-Diagramms für FpMM-Werte in einem ABB-Werk, welches zeigt, dass sich die Prozessleistung verbessert hat.

Zur Darstellung des FpMM-Spuren-Diagramms werden entweder logarithmische oder lineare Skalen benutzt. Eine logarithmische Skala eignet sich im Allgemeinen zur Darstellung von FpMM-Werten von weniger als 50 000 und eine lineare Skala für FpMM-Werte von über 50 000.

## 8.8 Regressionsanalyse

Die Regressionsanalyse ist ein statistisches Werkzeug zur Beschreibung der linearen Beziehung zwischen einem oder mehreren $x$s und einem $y$, das in der Verbesserungsphase von Six Sigma-Projekten häufig angewendet wird. Die Regressionsanalyse kann benutzt werden, um unter Anwendung der Methode der kleinsten Quadrate ein- oder mehrfache Regressionen (mehrere $x$s und ein $y$) zu ermitteln.

Bei einer einfachen Regressionsanalyse werden entsprechend dem folgenden Modell ein $x$ und ein $y$ analysiert:

$$y = \beta_0 + \beta_1 x + \varepsilon$$

wobei $y$ die Ergebnisvariable, $x$ die Variable für den Einsatzfaktor, $\beta_0$ und $\beta_1$ die Regressionskoeffizienten sind und $\varepsilon$ der Restwert, bei dem man normalerweise davon ausgeht, dass er normalverteilt ist mit einem Mittelwert von null und einer Standardabweichung $\sigma$.

Die Gleichung für die Ausgleichsgerade lautet dann:

$$\hat{y} = b_0 + b_1 x$$

wobei $\hat{y}$ der voraussichtliche Wert ist. Die Regressionsanalyse ergibt die geschätzten Koeffizienten $b_0$ and $b_1$, sowie deren Standardrestwerte.

In einer mehrfachen Regressionsanalyse werden mehrere $x$s und ein $y$ einbezogen:

$$y = \beta_0 + \beta_1 x_1 + \beta_2 x_2 + \ldots \beta_n x_n + \varepsilon$$

wobei $y$ die Ergebnisvariable, $x_i$ die Variable für die Einsatzfaktoren, $n$ die Anzahl der Einsatzfaktoren, $\beta_0$, $\beta_1$, ..., $\beta_n$ die Regressionskoeffizienten sind und $\varepsilon$ der Restwert, bei dem man davon ausgeht, dass er normalverteilt ist mit einem Mittelwert von null und einer Standardabweichung $\sigma$. Bei der Durchführung einer Regressionsanalyse wird üblicherweise statistische Software angewendet. Microsoft Excel kann hierfür verwendet werden, es wird jedoch empfohlen, Minitab® oder SPSS® zu benutzen.

Im folgenden Beispiel wurde mit Hilfe der Regressionsanalyse die Anzahl erforderlicher Einsatzfaktoren zur Erstellung eines Produkts in einem produktionsfernen Prozess von ca. 20 auf 3 reduziert. Dies führte zu einer starken Vereinfachung des Prozesses, einer wesentlichen Reduzierung der Durchlaufzeit von vier Tagen auf drei Stunden und einer beträchtlichen Kostenreduzierung.

Bei der Regressionsanalyse werden zusätzlich zur Regressionsgleichung und deren Koeffizienten noch weitere Berechnungen durchgeführt. Besonders bedeutend ist die Ermittlung der P-Werte und der T-Werte. Mit Hilfe dieser beiden Werte wird in der Regressionsanalyse die Hypothese, dass der Regressionskoeffizient gleich null ist, getestet. In der Varianzanalyse (ANOVA) werden P-Werte und T-Werte dazu benutzt, um die Hypothese zu testen, dass alle Regressionskoeffizienten, ausser $\beta_0$, gleich null sind. In Abhängigkeit vom gewünschten Signifikanzniveau des Modells und seiner Koeffizienten wird normalerweise eine Indikationsebene von 0.005 oder 0.01 angewendet.

Ein anderer Wert in der Regressionsanalyse ist S, eine Schätzung für $\sigma$, welches die geschätzte Standardabweichung der Datenpunkte von der Ausgleichsgerade ausdrückt. R-Sq ist der sogenannte Determinationskoeffizient, der einen Wert zwischen 0% und 100% annehmen kann. R-Sq(adj) ist der an die Freiheitsgrade angepasste Wert von R-Sq. Wird der Gleichung eine Variable hinzugefügt, wird R-Sq grösser, selbst wenn die hinzugefügte Variable keinen echten Wert besitzt. Um dies auszugleichen, wird oft auch R-Sq(adj) ermittelt.

```
The regression equation is

y = 21.91 + 0.00408 x₁ + 0.00771 x₅ + 0.0504 x₁₂

Predictor        Coef      SE Coef        T        P
Constant      21.90514      0.01260    230.60    0.000
x₁            0.00408242  0.00000879   123.16    0.000
x₅            0.00771278  0.00002738    62.55    0.000
x₁₂           0.0503886    0.0004898    21.21    0.000

S = 0.06049      R-Sq = 95.7%    R-Sq(adj) = 95.6%

Analysis of Variance

Source              DF        SS        MS        F       P
Regression           3    62.441    20.814  5688.56   0.000
Residual Error     774     2.832     0.004
Total              777    65.273

Source      DF    Seq SS
x₁           1    47.656
x₅           1    13.139
x₁₂          1     1.646
```

Abb. 8.17 Ein Verbesserungsprojekt von Scana Stavanger, bei dem Regressionsanalyse angewendet wurde. Die Analyse zeigte, dass von 20 Informationen nur drei erforderlich waren, um ein akzeptables Produkt zu erzielen. Das Projekt führte zu einer Kostenreduzierung von US$ 80000 und einer Reduzierung der Durchlaufzeit von vier Tagen auf drei Stunden.

## 8.9 Regelkarten

Ein sehr wichtiges Werkzeug in der Analyse-, Verbesserungs- und Überprüfungs-Phase der Six Sigma-Verbesserungsmethodik sind Regelkarten. In der Analyse-Phase werden Regelkarten dazu benutzt, um herauszufinden, ob Prozesse vorhersagbar sind, in der Verbesserungs-Phase, um besondere Ursachen von Variation zu identifizieren, sodass Verbesserungsaktivitäten entsprechend darauf ausgerichtet werden können, und in der Überprüfungsphase, um zu verifizieren, dass die Prozessleistung verbessert und vorhersagbar ist. Der Grund, weshalb Regelkarten für Six Sigma-Projekte so nützlich sind, liegt darin, dass sie bei allen drei Arten der Verbesserung von Prozessleistungen angewendet werden können – vorhersagbare Leistung, Reduzierung von Streuung und Verbesserung der Zentrierung.

Das ursprüngliche Konzept der Regelkarte wurde 1924 von Walter A. Shewhart entwickelt und seit dem 2. Weltkrieg in der Industrie in großem Umfang angewendet, insbesondere nach 1980 in Japan und den USA. Es kann als eigenständige Verbesserungsmethodik benutzt werden und wird dann häufig unter der Bezeichnung Statistical Process Control (SPC) angewendet. Sie wird dann häufig als „Statistische Prozessregelung" bezeichnet. Das Prinzip der Regelkarten be-

steht darin, von einem Prozess eine Anzahl Messungen in bestimmten Zeitintervallen zu nehmen. Regelkarten basieren meist auf einer konstanten Anzahl von
Messungen, $n$, für eine Stichprobe und selten auf individuellen Messungen. Die
Stichprobe muss dem Prozess innerhalb eines Stichprobenintervalls entnommen
werden, welches jeweils in Abhängigkeit von der Produktionsrate und den Kosten für das Entnehmen der Stichprobe festgelegt werden muss. Das Intervall
kann sich z.B. an der Anzahl der Durchläufe, der Anzahl produzierter Einheiten, der Anzahl Lose, in Ergänzung zu Stunden oder Kalendertagen, orientieren.
Die Messungen werden auf einer Karte unter Beachtung gewisser Regeln eingetragen, wodurch dann herausgefunden werden kann, ob Variation aufgrund besonderer Ursachen vorliegt.

Es gibt in Abhängigkeit von Art und Menge der zu überwachenden Merkmale
verschiedene Arten von Regelkarten. Sowohl kontinuierliche als auch diskrete
Merkmale können benutzt werden. Bei kontinuierlichen Merkmalen, d.h. kontinuierlichen Daten, werden Regelkarten hauptsächlich für die folgenden drei
Größen erstellt: Mittelwerte der Stichprobe (Mittelwertkarte oder $\bar{x}$-Karte),
Standardabweichung der Stichprobe (Standardabweichungskarte oder s-Karte)
und Spannweite der Stichprobe (Spannweitenkarte oder R-Karte). Es wird häu-
fig ausgeführt, dass die zuerst genannte eine Regelkarte für den Mittelwert ist,
während die zwei letzteren Regelkarten für die Streuung sind. Für diskrete
Merkmale, d.h. attributive Daten, sind die beiden Größen, für die am häufigs-
ten Regelkarten erstellt werden, die Anzahl der Fehler in einer Stichprobe
(Fehleranzahlkarte oder c-Karte) und die Fehlerquote in einer Stichprobe
(Fehlerquotenkarte oder p-Karte). In der Struktur sind alle Regelkarten ähnlich
(Abb. 8.18).

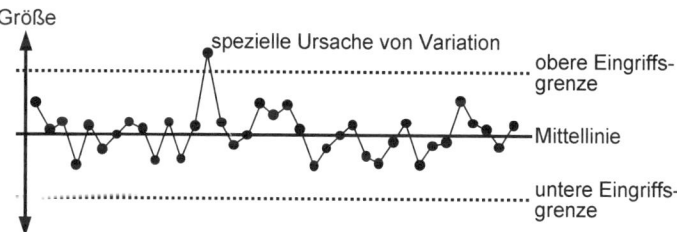

Abb. 8.18 Die Struktur einer Regelkarte mit Eingriffsgrenzen und Mittellinie. Die Größe auf
der Y-Achse kann Durchschnitt, Standardabweichung, Spannweite, Anzahl Fehler und
Bruchfehler von Stichproben sein. Hierbei ist wichtig, dass Eingriffsgrenzen nicht mit Spezifikationsgrenzen verwechselt werden, siehe Anhang B.2 für eine detaillierte Erklärung.

Der Hauptzweck der Anwendung von Regelkarten ist zum einen, die Vorhersagbarkeit der Prozessleistungen zu überprüfen, und zum anderen, die Prozessleistungen zu beobachten und etwaige Variationen aufgrund spezieller Ursachen
aufzudecken. In beiden Fällen müssen die benutzten Regelkarten die gemessenen Daten, eine Mittellinie sowie obere und untere Eingriffsgrenze enthalten
(Abb. 8.19 und 8.20).

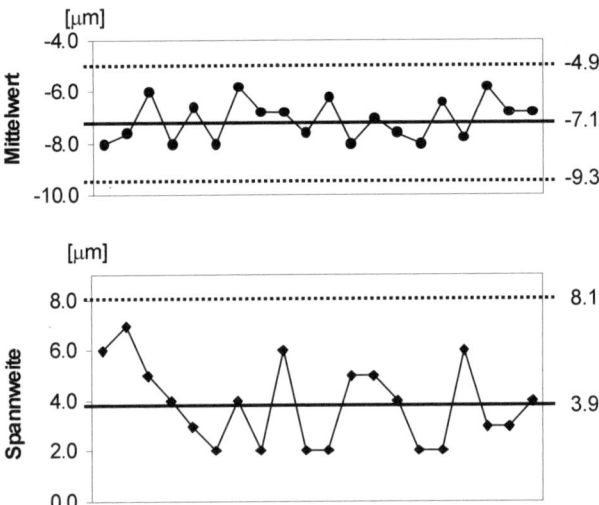

Abb. 8.19 Eine Mittelwertkarte und eine Spannweitenkarte für runde Kugellager in einem SKF-Werk in England. Sie wurden zur Prüfung der Vorhersagbarkeit benutzt und beinhalten 20 Stichproben mit jeweils 5 Messwerten. Die Messwerte wurden am Durchmesser des Bohrlochs des Kugellagers erhoben. Der Durchmesser des Bohrlochs beträgt 75mm und die Werte in der Regelkarte sind die Abweichung in Mikrometer. Die Spezifikationsgrenzen liegen bei 0μm und –16 μm. Die Karten ergaben, dass die Prozessleistung mit der berechneten Mittellinie und den ermittelten Eingriffsgrenzen vorhersagbar ist. Zum Vergleich kann erwähnt werden, dass ein menschliches Haar im Durchmesser ca. 50 μm misst.

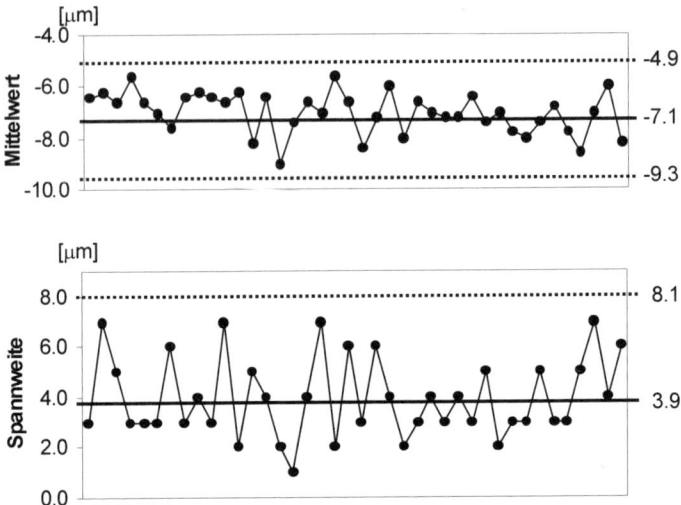

Abb. 8.20 Mittelwertkarte und Spannweitenkarte für den Durchmesser desselben Tonnenlagers wie in Abb.8.19. Hier wurden 2 Wochen lang Messungen durchgeführt, um die Prozessleistung zu beobachten. Die Karten zeigen keine Anzeichen für Variation aufgrund besonderer Ursachen.

Die Entwicklung von Regelkarten kann nach folgenden allgemeinen Schritten erfolgen:

**Schritt 1. Auswahl des zu messenden Produkt-/Prozessmerkmals und der Art der Regelkarte**

Es ist zu entscheiden, welches Prozess- oder Produktmerkmal beobachtet oder auf Vorhersagbarkeit geprüft werden soll. Sind das Merkmal und die Art der Messung festgelegt, kann die passende Regelkarte bestimmt werden.

**Schritt 2. Bestimmen der Stichprobengröße und des Stichprobenintervalls**

Regelkarten werden in den meisten Fällen für eine konstante Anzahl Messungen, $n$, erstellt. Es gibt jedoch auch Regelkarten für Stichproben mit nur einem Wert, üblicherweise die x-Karte und die mR-Karte, wobei x für den einzelnen Wert und mR für die variierende Spannweite zwischen zwei aufeinanderfolgenden Messungen steht. Die Stichproben müssen dem Prozess zu vorher bestimmten Zeitpunkten entnommen werden. Diese Zeitpunkte werden in Abhängigkeit von der Produktionsrate und den Kosten für die Entnahme einer Stichprobe festgelegt. In langfristigen Produktionen empfahl Shewhart ursprünglich eine Stichprobe pro „natürlicher Untergruppe", d.h. eine Stichprobe pro Produktionssequenz, da es dadurch am unwahrscheinlichsten ist, dass neue besondere Ursachen von Variation eintreten können. In der modernen nachfragegesteuerten Produktion ist es nicht einfach, diesem Rat zu folgen, man sollte ihn jedoch im Hinterkopf behalten.

Was die Größe der Stichproben angeht, so ist für kontinuierliche Daten eine Stichprobe von 4, 5 oder 6 Messungen üblich. Der Hauptgrund hierfür ist, dass eine geringere Anzahl von Messungen nicht genau genug ist und eine größere

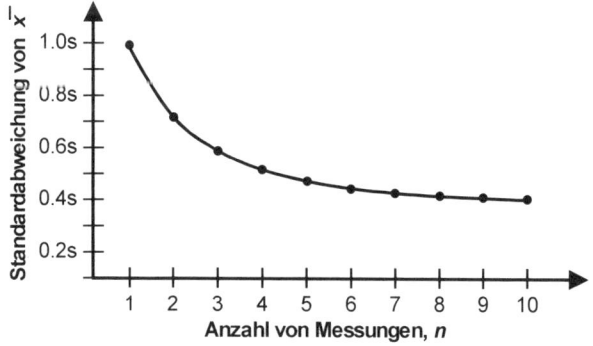

Abb. 8.21 Die Standardabweichung einer Verteilung von Durchschnittswerten von Stichproben als eine Funktion von n, der Anzahl der Messungen in der Stichprobe bei kontinuierlichen Daten. Die Abbildung zeigt, dass mit steigender Stichprobenanzahl (z.B. größer 7) die Genauigkeit nicht wesentlich zunimmt.

Anzahl von Messungen nicht zu höherer Genauigkeit führt (Abb. 8.20). Herkömmlich wird eine Stichprobengröße von 5 gewählt. Die Stichprobengröße für attributive Daten ist erheblich größer als für kontinuierliche Daten und hängt von der Fehlerquote des jeweiligen Prozesses ab.

**Schritt 3. Berechnen der Eingriffsgrenzen und der Mittellinie**

Alle Regelkarten haben eine obere und eine untere Grenze, die anzeigen, wenn im Prozess Variation aufgrund besonderer Ursachen auftritt. Diese Grenzen werden Eingriffsgrenzen genannt. Häufig wird zwischen diesen Eingriffsgrenzen eine Mittellinie gezogen. Eingriffsgrenzen unterscheiden sich von Spezifikationsgrenzen dadurch, dass die zuletzt genannten vorbestimmte Anforderungen an den Prozess darstellen und die zuerst genannten von der tatsächlichen Prozessleistung stammen. Normalerweise werden Eingriffsgrenzen von $\pm 3\sigma$ (Standardabweichungen) benutzt, da dadurch 99.73% aller Abweichungen aufgrund besonderer Ursachen abgedeckt werden. Alle Messungen außerhalb der Eingriffsgrenzen zeigen dann korrekterweise Variation aufgrund besonderer Ursachen mit einer Wahrscheinlichkeit von 99.73% an. Nur in 0.27% der Fälle werden Messungen außerhalb der Eingriffsgrenzen Variation aufgrund allgemeiner Ursachen aufzeigen.

Zur Ermittlung der Eingriffsgrenzen und der Mittellinie müssen Stichproben der Größe $n$ zu vorbestimmten Zeitpunkten entnommen werden. Um eine statistisch korrekte Berechnung der Eingriffsgrenzen vornehmen zu können, muss eine bestimmte Anzahl Stichproben, $k$, entnommen werden. Eine Richtgröße hierfür sind 20–25 Stichproben. Die am meisten angewandten Regelkarten werden in Tabelle 8.2 gezeigt. Die Konstanten, die zur Berechnung der Eingriffsgrenzen und der Mittellinie der verschiedenen Regelkarten erforderlich sind, sind in Anhang E.5 enthalten.

| Stichprobe (Messungen) | Kontinuierliche Merkmale | | | Diskrete Merkmale | |
|---|---|---|---|---|---|
| | Mittel-wert | Spann-weite | Standard-abweichung | Fehler-quote | Fehler-anzahl |
| $1\ (x_{11}, x_{12}, ..., x_{1n})$ | $\overline{x}_1$ | $R_1$ | $s_1$ | $p_1$ | $c_1$ |
| $2\ (x_{21}, x_{22}, ..., x_{2n})$ | $\overline{x}_2$ | $R_2$ | $s_2$ | $p_2$ | $c_2$ |
| $3\ (x_{31}, x_{32}, ..., x_{3n})$ | $\overline{x}_3$ | $R_3$ | $s_3$ | $p_3$ | $c_3$ |
| ... | ... | | | | |
| $k\ (x_{k1}, x_{k2}, ..., x_{kn})$ | $\overline{x}_k$ | $R_k$ | $s_k$ | $p_k$ | $c_k$ |
| Mittelwert | $\overline{\overline{x}}$ | $\overline{R}$ | $\overline{s}$ | $\overline{p}$ | $\overline{c}$ |
| obere Eingriffsgrenze (OEG) | $\overline{\overline{x}} + A_2 * \overline{R}$ or $\overline{\overline{x}} + A_3 * \overline{s}$ | $D_4 * \overline{R}$ | $B_4 * \overline{s}$ | $\overline{p} + 3\sqrt{\dfrac{\overline{p}(1-\overline{p})}{n}}$ | $\overline{c} + 3\sqrt{\overline{c}}$ |
| untere Eingriffsgrenze (UEG) | $\overline{\overline{x}} - A_2 * \overline{R}$ or $\overline{\overline{x}} - A_3 * \overline{s}$ | $D_3 * \overline{R}$ | $B_3 * \overline{s}$ | $\overline{p} - 3\sqrt{\dfrac{\overline{p}(1-\overline{p})}{n}}$ | $\overline{c} - 3\sqrt{\overline{c}}$ |
| Mittellinie (ML) | $\overline{\overline{x}}$ | $\overline{R}$ | $\overline{s}$ | $\overline{p}$ | $\overline{c}$ |

Tab. 8.2 Berechnung der Eingriffsgrenzen für Mittelwertkarten, Spannweitenkarten, Standardabweichungskarten, Bruchkarten und Fehleranzahlkarten. Die Konstanten $B_3$, $B_4$, $D_3$ und $D_4$ beziehen sich auf die Größe der Stichprobe (Anhang E.5) und werden benutzt, wenn die Standardabweichung für die Gesamtmenge, $\sigma$, unbekannt ist. Wenn für einen Prozess $\sigma$ bekannt ist, was selten vorkommt, werden andere Konstanten angewendet.

Es wurde bereits erwähnt, dass es Regelkarten für Stichproben mit einem einzigen Wert gibt. In diesen Fällen wird normalerweise eine x Karte in Kombination mit einer variierenden Spannweitenkarte, mR-Karte, verwendet. Bei der mR-Karte wird davon ausgegangen, dass die Messungen aus einer Stichprobe mit 2 Messungen stammen, und die vorhergehende Messung wird dann dazu benutzt, um die Spannweite zu berechnen. Z.B. für $n$ einzelne Messungen:

$$x = x_1, x_2, ..., x_n$$

Die folgenden Formeln dienen zur Berechnung der Mittellinie und der Eingriffsgrenzen in der x-Karte, wobei $d_2$ eine Konstante ist, die bei einer Stichprobengröße von 2 gleich 1,128 ist (Anhang E.5).

$$ML_x = \bar{x} = \frac{\sum_{i=1}^{n} x_i}{n}$$

$$OEG_x = \bar{x} + \frac{3}{d_2} * \overline{mR} = \bar{x} + 2.660 * \overline{mR}$$

$$UEG_x = \bar{x} - \frac{3}{d_2} * \overline{mR} = \bar{x} - 2.660 * \overline{mR}$$

In einer mR-Karte werden die Mittellinie und die Eingriffsgrenzen wie folgt berechnet:

$$ML_{mR} = \overline{mR} = \frac{\sum_{i=2}^{n}(x_i - x_{i-1})}{n-1}$$

$$OEG_{mR} = D_4 * \overline{mR} = 3.267 * \overline{mR}$$

$$UEG_{mR} = D_3 * \overline{mR} = 0 * \overline{mR} = 0$$

**Schritt 4. Zeichnen der Regelkarte und Prüfung, ob Variation aufgrund besonderer Ursachen vorliegt**

Die Regelkarte mit den Eingriffsgrenzen und der Mittellinie kann nun gezeichnet werden. Die Stichproben, die zur Berechnung der Eingriffsgrenzen benutzt wurden, werden dann auf der Karte abgebildet, um herauszufinden, ob diese Variation aufgrund besonderer Ursachen enthalten. Variation aufgrund besonderer Ursachen liegt dann vor, wenn eine der folgenden fünf Alarm-Regeln zutrifft:

Regel 1. Ein einziger Punkt liegt außerhalb der Eingriffsgrenzen.

Regel 2. Zwei von drei aufeinanderfolgenden Punkten liegen außerhalb der $2\sigma$ Grenze auf derselben Seite der Mittellinie.

Regel 3. Vier von fünf Punkten liegen außerhalb der $1\sigma$ Grenze auf derselben Seite der Mittellinie.

Regel 4. Sieben oder mehr aufeinanderfolgende Punkte liegen auf derselben Seite der Mittellinie.

Regel 5. Eine Reihe von acht oder mehr aufeinanderfolgenden Punkten liegt über oder unter der Mittellinie oder zeigt einen Trend nach oben oder unten.

Trifft keine der fünf genannten Alarm-Regeln zu, kann davon ausgegangen werden, dass im betreffenden Prozess nur Variation aufgrund allgemeiner Ursachen auftritt, und der Prozess gilt somit als vorhersagbar. Ist die Regelkarte für einen Prozess erstellt, kann diese zur Beobachtung des Prozesses benutzt werden, und die zukünftigen Messungen können nach und nach eingetragen werden. Hierfür gelten ebenso die fünf Alarm-Regeln sowie eine weitere Regel:

Regel 6. Acht oder mehr aufeinanderfolgende Punkte im R-Diagramm, mR-Diagramm oder im s-Diagramm, die unter der Mittellinie liegen, zeigen an, dass die Variation im Prozess reduziert und somit eine Prozessverbesserung realisiert worden ist.

Trifft eine oder mehrere der Alarm-Regeln 1–5 zu, wird dadurch angezeigt, dass der Prozess nicht länger vorhersagbar ist. Trifft jedoch Regel 6 zu und ist die Ursache der Verbesserung identifizierbar, so hat eine Prozessverbesserung stattgefunden, und in diesem Zusammenhang kommt die Regelkarte in der Verbesserungsphase der Six Sigma-Verbesserungsmethodik zur Anwendung.

**Kommentare und Literaturhinweise**

Die Sieben Qualitätswerkzeuge werden umfassend in einer Anzahl Publikationen und Computerprogrammen erläutert. Wir haben uns bei unseren Ausführung hauptsächlich auf „*Quality –From Customer Needs to Customer Satisfaction*" von Bergman und Klefsjö, 1994, gestützt. Andere sehr gute Quellen hierfür sind „*Guide to Quality Control*" von Kaoru Ishikawa, 1982, und „*Modern Methods for Quality Control and Improvement*" von Harrison M. Wadsworth, Kenneth S. Stephens und A. Blanton Godfrey, 1986. Regelkarten werden ausführlich behandelt in „*Understanding Statistical Process Control*" von Donald J. Wheeler und David S. Chambers, 1992.

In einer in den 90er Jahren in *Quality Progress* veröffentlichten und lesenswerten Artikelreihe mit dem Titel „The Seven QC-tools" wird die Anwendung der Sieben Qualitätswerkzeuge zur Problemlösung beschrieben. Bezüglich der Anwendung technischer Flussdiagramme zur Reduzierung von Durchlaufzeit und Nutzungsgrad haben wir uns stark auf das äußerst empfehlenswerte Arbeitsbuch „*Learning to See. Value Stream Mapping to Create Value and Eliminate Muda*" von Mike Rother und John Shook, 1999, gestützt.

Eine andere nützliche Sammlung von Werkzeugen, die in Teilen für die Six Sigma-Arbeit von praktischer Bedeutung ist, sind die Sieben Managementwerkzeuge, oder die „Sieben Neuen Qualitätswerkzeuge", wie sie S. Mizuno in seinem Buch von 1988, „*Management for Quality Improvement. The Seven New QC Tools*", nennt. Die Sieben Werkzeuge sind: Affinitätsdiagramm, Relationsdiagramm, Baumdiagramm, Matrixdiagramm, Matrix-Daten-Analyse, Problem-Entscheidungs-Plan und Netzplan. Die Werkzeuge werden in den Fällen angewendet, wo eine Analyse von qualitativen Daten erforderlich ist, z.B. in Brainstormingsitzungen. Für eine kurze Beschreibung dieser Werkzeuge und ihrer Anwendung im Verbesserungsprozess siehe auch „*Quality – from Customer Needs to Customer Satisfaction*" von Bo Bergman und Bengt Klefsjö von 1994 (schwedische Ausgabe von 1995).

# 9    Quality Function Deployment

*Der erste Schritt eines Ingenieurs im Bestreben,*
*diese [Kunden] Wünsche zu befriedigen, besteht daher darin,*
*diese Wünsche so gut wie möglich in physische Eigenschaften*
*des zur Befriedigung dieser Wünsche herzustellenden Produktes umzusetzen.*
Walter A. Shewhart, 1931

Quality Function Deployment (QFD) ist eine strukturierte Technik, um sicher-zustellen, dass Kundenanforderungen in das Design von Produkten und Prozes-sen einfließen. Leider werden diese wichtigen Übertragungen viel zu oft als iso-lierte Vorgänge behandelt. Getrennte Abteilungen konzentrieren sich auf eine bemerkenswerte technische Perfektion, die allerdings nicht die Anforderungen berücksichtigt, welche die Kunden als kritisch betrachten, um mit dem Produkt zufrieden zu sein. Quality Function Deployment umfasst auch den Vergleich mit konkurrierenden Unternehmen und deren Fähigkeit, dieselben Anforderungen zu erfüllen. Es eignet sich gut für die Anwendung in funktionsübergreifenden Teams und ist ein formalisiertes Kommunikationsmittel.

In Six Sigma wird Quality Function Deployment hauptsächlich in Verbesse-rungsprojekten der Entwicklung von Produkten und Prozessen angewendet. Es ermöglicht, die Kundenanforderungen in Produkt- und Prozessmerkmale ein-schließlich eines Zielwertes umzusetzen. Das Werkzeug dient innerhalb von Six Sigma dazu, die Kunden-kritischen Merkmale zu identifizieren, die beobachtet und in das Messsystem integriert werden sollten.

Quality Function Deployment wurde in den späten 60er Jahren in Japan von Mizuno (1910–1989) und Yoji Akao (1928–) entwickelt. Es wurde erstmals 1972 in der Werft von Mitsubishi Heavy Industry in Kobe angewendet und ei-nige Jahre später folgte die japanische Autoindustrie. Im Westen benutzte die Autoindustrie das Werkzeug erst Mitte der 1980er Jahre. Seither hat es in vielen Ländern quer über alle Branchen hinweg eine weite Verbreitung gefunden. Eine mit Quality Function Deployment verwandte Technik ist Failure Mode and Ef-fect Analysis, FMEA. Sie umfasst eine systematische Überprüfung von Produkt- und Prozessmerkmalen und stellt sicher, dass Fehlermöglichkeiten und die Fol-gen von Fehlern analysiert und untersucht werden und Maßnahmen ergriffen werden. FMEA wird in Kapitel 9.4 erläutert.

Obwohl Quality Function Deployment hauptsächlich dazu benutzt wird, Kun-denanforderungen systematisch aufzuzeichnen und umzusetzen, ist dies nicht die einzige Anwendungsmöglichkeit. QFD kann auch dazu benutzt werden, Ergebnisse von Kundenbefragungen umzusetzen, Marktpreise in Produkt- und Prozesskosten sowie Unternehmensstrategien in Unterziele für Abteilungen und Arbeitsbereiche zu übersetzen.

Die Methode kann in vier Phasen eingeteilt werden (Abb. 9.1). Diese vier Phasen sind bereits umfangreich in der Praxis angewendet worden, besonders in der Automobilindustrie.

Phase 1. Marktanalyse zum Aufspüren von Anforderungen, die für Kunden derzeit in Bezug auf die Zufriedenheit mit dem Produkt/Prozess kritisch sind, Einschätzung der Wettbewerber hinsichtlich der gleichen Anforderungen und deren Übersetzung in Produktmerkmale.
Phase 2. Übersetzung kritischer Produktmerkmale in Komponentenmerkmale, d. h. in Produktteile.
Phase 3. Übersetzung kritischer Komponentenmerkmale in Prozessmerkmale.
Phase 4. Übersetzung kritischer Prozessmerkmale in Produktionsmerkmale, d. h. Erstellen von Arbeits- und Prüfanweisungen.

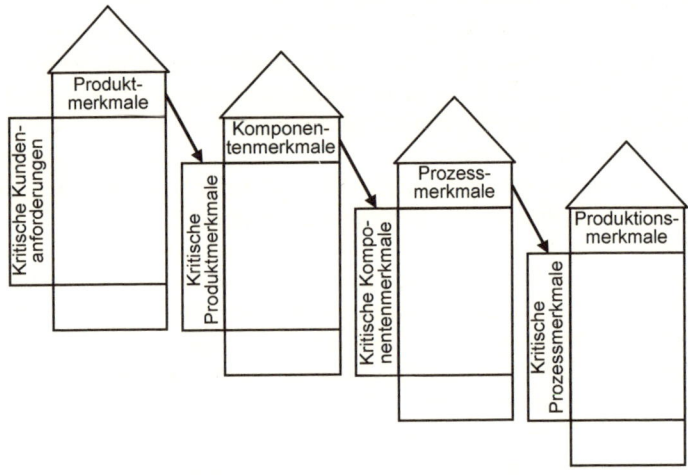

Abb. 9.1 Die vier Phasen der Übersetzung in Quality Function Deployment, von kritischen Kundenanforderungen in Produkt-, Komponenten-, Prozess- und Produktionsmerkmale.

Die vier Phasen umfassen fünf Standardeinheiten der Analyse, die immer in der folgenden Reihenfolge umgesetzt werden: Kundenanforderungen, Produkteigenschaften, Komponenteneigenschaften, Prozesseigenschaften und Produktionseigenschaften. Der Detaillierungsgrad steigt daher ausgehend von generellen Kundenanforderungen zu detaillierten Produktionseigenschaften. In jeder Phase liegt das Hauptaugenmerk auf der Übersetzung von einer Analyseeinheit, dem so genannten „Was", in die andere detailliertere Analyseeinheit „Wie". „Was" und „Wie" ergeben sich aus den bereits beschriebenen vier Phasen der Übersetzung, können jedoch auch tabellarisch dargestellt werden (Tabelle 9.1).

| Phase | „Was" | „Wie" |
|-------|-------|-------|
| 1 | Kritische Kundenanforderungen | Produktmerkmale |
| 2 | Kritische Produktmerkmale | Kompomemten-merkmale |
| 3 | Kritische Komponenten-merkmale | Prozessmerkmale |
| 4 | Kritische Prozessmerkmale | Produktionsmerkmale |

Tab. 9.1 Die verschiedenen „Was" und „Wie" in den vier Übersetzungsphasen.

Die in QFD benutzte Grundmatrix, die einem Haus ähnlich ist, enthält elf Elemente und dient dazu, die Ergebnisse jeder der vier Übersetzungsphasen von QFD zu dokumentieren (Abb. 9.2). Die Grundmatrix wird unten anhand eines Beispiels von SKF dargestellt (Abb. 9.3) und zeigt die systematische Übersetzung von Kundenanforderungen in Produktanforderungen.

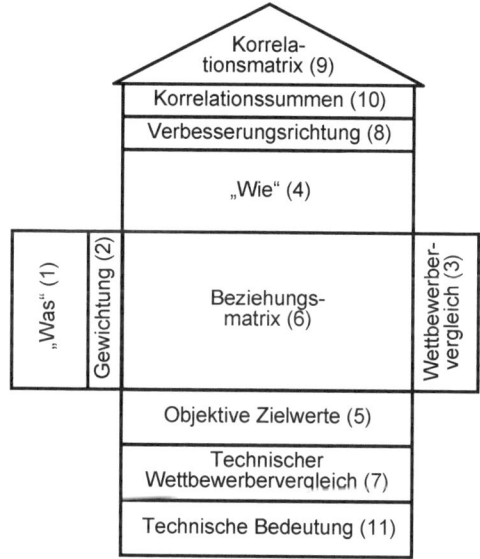

Abb. 9.2 Die Basisstruktur der QFD-Matrix mit den elf Hauptelementen. Die Zahlen in Klammern zeigen die Reihenfolge an, in der die einzelnen Elemente der Matrix vervollständigt werden. Die Matrix wird oft auch als „House of Quality" bezeichnet.

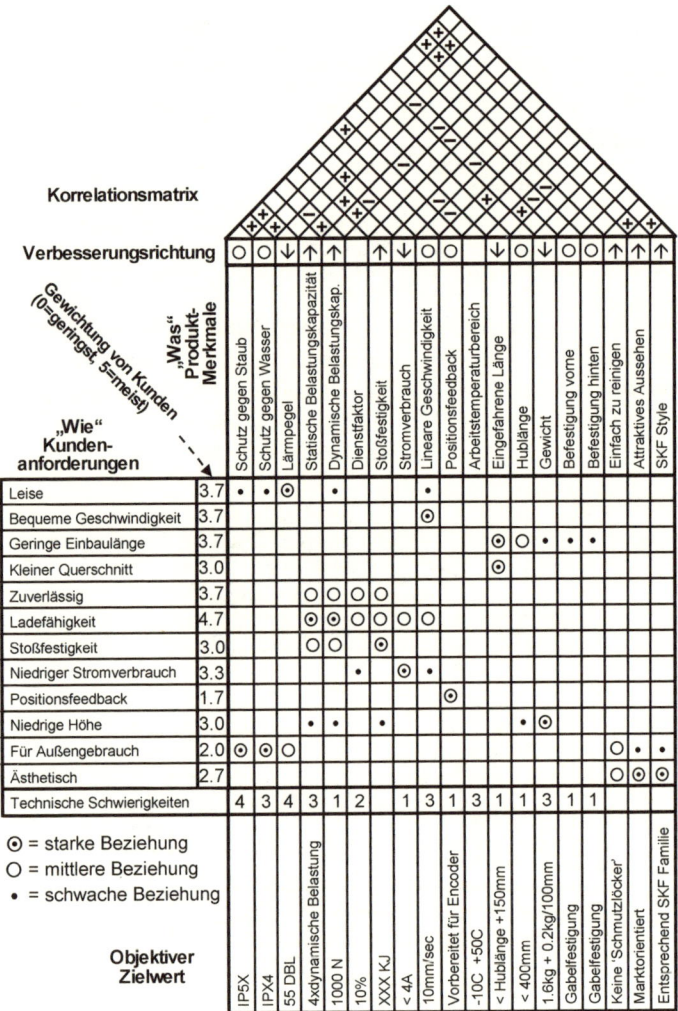

Abb. 9.3 Beispiel einer erfolgreichen Anwendung von QFD bei SKF in Schweden. Es zeigt, wie Kundenanforderungen für einen Zylindersteller in Produktmerkmale übersetzt werden. Der Zylindersteller ist ein elektro-mechanisches Antriebsgerät. In diesem Fall wird es in einem elektrischen Rollstuhl zur Steuerung verschiedener Funktionen, wie z. B. der Anpassung der Sitzhöhe oder Fußstützenposition, benutzt.

## 9.1 Die elf Elemente der QFD-Matrix (Felder des House of Quality)

Die ersten drei Elemente des House of Quality beziehen sich auf die Fragestellung nach dem „Was", während sich die restlichen acht Elemente auf die Fragestellungen nach dem „Wie" richten und insbesondere darauf, die kritischen Merkmale für das „Wie" herauszufinden. Nachfolgend geben wir einen allgemeinen Überblick über die elf Elemente einer QFD-Matrix und darüber, wie die kritischen „Wies", die das Hauptergebnis jeder Matrix darstellen, identifiziert werden können.

### Element 1. Was

Zu Beginn müssen die „Was" identifiziert und in die Matrix aufgenommen werden. Der Inhalt der „Was" hängt davon ab, in welcher Phase der Transformation man sich befindet (Tab. 9.1), und können Kundenanforderungen, Produkteigenschaften, Komponenteneigenschaften oder Prozesseigenschaften sein. Die in Phase eins benötigten Kundenanforderungen kommen direkt von den Kunden oder werden aus Gesprächen mit den Kunden abgeleitet. Das Ergebnis wird manchmal auch als „die Stimme des Kunden" bezeichnet. In den drei anderen Phasen werden die „Was" auf Grundlage der jeweils vorhergehenden Übersetzungsphase identifiziert. Z.B. werden zur Identifizierung der „Was" in Phase 2 die in Phase 1 ermittelten Produktmerkmale benutzt, d.h. sie sind die „Was" der Phase 2. Sind die „Was" identifiziert, sollten die kritischsten unter ihnen in das Element 1 der Matrix aufgenommen werden. Hierbei ist es ratsam, nicht mehr als 10 „Was" aufzunehmen, da die Matrix sonst sehr komplex wird.

Zur späteren Identifikation ist es ratsam, jedem „Was" eine eindeutige Nummer zuzuteilen, wofür die Zeilennummer, $i$, der Matrix verwendet werden kann.

$$i = 1, 2, ..., n_r$$

wobei $n_r$ die Anzahl der Zeilen und damit auch die Anzahl der „Was" ist,

### Element 2. Gewichtung

In der ersten Phase wird der Kunde auch nach der Wichtigkeit jeder seiner genannten Anforderungen befragt, welche als absolutes Gewicht, $I_{absolutes\_Was\_i}$, bezeichnet wird. In den anderen drei Phasen gibt die jeweils vorhergehende Phase einen Wert für das absolute Gewicht eines jeden „Was" vor. In allen vier Phasen muss jedoch das relative Gewicht jedes einzelnen „Was" ermittelt werden, da dieses das Gewicht auf einer Standardskala angibt. Dies erfolgt, indem die „Was" zuerst entsprechend ihrem absoluten Gewicht in aufsteigender Reihenfolge geordnet werden.

$$g = 1, 2, ..., n_g$$

Hier ist $n_g$ die Anzahl der geordneten „Was", wobei 1 das am wenigsten wichtige und $n_g$ das wichtigste anzeigt.
Das „Was" mit dem größten absoluten Gewicht, d.h. $g = n_g$, wird als $I_{absolutes\_Was\_max}$ bezeichnet. Die relative Bedeutung wird dann durch Normalisierung der absoluten Werte ermittelt, z. B. auf einer Skala von 0 bis 10:

$$I_{relatives\_Was\_i} = \frac{10 * I_{absolutes\_Was\_i}}{I_{absolutes\_Was\_max}}$$

Jedem „Was" wird nun die relative Bedeutung zugefügt.

**Element 3. Wettbewerbsbewertung Kundensicht**

Nun kann verglichen werden, wie gut Wettbewerber und das eigene Unternehmen die einzelnen „Was" erfüllen. Handelt es sich bei den „Was" um Kundenanforderungen, so werden für diesen Vergleich üblicherweise Kunden befragt. Für die drei anderen Arten von „Was" – Produkteigenschaften, Komponenteneigenschaften und Prozesseigenschaften – wird der Vergleich üblicherweise von dem Team vorgenommen, das mit der Durchführung von QFD betraut ist.
Eine Möglichkeit der Bewertung von Wettbewerbern, $E_{Wettbewerber\_Was\_i}$, und des eigenen Unternehmens, $E_{Selbst\_Was\_i}$, besteht in der Anwendung einer Skala von 1 = „sehr schlecht" bis 5 = „sehr gut".
Sowohl für die Werte der Wettbewerber als auch des eigenen Unternehmens können dann die relativen Gewichte ermittelt werden, um somit die Aussagekraft der unterschiedlichen Werte der einzelnen „Was" besser zu verstehen.

$$E_{Wettbewerber\_gewichtet\_Was\_i} = I_{relatives\_Was\_i} * E_{Wettbewerber\_Was\_i}$$

$$E_{Selbst\_gewichtet\_Was\_i} = I_{relative\_Was\_i} * E_{Selbst\_Was\_i}$$

**Element 4. Wie**

Für jedes „Was" sollten ein oder mehrere „Wies" gefunden und beschrieben werden. Dies ist eines der Kernstücke von QFD und sollte mit großer Sorgfalt ausgeführt werden. In allen vier Phasen wird dies durch das unternehmenseigene Team, das für QFD verantwortlich ist, durchgeführt. Kunden können hierzu nur selten etwas beitragen, da sie nicht genug technisches Wissen in Bezug auf die Prozesse und Produkte besitzen.
Zur Identifikation ist es wiederum ratsam, jedem „Wie" eine eindeutige Nummer zuzuordnen, und hierfür kann zweckmäßigerweise die Spaltennummer, $j$, in der Matrix verwendet werden

$$j = 1, 2, ..., n_c$$

wobei $n_c$ die Anzahl der Spalten und somit Anzahl der „Wies" ist.

## Element 5. Zielwert

Für jedes einzelne „Wie" wird dann ein Zielwert festgelegt, der hier als $T_j$ bezeichnet wird. Ein Zielwert ist ein quantifizierbarer Wert, d.h. der Sollwert der Verteilung. Er ist die Basis für Entscheidungen im Hinblick auf erforderliche Verbesserungen.

## Element 6. Beziehungsmatrix

Jedes „Was" wird dann zu einem oder mehreren „Wies" in Beziehung gesetzt. Jede Beziehung wird als $W_{ij}$ bezeichnet, wobei $i$ die Zeilennummer und $j$ die Spaltennummer in der Matrix ist. Eine allgemein anerkannte Skala zur Anzeige von Beziehungen ist 9, 3 und 1, wobei

9 = starke Beziehung
3 = mittlere Beziehung
1 = schlechte Beziehung

Die Beziehungsmatrix ist verständlicherweise sehr wichtig, da sie die „Was" mit den „Wies" verbindet.

## Element 7. Wettbewerbsbewertung Technische Sicht

Für jede Eigenschaft der „Wies" kann ein Vergleich mit den Wettbewerbern vorgenommen werden, um herauszufinden, wie gut deren Leistungen sind. Die Bewertung der Wettbewerber, $E_{\text{Wettbewerber\_Wie}\_j}$, und des eigenen Unternehmens, $E_{\text{selbst\_Wie}\_j}$, kann auf einer Skala von 1 = „sehr schlecht" bis 5 = „sehr gut" erfolgen.

## Element 8. Verbesserungsrichtung

Auf Basis des Zielwertes und der Wettbewerbsanalyse kann für jedes Merkmal des jeweiligen „Wies" die Verbesserungsrichtung bestimmt werden. Üblicherweise wird eine Erhöhung mit „↑", keine Änderung mit „O" und eine Verminderung mit „↓" bezeichnet. Dies trägt dazu bei, die „Wies" besser zu verstehen.

## Element 9. Beziehungsmatrix

In der Korrelationsmatrix werden die Korrelationen zwischen den Merkmalen der „Wies" identifiziert. Dazu werden jeweils zwei Merkmale miteinander verglichen, bis alle möglichen Kombinationen durchgespielt sind. Positive Korrelationen werden normalerweise mit „+1" und negative Korrelationen mit „−1" bezeichnet. Positive Korrelation bedeutet, dass ein Anstieg des einen Merkmals einen Anstieg des anderen Merkmals zur Folge hat und eine Reduktion des einen Merkmals zu einer Reduktion des anderen Merkmals führt. Bei negativer Korrelation führt ein Anstieg bei einem Merkmal zu einer Reduktion beim anderen Merkmal und umgekehrt. Es muss nicht notwendigerweise zwischen allen Elementen eine Korrelation bestehen.

**Element 10. Korrelationssummen**

Durch Addition der zusammengehörigen Koordinaten kann dann die Korrelationssumme für jedes „Wie", $S_j$, ermittelt werden (Abb. 9.4).

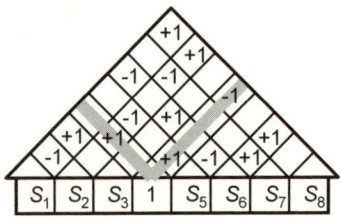

Abb. 9.4 Die zusammengehörenden Koordinaten zur Berechnung der Korrelationssumme für ein bestimmtes Merkmal; in der Abbildung ist $S_4$, markiert.

Die sich ergebende Summe zeigt an, wie sich die Verbesserung eines bestimmten Merkmals auf die anderen Merkmale auswirkt, sowohl positiv wie auch negativ. Eine hohe positive Zahl bedeutet, dass das Merkmal verbessert werden kann, ohne dass davon das gesamte Design negativ beeinflusst wird. Eine hohe negative Zahl bedeutet, dass sich eine Verbesserung dieses Merkmals stark negativ auf die anderen Merkmale auswirkt.

**Element 11. Gewichtung**

Das letztendlich ermittelte Ergebnis zeigt an, welche „Wies" kritisch sind. Die kritischen „Wies" werden durch Schätzung und Berechnung ermittelt. Generell sind die kritischen „Wies" jene, die eine starke Beziehung zu den „Was", Verbesserungspotenzial im Vergleich zu den Wettbewerbern und eine hohe positive Korrelationssumme haben.

Die relative Gewichtung eines jeden „Wie", $I_{relatives\_Wie\_j}$, wird durch Berechnung ermittelt. Dies erfolgt, indem zuerst das absolute Gewicht eines jeden „Wies" berechnet wird

$$I_{absolutes\_Wie\_j} = \sum I_{relatives\_Was\_i} * W_{ij}$$

wobei $I_{relatives\_Was\_i}$ bereits in Element 2 und der Beziehungswert, $W_{ij}$, bereits in Element 6 berechnet wurde.

Oft wird dieses absolute Gewicht jedes „Wie" in das relative Gewicht umgerechnet, $I_{relatives\_Wie\_j}$. Dies erfolgt durch Normalisierung des absoluten Gewichts, z. B. auf einer Skala von 0 bis 10:

$$I_{relatives\_Wie\_j} = \frac{10 * I_{absolutes\_Wie\_j}}{I_{absolutes\_Wies\_max}}$$

$I_{absolutes\_Wie\_j}$ ist das absolute Gewicht des „Wie" Nummer $j$, und $I_{absolutes\_Wie\_max}$ ist das maximale absolute Gewicht aller „Wies".

Die „Wies" mit den höchsten Werten des relativen Gewichts $I_{relatives\_Wie\_j}$ sind kritische Eigenschaften. An dieser Stelle ist häufig die Anwendung eines Pareto-Diagramms hilfreich. Die Ermittlung der kritischen „Wies" ist der wichtigste Beitrag einer QFD-Matrix. Sie liefert eine Menge an Informationen und ermöglicht den Übergang zur nächsten Übersetzungsphase.

Bei der Identifizierung der kritischen „Wies" kann es manchmal nützlich sein, auch die Wettbewerbsanalyse, $E_{Wettbewerber\_Wie\_j}$, und die Analyse des eigenen Unternehmens, $E_{selbst\_Wie\_j}$, einzubeziehen. Die aktuelle Fähigkeit eines Unternehmens bezüglich der einzelnen „Wies" kann dann mit der relativen Wichtigkeit $I_{relatives\_Wie\_j}$ multipliziert und verglichen werden. Manche beziehen sogar die relative Schwierigkeit, die verschiedenen „Wies" zu verbessern, mit ein und benutzen dies als einen weiteren Punkt in der Analyse der kritischen „Wies".

## 9.2 Das Kugelschreiber-Beispiel, Phase 1

Nehmen wir das Beispiel eines Kugelschreibers aus Metall (Abb. 9.5). Kunden haben vielfältige Wünsche und Bedürfnisse. Die bedeutendsten Anforderungen aus der Sicht der Kunden fließen in die Übersetzungsphase 1 ein. Zur Bestimmung der bedeutendsten Anforderungen kann ein Pareto-Diagramm verwendet werden.

In der obigen Matrix wird sichtbar, dass Form, Materialhärte, Länge, giftiges Material, Gewicht und Materialart alle Produkteigenschaften mit hohem relativem Gewicht, $I_{relatives\_Wie\_j}$, sind. Zur Erfüllung der Kundenanforderungen ist es wichtig, diese Eigenschaften zu verbessern. Die nächsten drei Phasen helfen dabei, Bereiche für Verbesserungen zu identifizieren.

## 9.3 Die vier Übersetzungsphasen im Detail

Die vier Phasen von Quality Function Deployment stellen ein sehr wirkungsvolles Verfahren dar, Kundenanforderungen in kritische Produkt- und Prozesseigenschaften zu übersetzen. Phase 1 muss immer absolviert werden, während die Durchführung der anderen drei Phasen von der Zielsetzung des jeweiligen Falles abhängt, d.h. ob die Bestimmung von Komponenten-, Prozess- oder Produkteigenschaften nützlich ist oder nicht.

**Phase 1. Von Kundenanforderungen zu Produkteigenschaften**

Die Phase 1 von Quality Function Deployment ist die wichtigste aller vier Phasen und erfordert auch den größten Ressourceneinsatz. Sie liefert die Basis für die anderen Phasen. Zuerst müssen Marktanalysen durchgeführt werden, um Informationen über die Kundenanforderungen für ein bestimmtes Produkt zu erhalten. Kunden werden gebeten, ihre Anforderungen zu spezifizieren, zu bewerten und sie mit Wettbewerbern zu vergleichen.

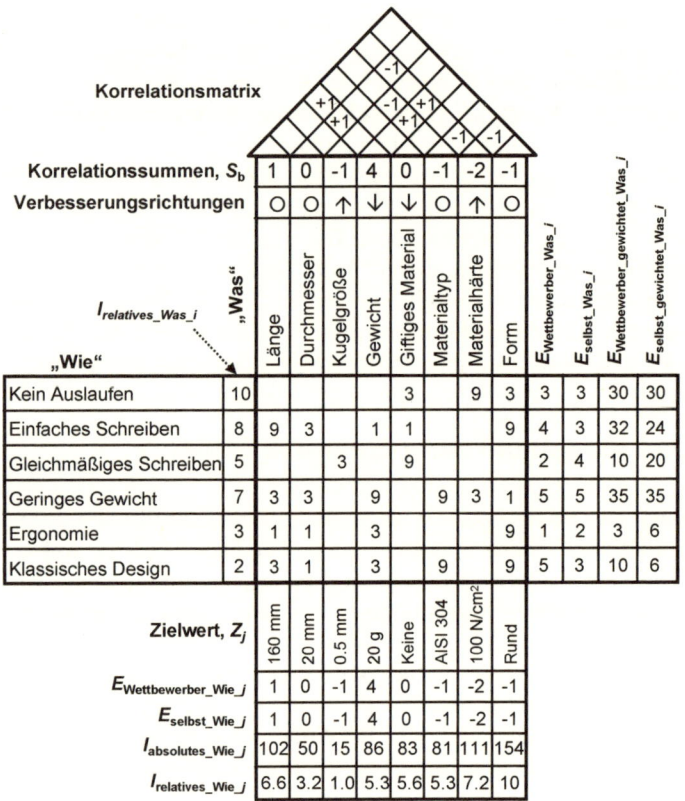

Abb. 9.5 Übersetzungsphase 1 im Kugelschreiber-Beispiel.

| „Wie" / $I_{relatives\_Was\_i}$ | | Länge | Durchmesser | Kugelgröße | Gewicht | Giftiges Material | Materialtyp | Materialhärte | Form | $E_{Wettbewerber\_Was\_i}$ | $E_{selbst\_Was\_i}$ | $E_{Wettbewerber\_gewichtet\_Was\_i}$ | $E_{selbst\_gewichtet\_Was\_i}$ |
|---|---|---|---|---|---|---|---|---|---|---|---|---|---|
| Korrelationssummen, $S_b$ | | 1 | 0 | -1 | 4 | 0 | -1 | -2 | -1 | | | | |
| Verbesserungsrichtungen | | O | O | ↑ | ↓ | ↓ | O | ↑ | O | | | | |
| Kein Auslaufen | 10 | | | | | 3 | | 9 | 3 | 3 | 3 | 30 | 30 |
| Einfaches Schreiben | 8 | 9 | 3 | | | 1 | 1 | | 9 | 4 | 3 | 32 | 24 |
| Gleichmäßiges Schreiben | 5 | | | 3 | 9 | | | | 2 | 4 | 10 | 20 | |
| Geringes Gewicht | 7 | 3 | 3 | | 9 | | 9 | 3 | 1 | 5 | 5 | 35 | 35 |
| Ergonomie | 3 | 1 | 1 | | 3 | | | | 9 | 1 | 2 | 3 | 6 |
| Klassisches Design | 2 | 3 | 1 | | 3 | | 9 | | 9 | 5 | 3 | 10 | 6 |
| Zielwert, $Z_j$ | | 160 mm | 20 mm | 0.5 mm | 20 g | Keine | AISI 304 | 100 N/cm² | Rund | | | | |
| $E_{Wettbewerber\_Wie\_j}$ | | 1 | 0 | -1 | 4 | 0 | -1 | -2 | -1 | | | | |
| $E_{selbst\_Wie\_j}$ | | 1 | 0 | -1 | 4 | 0 | -1 | -2 | -1 | | | | |
| $I_{absolutes\_Wie\_j}$ | | 102 | 50 | 15 | 86 | 83 | 81 | 111 | 154 | | | | |
| $I_{relatives\_Wie\_j}$ | | 6.6 | 3.2 | 1.0 | 5.3 | 5.6 | 5.3 | 7.2 | 10 | | | | |

Als Nächstes müssen die erhaltenen Informationen von einem funktionsüber-greifenden internen Team analysiert und in Produkteigenschaften übersetzt werden. Dass Kunden Produkteigenschaften direkt identifizieren, ist eher selten der Fall. Meistens sind Kundenanforderungen von allgemeiner Natur. Das Hauptziel dieser Analyse besteht darin, kritische Produkteigenschaften zu identifizieren. Dies erfolgt durch Vervollständigen der einzelnen Elemente der Matrix.

### Phase 2. Von Produkteigenschaften zu Komponenteneigenschaften

Die Hauptaktivität in Phase 2 besteht darin, die kritischen Produkteigenschaften in Eigenschaften von Komponenten des Produktes zu übersetzen. Die Komponenteneigenschaften werden bestimmt und in der Matrix dokumentiert. Schließlich werden kritische Komponenteneigenschaften herausgefiltert und in Phase 3 übernommen.

**Phase 3. Von Komponenteneigenschaften zu Prozesseigenschaften**

In Übersetzungsphase 3 werden die kritischen Komponenteneigenschaften in Prozesseigenschaften übersetzt. Diese Übersetzungsarbeit ist oft eine Herausforderung und Werkzeuge, wie z.B. das Ursache-Wirkungs-Diagramm, werden manchmal zur Unterstützung dieser Aktivität herangezogen. Dann wird mit Hilfe der Matrix identifiziert, welche Prozesseigenschaften kritisch sind und diese werden in die letzte Übersetzungsphase – Phase 4 – übernommen.

**Phase 4. Von Prozesseigenschaften zu Produktionseigenschaften**

Phase 4 dient der Übersetzung kritischer Prozesseigenschaften in Produktionseigenschaften. Produktionseigenschaften geben genaue Informationen darüber, wie das Produkt herzustellen ist und welche Messgrößen erhoben werden sollten. Als Teil davon sollten Anweisungen für Messungen entwickelt werden, einschließlich der Bestimmung von Stichprobengröße, Intervall, Methode etc.
In Bezug auf Six Sigma und auf die verschiedenen Übersetzungsphasen in Quality Function Deployment müssen alle vier Übersetzungsphasen durchlaufen werden, um geeignete Messgrößen für das Messsystem zu entwickeln. In Six Sigma-Projekten kann es abhängig vom Zweck der Anwendung ausreichend sein, nur die erste, zweite oder dritte Phase zu durchlaufen. Es ist jedoch durchaus sinnvoll, alle vier Phasen abzuschließen.

# 9.4 Failure Mode and Effect Analysis/Fehlermöglichkeits- und -einflussanalyse

Failure Mode and Effects Analysis, FMEA, ist eine sehr nützliche Technik zur Analyse möglicher grundlegender Fehler eines Produkts oder Prozesses und zur Beurteilung der Wirkungen solcher Fehler, die sich auf den Kunden auswirken können. Sie umfasst eine systematische Überprüfung eines Produkts oder Prozesses, seiner Komponenten, Fehlermöglichkeiten, Fehlerursachen und Konsequenzen von Fehlern. Herkömmlich wurde FMEA in Verbindung mit Quality Function Deployment angewendet und findet häufig Anwendung in Six Sigma-Unternehmen.
FMEA kann auf viele verschiedenen Arten angewendet werden. Eine qualitative und grobe Analyse eignet sich sehr gut in den frühen Phasen des Systemdesigns eines Prozesses oder Produkts. Diese Art der Analyse ist in gewisser Weise ähnlich dem Ursache-Wirkungs-Diagramm, d.h. sie geht von möglichen Fehlern auf Komponentenniveau aus und analysiert deren Konsequenzen auf Produkt- bzw. Prozessniveau. Das Ziel kann hierbei z. B. darin bestehen zu untersuchen, ob die Anforderungen des Marktes an die Zuverlässigkeit eines Produkts erfüllt werden können. Während der Entwicklungsphasen wird eine mehr detaillierte, quantitative FMEA durchgeführt. Diese Art von FMEA dient häufig als Basis für die Überprüfung des Poduktdesigns, das darin besteht, dass verschiedene

Personen mit unterschiedlichem Wissen und unterschiedlichen Erfahrungen eine systematische Analyse erstellen.

Das Ergebnis einer quantitativen FMEA wird auf einem FMEA-Formblatt festgehalten (Abb. 9.5). In diesem Formblatt wird jede Fehlermöglichkeit einer Auswahl von Komponenten eines Produkts oder Prozesses auf Produkt-/Prozessniveau beurteilt, quantifiziert und ihrer Bedeutung nach geordnet. Für diese numerische Analyse gibt es mehrere Vorgehensweisen. Eine besteht darin, die folgenden drei Dimensionen zu quantifizieren:

• EIW: Eintrittswahrscheinlichkeit eines Fehlers
• BED: Bedeutung der Folgen eines Fehlers
• ENT: Wahrscheinlichkeit für die Entdeckung des Fehlers

Oft erfolgt die Beurteilung subjektiv auf einer Skala von 1 bis 5 oder von 1 bis 10. Aus den drei Bewertungen wird dann eine Risikoprioritätszahl RPZ ermittelt, häufig durch Multiplikation von EIW, BED, ENT, aber auch andere Definitionen und Skalen sind üblich. Die Risikoprioritätszahl gibt an, welche

| System: | Komponente: | | | | Zeichnungsnr.: | | | Projekt: | | | | |
|---|---|---|---|---|---|---|---|---|---|---|---|---|
| Funktion: | Datum: | | | | Erstellt von: | | | Seite: | | | | |

| Nr. | Funktion | Fehlermöglichkeit | Fehlereinfluss: | Fehlerursache: | Aktueller Status | | | | Empfohlene Korrekturmaßnahme | erforderlich bis | durchgeführt | revidierter Status | | | |
|---|---|---|---|---|---|---|---|---|---|---|---|---|---|---|---|
| | | | | | EIW | BED | DET | RPZ | | | | EIW | BED | DET | RPZ |
| | | | | | | | | | | | | | | | |
| | | | | | | | | | | | | | | | |
| | | | | | | | | | | | | | | | |
| | | | | | | | | | | | | | | | |
| | | | | | | | | | | | | | | | |
| | | | | | | | | | | | | | | | |
| | | | | | | | | | | | | | | | |
| | | | | | | | | | | | | | | | |
| | | | | | | | | | | | | | | | |
| | | | | | | | | | | | | | | | |
| | | | | | | | | | | | | | | | |

Abb. 9.6 Ein FMEA-Formular von Scana Stavanger.

Fehlermöglichkeiten am kritischsten sind und wo Verbesserungsaktivitäten ansetzten sollten. RPZs sollten jedoch mit großer Sorgfalt interpretiert und angewendet werden. Nur ihre relative Größe sollte betrachtet werden und nicht ihr numerischer Wert. So ist z. B. die Differenz zwischen 100 und 110 wahrscheinlich gering, besonders wenn man die Unsicherheit in den Werten berücksichtigt, die im allgemeinen auf subjektiven Schätzungen beruhen.
Die Arbeitsplanung zur Durchführung einer FMEA kann folgende Schritte enthalten:

- Definition und Eingrenzung des Systems
- Wahl des Komplexitätsniveaus
- Überprüfen der Funktionen des Produkts oder Prozesses
- Überprüfen der Funktionen der Komponenten
- Identifizierung von wahrscheinlichen Fehlermöglichkeiten
- Identifizierung der Folgen wahrscheinlicher Fehlermöglichkeiten
- Möglichkeiten der Fehlerentdeckung und der Lokalisierung der Fehler
- Beurteilung der Bedeutung von Fehlern
- Identifizierung von Fehlerursachen
- Untersuchung von Abhängigkeiten zwischen Fehlern
- Dokumentation.

FMEA ist eine effiziente Methode, wenn sie auf Systeme angewendet wird, wo sich Fehler bei Komponenten unmittelbar als Systemfehler auswirken. Bei komplexen Systemen, wo Fehler in Abhängigkeit von bestimmten Umständen auftreten, muss FMEA durch andere Analysen ergänzt werden, z. B. durch Fehlerbaumanalyse.

**Kommentare und Literaturhinweise**

Die Titel „*Quality Function Deployment: Integrating Customer Requirements into Product Design*" von Yoji Akao, 1990, und „*Quality Function Deployment: Linking a Company with Its Customers*" von R. G. Day, 1993, und „Quality Function Deployment" von Larry P. Sullivan in *Quality Progress*, Juni 1986, sind wertvolle Beiträge zum Thema Quality Function Deployment. Eine andere empfehlenswerte Veröffentlichung ist „The House of Quality" von J. R. Hauser und D. Clausing, erschienen in der Mai/Juni-Ausgabe 1988 von *Harvard Business Review*.
Berichte über die Anwendung von Quality Function Deployment in der Industrie sind z. B. „*Better Design in Half the Time – Implementing QFD in USA*" von J. Robert King, 1989, und der Artikel von Glenn H. Mazur „QFD Outside North America – Current Practise in Europe, The Pacific Rim, South America and Points Beyond", die beim Symposium *The Sixth Symposium on Quality Function Deployment* in Novi, Michigan, 1994, präsentiert wurden. Einen unternehmensspezifischen Fall präsentieren Fredik Ekdahl, Anders Gustafsson und Per Norling unter dem Titel „QFD in Service Development, A Case Study from

Telia Mobitel", der beim Symposium *The Third International QFD Symposium* in Linköping, Schweden, 1997 vorgestellt wurde.

Die Anwendung von Quality Function Deployment auf Kosten und Unternehmensstrategien werden in zwei Artikeln beschrieben, die bei der Konferenz *EOQ Conference in Helsinki* 1993 von Yoji Akao und M. Ono unter dem Titel „Recent Development in Cost Deployment and QFD in Japan" und von T. Yoshizawa mit dem Titel „Quality Strategy Deployment by Means of QFD" präsentiert wurden.

# 10 Faktorielle Versuche

*Der zweite Schritt des Ingenieurs besteht darin,*
*Wege und Methoden zu finden, um ein Produkt zu erhalten,*
*das nur noch durch Zufall von den festgesetzten Standards abweicht.*
Walter A. Shewhart, 1931

Das einfache jedoch leistungsstarke Denkmodell von Six Sigma besagt, dass „$y$ eine Funktion von $x$" ist, d.h. $y = f(x)$, wobei $y$ die Ergebnisvariablen repräsentieren, die für den Kunden von Bedeutung sind und $x$ die Variablen für die Einsatzfaktoren. Die Frage ist, welche $x$ von Bedeutung sind, um gute Werte für $y$ zu erzielen und wie die $x$-Variablen zu bestimmen sind. Manchmal können bereits vorliegende Daten, z.B. aus einem Streudiagramm, verwendet werden. Meist sind jedoch Daten nicht in der Form erhoben worden, dass daraus interessante Schlussfolgerungen gezogen werden könnten, und falls doch, können diese zu verfälschten Ergebnissen führen, wie das Beispiel in Anhang C.4 zeigt. Stattdessen wird in der Six Sigma-Verbesserungsmethodik die Anwendung von Versuchsplanung – und insbesondere faktorielle Versuche – empfohlen. Versuchsplanung ist eine Verbesserungsmethodik, die das Werkzeug faktorieller Versuche beinhaltet. Faktorielle Versuche sind sehr gut dazu geeignet, um Verhältnisse zwischen Einsatzfaktoren ($xs$) und Prozess- bzw. Produktmerkmalen ($ys$) zu erforschen. Da faktorielle Versuche auf geplanten Veränderungen der Einsatzfaktoren beruhen, ist es möglich, Ursache-Wirkungs-Beziehungen zu identifizieren. Faktorielle Versuche stehen im Gegensatz zu allzu oft angewandten Methoden, die bei Experimenten jeweils nur einen Faktor variieren. Ein-Faktor-Experimente führen häufig zu falschen Ergebnissen, da Wechselwirkungen zwischen Faktoren ignoriert werden und man dadurch ein falsches Verständnis von den Problemen und dem vorhandenen Verbesserungspotenzial erhält. Faktorielle Versuche sind außerdem viel effizienter, da mehrere Faktoren ($xs$) mit weniger Aufwand getestet werden können.

Die Methode wurde in den 1920er Jahren vom britischen Wissenschaftler Sir Ronald A. Fisher (1890–1962) für die Agrarindustrie entwickelt. Die erste industrielle Anwendung erfolgte, um für die Dublin Brauerei die Faktoren zu untersuchen, die zu verbessertem Gerstenwachstum führen. Eine zentrale Schwäche der ersten Versionen faktorieller Versuche bestand darin, dass sie sich fast ausschließlich mit der Zentrierung auf den Zielwert beschäftigten und weder mit Streuung noch mit Design. Insbesondere Genichi Taguchi (1924–), ein japanischer Wissenschaftler, und George E.P. Box (1919–), ein amerikanischer Wissenschaftler, haben wesentlich zur Nutzung der faktoriellen Versuche in Bezug auf Streuung und Design beigetragen.

Nach der Einführung in der Brauereiindustrie wurden Faktorielle Versuche nach und nach in der Landwirtschaft, Woll- und Baumwollwirtschaft und in der chemischen Industrie angewendet. Große Produktionsunternehmen in Japan, Europa und den USA nutzten Faktorielle Versuche in den 1970er, 1980er und 1990er Jahren. Es blieb jedoch nach wie vor ein Expertenwerkzeug und erst mit Six Sigma wurde das Topmanagement auf Faktorielle Versuche als Werkzeug zur Erzielung von Kosteneinsparungen und Umsatzsteigerungen durch Verbesserungen aufmerksam. Faktorielle Versuche wurden durch das Six Sigma-Ausbildungsprogramm aus den Büros der Spezialisten hin zu einem Großteil aller Mitarbeiter eines Unternehmens getragen.

Die drei wichtigsten Zielsetzungen von faktoriellen Versuchen sind:

- Prozesse vorausschaubar zu machen und Streuung zu reduzieren, indem besondere Ursachen für Variation identifiziert und entfernt werden
- Die Zentrierung von Prozessen auf den Zielwert zu verbessern
- Produkte und Prozesse weniger anfällig für Variation zu machen durch Berücksichtigung von Zielwerten für Prozesse und Produkte im Design und durch das Setzen von Toleranzgrenzen für wichtige Einsatzfaktoren.

Erfahrungen von ABB, Motorola, GE, AlliedSignal und anderen Six Sigma-Unternehmen haben gezeigt, dass Faktorielle Versuche das schlagkräftigste und am häufigsten angewandte Werkzeug in Six Sigma-Verbesserungsprojekten sind, sei es in Bezug auf Variation, Durchlaufzeit, Nutzungsgrad oder Design. Es erkennt mühelos Verbesserungsmöglichkeiten mit hohem Potenzial und in Gebieten, wo andere Werkzeuge kaum anwendbar sind.

Die in Kapitel 8.7 beschriebenen Streudiagramme beziehen sich ebenfalls auf die Verhältnisse von Variablen. Ein Streudiagramm kann jedoch jeweils nur zwei Faktoren gleichzeitig behandeln – ein $x$ und ein $y$ –, was zu verfälschten Schlussfolgerungen führen kann. Mit faktoriellen Versuchen können mehrere Faktoren gleichzeitig getestet werden und nicht nur, wie mit einem Streudiagramm, Beziehungen aufgedeckt, sondern auch die Art der Beziehung bestimmt werden.

Ein bemerkenswerter Aspekt faktorieller Versuche besteht darin, dass dem Prozess und dem Produkt kontrolliert Variation zugeführt wird, indem die fraglichen Einsatzfaktoren im Vergleich zum aktuellen Niveau auf verschiedene Niveaus festgesetzt werden. Dabei werden die Niveaus mehrerer Faktoren gleichzeitig variiert, nicht jeweils nur der Wert eines Faktors. Für jeden Faktor werden jeweils mindestens zwei verschiedene Testniveaus benötigt – ein hoher und ein niedriger – die normalerweise über und unter dem üblichen Niveau liegen. Dadurch ermöglicht Faktorielle Versuche es, verschiedene Niveaus für Faktoren unter kontrollierten Bedingungen zu testen, um dadurch Verbesserungen zu erzielen.

# 10.1 Einführungsbeispiel

Um mit einem einfachen und leicht verständlichen Beispiel zu beginnen, nehmen wir an, dass wir das Wachstum einer bestimmten Pflanzensaat maximieren möchten, d. h. der Wachstumsprozess soll auf einen möglichst hohen Wert zentriert werden. Wir gehen von einem Experiment mit simulierten Einflussfaktoren, Sonnenschein und Regenfall, aus. Es ist bereits in diesem Stadium zu beachten, dass wir die Faktoren kontrolliert variieren und nicht einfach planlos experimentieren. Da dieses unser erstes „Lehrbuchexperiment" ist, vernachlässigen wir, dass die Samenkörner nicht alle identisch sind, d. h. wir vernachlässigen die dort vorliegende Variation. Wir setzen voraus, dass alle Samenkörner gleich sind und bei gleicher Behandlung gleich wachsen. Werden für zwei Faktoren je zwei Niveaus getestet, gibt es vier mögliche Kombinationen oder Versuchsanordnungen (Tab. 10.1).

| Versuchsanordnung | Faktor A, Sonne | Faktor B, Regen |
|:---:|:---:|:---:|
| 1 | wenig Sonne (–) | wenig Regen (–) |
| 2 | viel Sonne (+) | wenig Regen (–) |
| 3 | wenig Sonne (–) | viel Regen (+) |
| 4 | viel Sonne (+) | viel Regen (+) |

Tab. 10.1 Die vier verschiedenen Versuchsanordnungen beim Testen zweier Faktoren, Sonne und Regen, mit je zwei Niveaus.

Durch die vier Experimente sind alle möglichen Kombinationen der zwei Faktoren abgedeckt. Für jede Versuchsanordnung wird ein Samenkorn gepflanzt und die in Tabelle 10.1 spezifizierten Bedingungen geschaffen. D. h. Samenkorn 1 erhält wenig Sonne und wenig Regen, Samenkorn 2 erhält viel Sonne und wenig Regen, Samenkorn 3 erhält wenig Sonne und viel Regen und Samenkorn vier erhält viel Sonne und viel Regen. Nach einer bestimmten Zeitspanne wird die Höhe jeder Pflanze gemessen und dokumentiert (Tab. 10.2).

| Versuchsanordnung | Faktor A, Sonne | Faktor B, Regen | Höhe der Pflanze |
|:---:|:---:|:---:|:---:|
| 1 | wenig Sonne (–) | wenig Regen (–) | 2 cm |
| 2 | viel Sonne (+) | wenig Regen (–) | 4 cm |
| 3 | wenig Sonne (–) | viel Regen (+) | 6 cm |
| 4 | viel Sonne (+) | viel Regen (+) | 12 cm |

Tab. 10.2 Übersicht über die vier Experimente und die jeweiligen Faktorniveaus.

Eine alternative Darstellung der Ergebnisse ist das Skizzieren eines Quadrats, in dessen Ecken dann die Ergebnisse eingetragen werden (Abb. 10.1).

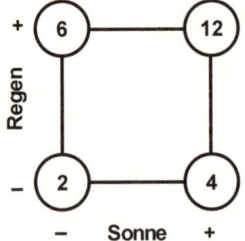

Abb. 10.1 Ein Quadrat zur Präsentation der vier Experimente und deren Ergebnisse.

Die Analyse der Ergebnisse zeigt deutlich, dass viel Sonne (+) und viel Regen (+) mit einem Wachstum von 12 cm das beste Ergebnis ergeben. Die Ergebnisse sagen jedoch nichts darüber aus, welchen Effekt jeder der beiden Faktoren auf das Ergebnis hat, d.h. den relativen Beitrag jedes Faktors. Der Effekt eines Faktors ist der Einfluss, den dieser Faktor bei einer Veränderung vom niedrigen Niveau (–) zum hohen Niveau (+) auf das Ergebnis hat. Eine Visualisierung der vier Experimente und ihrer Ergebnisse erleichtert die Berechnungen (Abb. 10.2 und 10.3).

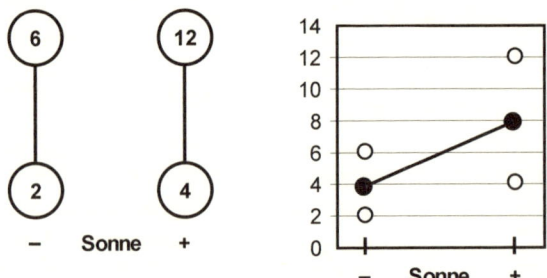

Abb. 10.2 Visualisierung des Effekts des Faktors „Sonne" bei Änderung des Faktors von niedrigem auf hohes Niveau. Der Effekt ist 4 (= 8 – 4).

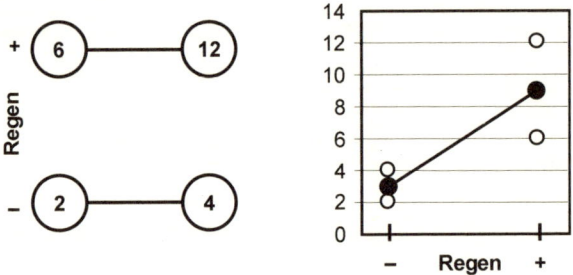

Abb. 10.3 Visualisierung des Effekts für den Faktor „Regen" bei Änderung von niedrigem auf hohes Niveau. Der Effekt ist 6 (= 9 – 3).

Der Effekt von Sonne ist die Differenz des durchschnittlichen Wachstums bei hohem und niedrigem Niveau für Sonne, d.h. der Effekt ist $(4 + 12) / 2 - (6 + 2) / 2 = 4$. Entsprechend wird der Effekt von Regen als Differenz des durchschnittlichen Wachstums bei viel Regen (+) und wenig Regen (−) berechnet, d.h. der Effekt ist $9 - 3 = 6$. Hieraus kann geschlossen werden, dass Regen einen größeren Effekt auf das Ergebnis hat als Sonne. Wir können den Haupteffekt eines Faktors als die Ergebnisänderung interpretieren, die sich ergibt, wenn der Faktor von niedrigem Niveau auf hohes Niveau gesetzt wird, während die anderen Faktoren gleichzeitig auf mittlerem Niveau gehalten werden.

Es ist möglich, dass auch die Wechselwirkung von Sonne und Regen an sich das Wachstum beeinflusst. Die Erklärung hierfür ist: Wenn es regnet, aber die Sonne nicht scheint, wird die Wirkung von Regen nicht so groß sein. Umgekehrt wird auch Sonne ohne Regen nicht den gleichen Effekt haben. Es ist also die Wechselwirkung zwischen Sonne und Regen, die erforscht werden muss. Wechselwirkung bedeutet, dass Änderungen im Ergebnis des einen Faktors vom Niveau des anderen Faktors abhängig sind. In unserem Beispiel ist die Wechselwirkung zwischen Sonne und Regen ziemlich einleuchtend, aber Wechselwirkungen existieren überall, auch in industriellen Prozessen, und sind nicht immer so deutlich sichtbar. Eine Methode, mit der Wechselwirkungen visualisiert werden können, sind Ergebnisplots (Abb. 10.4). Nicht parallele Linien zeigen eine Wechselwirkung an, d.h. die Wirkung eines Faktors hängt vom Niveau des anderen Faktors ab.

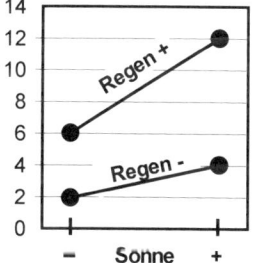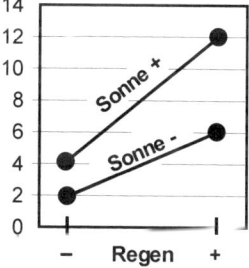

Abb. 10.4 Ergebnisplot zu den Wechselwirkungen von Sonne und Regen aus Abb. 10.1. Nicht parallele Linien zeigen eine Wechselwirkung an.

Das beste Ergebnis ist 12 (wie in Abb. 10.1 gezeigt); er ist höher als die Summe der Effekte von Regen (= 6) und Sonne (= 4). Die Differenz entsteht aus der Wechselwirkung zwischen Sonne und Regen, d. h. $12 - 6 - 4 = 2$. Rechentechnisch ermitteln wir den Wechselwirkungseffekt von zwei Faktoren als Durchschnitt zwischen dem Wachstum, das sich ergibt, wenn die Faktoren dasselbe Vorzeichen haben und wenn die Faktoren unterschiedliche Vorzeichen haben. Die Ergebnisse können in einer Tabelle zusammengefasst werden, die auch als Designmatrix bezeichnet wird (Tab. 10.3).

| Versuchsanordnung | Sonne | Regen | Sonne*Regen | Ergebnis |
|:---:|:---:|:---:|:---:|:---:|
| 1 | – | – | + | 2 |
| 2 | + | – | – | 4 |
| 3 | – | + | – | 6 |
| 4 | + | + | + | 12 |
| Effekt | 4 | 6 | 2 | |

Tab. 10.3 Designmatrix, Ergebnisse und geschätzte Effekte für einen Versuch mit zwei Hauptfaktoren, Sonne und Regen, mit jeweils 2 Niveaus: hoch (+) und niedrig (–).

Das oben dargestellte Beispiel ist einfach und uns allen aus dem täglichen Leben und dem Biologieunterricht in der Schule bekannt. Der Unterschied besteht darin, dass wir nicht jeweils nur einen Faktor variiert, sondern mit Hilfe faktorieller Versuche die jeweiligen Haupteffekte der beiden Faktoren sowie ihre Wechselwirkung identifiziert haben.

Die Berechnung der geschätzten Effekte der einzelnen Hauptfaktoren und der Wechselwirkungen kann allgemein formuliert werden, indem der Effekt jeder Spalte als $l_j$ bezeichnet wird, wobei $j$ für die Spaltennummer steht

$$j=1, 2, ..., n_c$$

und $n_c$ für die Anzahl der Spalten. Jede Spalte, $j$, enthält einen Hauptfaktor oder eine Wechselwirkung, und der Effekt jeder Spalte, $l_j$, wird mit folgender Formel berechnet:

$$l_j = \frac{\sum_{i=1}^{n_r} \pm_{ij} * y_i}{\frac{n_r}{2}}$$

wobei $i$ die Nummer für die Versuchsanordnung (Zeilennummer), $i = 1, 2, ..., n_r$ und $n_r$ die Gesamtanzahl der Versuchsanordnungen ist, $\pm_{ij}$ ist das Vorzeichen einer Zelle (d.h. das Vorzeichen für den Faktor/Wechselwirkung $j$ in der Versuchsanordnung $i$) und $y_i$ ist das Ergebnis der Versuchsanordnung $i$.

Bisher haben wir nur mit zwei Faktoren gearbeitet. In der Praxis ist es jedoch eher üblich, dass mehrere Faktoren vorliegen und zusammenspielen. Hierfür muss der Versuchsplan geändert werden. Um zwischen den verschiedenen Versuchsplänen unterscheiden zu können, werden die faktoriellen Versuche nach folgender allgemeiner Form klassifiziert:

$$M^k$$

wobei $M$ die Anzahl der getesteten Niveaus ist und $k$ die Anzahl der Hauptfaktoren. Es ist üblich, zwei Niveaus zu benutzen: hoch und niedrig. Zur Bezeichnung der Niveaus benutzt man normalerweise „–" für das niedrige Niveau, „0" für den Mittelpunkt (wenn dieser vorliegt) und „+" für das hohe Niveau. Der

Mittelpunkt ist oft der Ausgangswert für einen Faktor. Die Gesamtanzahl der Experimente, $n_p$ in einem vollfaktoriellen Versuchsplan ist gleich $M^k$.

In unserem Beispiel mit jeweils hohem (+) und niedrigem (−) Niveau für Sonne und Regen haben wir einen $2^2$ Versuchsplan mit vier Versuchsanordnungen benutzt.

Nehmen wir an, dass wir für drei Faktoren, A, B und C, die Effekte auf eine wichtige Ergebnisvariable testen wollen. Bei zwei Niveaus für jeden Faktor, wobei das niedrige Niveau mit (−) und das hohe Niveau mit (+) gekennzeichnet wird, ergeben sich acht Versuchsanordnungen, wie in Tab. 10.4 ersichtlich. Wechselwirkungen zwischen Faktoren sind auch enthalten. Beachten Sie hierbei, dass die Spalte mit den Wechselwirkungen wie zuvor durch Multiplikation der Vorzeichen der entsprechenden Hauptfaktorspalten ermittelt wird, d. h. für Messung Nr. 4 haben wir

$$ABC = A*B*C = (+)*(+)*(−) = −$$

Die Wechselwirkung zwischen zwei Faktoren kann als die Differenz der Effekte betrachtet werden, die sich ergeben, wenn die beiden Faktoren auf jeweils niedriges bzw. hohes Niveau festgesetzt werden. Ähnlich können Wechselwirkungen

| Versuchs-anordnung | A | B | C | AB | AC | BC | ABC | Ergebnis |
|---|---|---|---|---|---|---|---|---|
| 1 | − | − | − | + | + | + | − | $y_1 = 1.5$ |
| 2 | + | − | − | − | − | + | + | $y_2 = 2.0$ |
| 3 | − | + | − | − | + | − | + | $y_3 = 7.5$ |
| 4 | + | + | − | + | − | − | − | $y_4 = 7.0$ |
| 5 | − | − | + | + | − | − | + | $y_5 = 3.0$ |
| 6 | + | − | + | − | + | − | − | $y_6 = 2.0$ |
| 7 | − | + | + | − | − | + | − | $y_7 = 5.0$ |
| 8 | + | + | + | + | + | + | + | $y_8 = 7.0$ |
| Effekt | 0.3 | 4.5 | −0.3 | 0.5 | 0.3 | −1.0 | 1.0 | |

Tab. 10.4 Designmatrix für einen $2^3$ Versuchsplan mit drei Hauptfaktoren A, B, C, mit je zwei Niveaus: hoch (+) und niedrig (−). Die Ergebniswerte haben sich aus der ersten Anwendung von faktoriellen Versuchen bei Scana Stavanger ergeben. Faktorielle Versuche wurden eingesetzt, nachdem das ursprüngliche Projekt zur Verbesserung der Oberfläche eines bestimmten Gießproduktes aufgegeben wurde, da aus den mehr als 30 Experimenten, die sich durch Variation jeweils nur eines Faktors ergeben hatten, nur schwierig Schlussfolgerungen gezogen werden konnten. Mit Hilfe des oben erläuterten faktoriellen Versuchs konnten mit acht Experimenten drei Faktoren getestet werden. Faktor A ist ohne (−) oder mit (+) Argongas in der Gussform, Faktor B ist der Belag der Form (Typ I / Typ II) und Faktor C ist die Gießtechnik, mit der geschmolzener Stahl in die Gussformen gegossen wird (Standardtechnik / neue verbesserte Technik). Die Ergebnisvariable ist die Oberflächenqualität, die von einem erfahrenen Produktionsmitarbeiter begutachtet und mit Hilfe einer Skala von 0 (sehr schlecht) bis 10 (hervorragend) bewertet wird. Der Schätzung entsprechend scheint Faktor B, die Art des Belages, die bedeutendste Wirkung zu haben.

zwischen drei Faktoren als die Differenz betrachtet werden, die sich aus den Wechselwirkungen zwischen zwei der Faktoren und dem dritten Faktor auf hohem bzw. niedrigem Niveau ergibt.

Die geschätzten Effekte der einzelnen Faktoren und ihrer Wechselwirkungen im Beispiel von Scana Stavanger (Tab. 10.4) werden wie folgt berechnet:

$$l_1 = \frac{\sum_{i=1}^{n_r} \pm_{i1} * y_i}{\frac{n_c}{2}} = \frac{-1.5 + 2.0 - 7.5 + 7.0 - 3.0 + 2.0 - 5.0 + 7.0}{\frac{8}{2}} = 0.25 \approx 0.3$$

$$l_2 = \frac{\sum_{i=1}^{n_r} \pm_{i2} * y_i}{\frac{n_c}{2}} = \frac{-1.5 - 2.0 + 7.5 + 7.0 - 3.0 - 2.0 + 5.0 + 7.0}{\frac{8}{2}} = 4.5$$

...

$$l_7 = \frac{\sum_{i=1}^{n_r} \pm_{i7} * y_i}{\frac{n_c}{2}} = \frac{-1.5 + 2.0 + 7.5 - 7.0 + 3.0 - 2.0 - 5.0 + 7.0}{\frac{8}{2}} = 1.0$$

Die verschiedenen Bedingungen und Messungen können auch anhand eines Würfels dargestellt werden (Abb. 10.5).

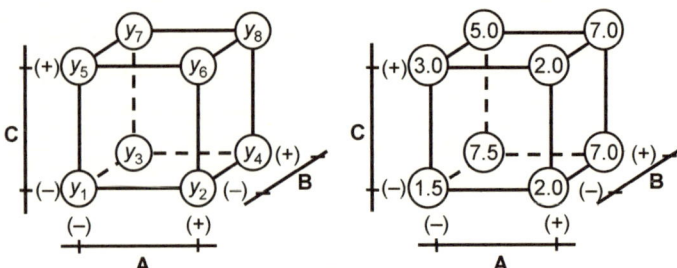

Abb.10.5 Links ein Würfel mit den drei Hauptfaktoren und acht Experimenten. Rechts die Ergebnisse des Beispiels von Tabelle 10.4, dargestellt mit Hilfe eines Würfels. Auch diese sehr einfache Darstellung gibt Anhaltspunkte dafür, dass Faktor B der entscheidende Faktor ist.

Ein Experiment mit mehreren, z.B. $k$, Faktoren ist nicht so einfach in einem k-dimensionalen Würfel darzustellen. Eine Lösung hierfür ist es, mehrere Würfel zu zeichnen, wie in Abb. 10.6 am Beispiel eines Versuchs mit vier Faktoren dargestellt. Jeder Würfel zeigt die Ergebnisse für jeweils hohes und niedriges Niveau des Faktors D.

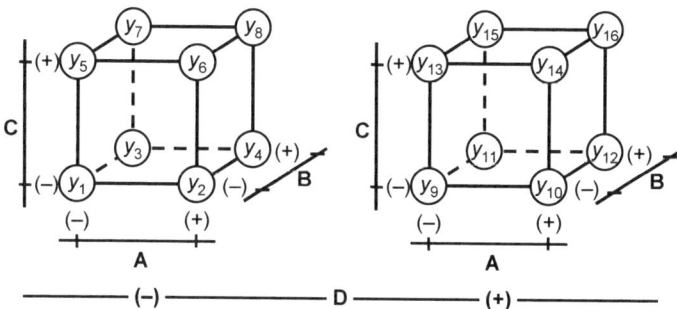

Abb. 10.6 Ein Würfeldiagramm mit vier Faktoren: A, B, C und D. Der linke Würfel zeigt Werte für den Faktor D auf niedrigem Niveau und der rechte Würfel für Faktor D auf hohem Niveau.

Oft ist es einfacher, die zugehörige Tabelle aufzustellen. Unten ein Beispiel vom schwedischen Kugellagerhersteller SKF mit vier Faktoren (Tab. 10.5).
Bisher haben wir herausgefunden, dass Faktorielle Versuche helfen, Schlüsse darüber zu ziehen, welche Faktoren einen Einfluss auf das Ergebnis haben. Wir haben dabei jedoch nicht beachtet, dass in jedem der aufgezeichneten Ergebnisse aufgrund der natürlichen Variation eine natürliche Unsicherheit enthalten ist, d.h. würden wir das Ergebnis einer Versuchsanordnung noch einmal messen, würde es von dem Ergebnis der ersten Messung abweichen.
Eine wichtige Schlussfolgerung ist also, dass die geschätzten Effekte von Variation beeinflusst werden. Dies bedeutet, dass Differenzen bei geschätzten Effekten auf natürliche, zufällige Variation zurückzuführen sein könnten und nicht auf die Änderung des Faktors. Variation, die nicht von unserem Eingreifen abhängt, ist die, welche wir früher bereits als Variation aufgrund allgemeiner Ursachen bezeichnet haben. Um bei dieser Ausdrucksweise zu bleiben, so können wir unser Eingreifen (Änderung der Faktorniveaus) als Variation aufgrund besonderer Ursachen bezeichnen. Die Aufgabe der Analysetechnik ist es nun, die Faktoren zu finden, die in einem Experiment wirklich zu Variation aufgrund besonderer Ursachen führen. Diese sind die Faktoren mit Verbesserungspotenzial. Im nächsten Abschnitt werden wir beschreiben, wie diese Faktoren mit Hilfe einer formellen Vorgehensweise gefunden werden können, statt nur geschätzte Effekte und Würfel zu betrachten.
Faktoren, die in einem Experiment keine merkbaren Effekte verursachen, sind potenzielle Kosteneinsparungsfaktoren. Wir könnten in solch einem Fall die kostengünstigste Ausführung dieses Faktors wählen, ohne dass dies Auswirkun-

| Vers.-anord. | A | B | C | D | AB | AC | AD | BC | BD | CD | ABC | ABD | ACD | BCD | ABCD | Ergebnis |
|---|---|---|---|---|---|---|---|---|---|---|---|---|---|---|---|---|
| 1 | − | − | − | − | + | + | + | + | + | + | − | − | − | − | + | $y_1=3.83$ |
| 2 | + | − | − | − | − | − | − | + | + | + | + | + | + | − | − | $y_2=4.85$ |
| 3 | − | + | − | − | − | + | + | − | − | + | + | + | − | + | − | $y_3=2.92$ |
| 4 | + | + | − | − | + | − | − | − | − | + | − | − | + | + | + | $y_4=3.65$ |
| 5 | − | − | + | − | + | − | + | − | + | − | + | − | + | + | − | $y_5=5.24$ |
| 6 | + | − | + | − | − | + | − | − | + | − | − | + | − | + | + | $y_6=4.97$ |
| 7 | − | + | + | − | − | − | + | + | − | − | − | + | + | − | + | $y_7=5.04$ |
| 8 | + | + | + | − | + | + | − | + | − | − | + | − | − | − | − | $y_8=6.27$ |
| 9 | − | − | − | + | + | + | − | + | − | − | − | + | + | + | − | $y_9=3.38$ |
| 10 | + | − | − | + | − | − | + | + | − | − | + | − | − | + | + | $y_{10}=5.16$ |
| 11 | − | + | − | + | − | + | − | − | + | − | + | − | + | − | + | $y_{11}=2.23$ |
| 12 | + | + | − | + | + | − | + | − | + | − | − | + | − | − | − | $y_{12}=4.42$ |
| 13 | − | − | + | + | + | − | − | − | − | + | + | + | − | − | + | $y_{13}=5.06$ |
| 14 | + | − | + | + | − | + | + | − | − | + | − | − | + | − | − | $y_{14}=5.70$ |
| 15 | − | + | + | + | − | − | − | + | + | + | − | − | − | + | − | $y_{15}=4.46$ |
| 16 | + | + | + | + | + | + | + | + | + | + | + | + | + | + | + | $y_{16}=4.78$ |
| Effekt | 0.89 | −0.62 | 1.32 | −0.13 | 0.23 | −0.41 | 0.22 | 0.51 | −0.36 | −0.25 | 0.07 | −0.08 | −0.22 | −0.29 | −0.38 | |

Tab. 10.5 Daten von SKF zur Verbesserung eines Reinigungsprozesses mit Hilfe von Sand, dessen Ergebnisvariable die Oberflächenqualität der Kugellager entsprechend internem Standard ist. Faktor A ist Geschwindigkeit, Faktor B ist Zeit, Faktor C ist die Körnung des Sands und Faktor D ist der Zustand des Sands. Das Durchschnittsergebnis der 16 Experimente ist 4.53.

gen auf die Ergebnisvariable hätte. Hierbei darf jedoch nicht vergessen werden, dass häufig mehrere Ergebnisvariablen von Interesse sind. Dass ein Faktor keine Auswirkungen auf das Ergebnis einer Variable hat, bedeutet nicht, dass dieser keine signifikanten Auswirkungen auf eine andere Ergebnisvariable haben kann.

## 10.2 Analysetechniken

Die geschätzten Effekte aller Hauptfaktoren und ihrer Wechselwirkungen müssen analysiert werden. Die geschätzten Effekte werden oft auch „Kontraste" genannt. Beachten Sie, dass Faktorielle Versuche und auch Six Sigma auf Schätzungen und Wahrscheinlichkeiten beruhen, vom Messsystem bis zur Verbesserungsmethodik. Es wird keine exakte Wissenschaft angewendet, sondern eine Reihe von Werkzeugen, Ansätzen und Vorgehensweisen, die helfen, Potenzial zur Verbesserung von Prozessleistungen aufzudecken.

Nehmen wir an, wir haben Daten wie in Tabelle 10.4. Ein erster Test kann in der Anwendung eines Pareto-Diagramms bestehen, um die Auswirkungen der einzelnen Faktoren und deren gegenseitige Wechselwirkungen und die Wechselwirkungen in Bezug auf die Gesamtheit aufzuzeigen. Manche wenden hierfür auch gerne ein Kuchendiagramm an.

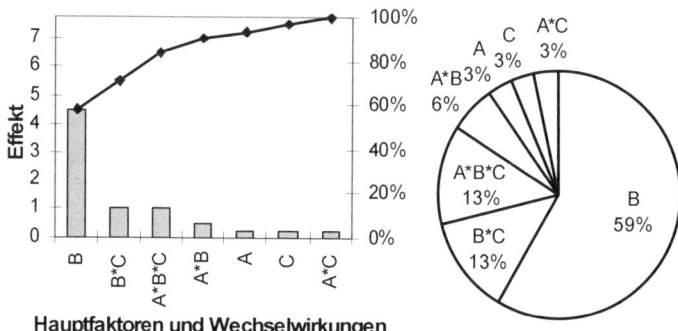

**Hauptfaktoren und Wechselwirkungen**

Abb.10.7 Links ein Pareto-Diagramm mit den absoluten Werten (d. h. Werte ohne Vorzeichen) der geschätzten Effekte im Beispiel aus Tabelle 10.4. Rechts ein Kuchendiagramm für dieselben Effekte in %-Angabe. Faktor B, der Belag der Form, macht 59% der gesamten Stärke der Auswirkungen aus, gefolgt von den Wechselwirkungen BC und ABC, welche beide 13% ausmachen.

Wir haben nun die relative Stärke der Effekte quantifiziert. Dies ist zwar besser als unsere Analyse im letzten Abschnitt, aber immer noch nicht gut genug für Situationen, die nicht ebenso übersichtlich sind. Hierfür ist weitere detaillierte Analysearbeit notwendig. Entsprechend dem Zentralen Grenzwerttheorem sind die geschätzten Effekte annähernd normalverteilt. Das Theorem sagt aus, dass die Verteilung der Summen mehrerer unabhängiger Zufallsvariablen annähernd normalverteilt ist. Jeder geschätzte Effekt ist eine Summe der Ergebnisse (mit Vorzeichen entsprechend den betreffenden Faktoren). Der erwartete Durchschnittswert der geschätzten Effekte ist immer 0, wenn der geschätzte Effekt aus den (+) und (−) Zeichen der Spalten berechnet wurde. Ist ein Effekt gleich null, so ist der entsprechende Hauptfaktor oder die entsprechende Wechselwirkung nicht aktiv. In diesem Fall sind die Effekte nahezu normalverteilt mit

$$\text{Erwartungswert:} \quad \mu = 0$$

$$\text{Standardabweichung:} \quad s = \frac{2\sigma}{\sqrt{n}}$$

Hier ist $\sigma$ die Standardabweichung der Ergebnisvariablen $y$. Diese Verteilung nennen wir Referenzverteilung (Abb. 10.8).
Ist kein Faktor oder keine Wechselwirkung aktiv, bedeutet dies, dass alle geschätzten Effekte von der Referenzverteilung kommen. Alle Effekte folgen ohne Ausnahme dieser Verteilung. Wenn jedoch ein oder mehrere Effekte im Ver-

gleich zu den anderen sehr stark ist, d. h. ein Ausreißer vorliegt, ist der entsprechende Hauptfaktor oder die entsprechende Wechselwirkung wahrscheinlich
aktiv. Effekte, die aktiven Faktoren/Wechselwirkungen entsprechen, sind nicht
Teil der Referenzverteilung, da die Wirkungen hierfür viel zu stark sind. Sowohl
Hauptfaktoren als auch ihre Wechselwirkungen können aktiv sein. Es kann jedoch davon ausgegangen werden, dass keine Effekte von Wechselwirkungen
ausgehen, wenn die zugehörigen Faktoren keinen aktiven Haupteffekt zeigen.

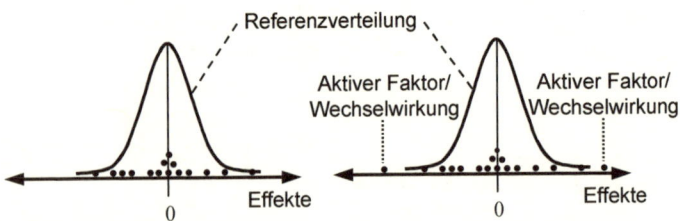

Abb. 10.8 Darstellung zweier Prozessergebnisse; eines von einem vorhersagbaren Prozess, d. h. von einem Prozess in dem nur Variation aufgrund allgemeiner Ursachen vorliegt,
und das andere von einem Prozess, in dem besondere Ursachen von Variation zu erkennen
sind. Im linken Fall liegen alle Effekte innerhalb der Referenzverteilung, d. h. kein Faktor und
keine Wechselwirkung ist aktiv. Im rechten Fall liegen zwei Faktoren deutlich außerhalb der
Referenzverteilung, d. h. zwei Faktoren/Wechselwirkungen sind aktiv. Beachten Sie, dass
die Referenzverteilung immer den Mittelwert 0 hat.

In den meisten realen Situationen ist es schwierig, sich auf die Referenzverteilung zu beziehen. Die Daten enthalten Variation aufgrund allgemeiner als auch
besonderer Ursachen. Möchten wir zwischen diesen beiden geschätzten Effekten
unterscheiden, benötigen wir hierfür jedoch ein Werkzeug. Ein solches Werkzeug, das uns bei dieser Analyse hervorragend helfen kann, ist das Normalverteilungsdiagramm.
Entsprechend den Anweisungen zur Erstellung eines Normalverteilungsdiagramms (Kapitel 8.3.1) sind die Effekte in aufsteigender Reihenfolge vom
kleinsten bis größten zu ordnen, wobei die Rangordnung mit $g$ bezeichnet wird,
sodass $g = 1, 2, \ldots n_g$ gilt und $n_g$ die Anzahl der geordneten Effekte ist. Die Positionen im Wahrscheinlichkeitsgraphen, $F_g$, werden für den Messwert mit dem
Rang $g$ auf Grundlage folgender Formel berechnet:

$$F_g = \frac{g}{n_g + 1}$$

Für unser Beispiel in Tabelle 10.4 von Scana Stavanger können wir nun die
Effekte ordnen und die Position im Wahrscheinlichkeitsgraphen (Tabelle 10.6)
ermitteln. Eine Referenztabelle mit den Positionen im Wahrscheinlichkeitsgraphen, $F_g$, für verschiedene Werte von $n_g$ ist im Anhang E.4 enthalten.

| $g$ | Reihenfolge geordneter Effekte | $F_g$ |
|---|---|---|
| 1 | −1.0 (B*C) | 0.13 |
| 2 | −0.3 (C) | 0.25 |
| 3 | 0.3 (A) | 0.38 |
| 4 | 0.3 (A*C) | 0.50 |
| 5 | 0.5 (A*B) | 0.63 |
| 6 | 1.0 (A*B*C) | 0.75 |
| 7 | 4.5 (B) | 0.88 |

Tab. 10.6 Die in aufsteigender Reihenfolge geordneten Effekte des Beispiels in Tabelle 10.4 und die errechneten Positionen im Wahrscheinlichkeitsgraphen.

Der Wert jedes Effekts wird entlang der X-Achse im Normalverteilungsdiagramm abgebildet und die Wahrscheinlichkeit in% für denselben Effekt wird auf der Y-Achse abgebildet (Abb. 10.9). Um zu beurteilen, ob einer der Hauptfaktoren einen mehr als zufälligen Einfluss auf das Ergebnis hat, d.h. ob ein aktiver Faktor vorliegt, wird für die abgebildeten Effekte eine Ausgleichsgerade,

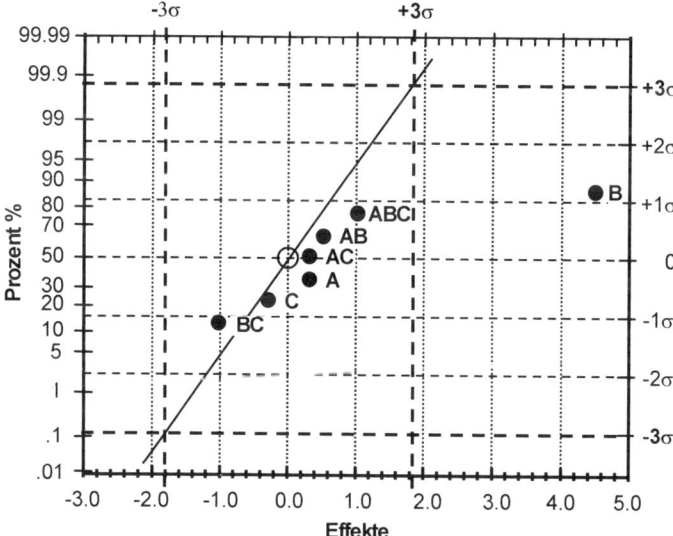

Abb. 10.9 Normalverteilungsdiagramm der Daten in Tabelle 10.6. Eine Ausgleichsgerade stellt eine gedachte Anordnung von Effekten dar. Die + 3 Standardabweichungsgrenze für die Effekte auf der X-Achse ergibt sich aus dem Punkt, wo die Ausgleichsgerade die Linie für 3 Standardabweichungen auf der Y-Achse schneidet. Die − 3 Standardabweichungsgrenze ergibt sich aus dem Punkt, wo die Gerade die Linie für − 3 Standardabweichungen auf der Y-Achse schneidet. Alle Punkte außerhalb dieser Grenzen zeigen aktive Faktoren an. In diesem Fall ist Faktor B aktiv, da er außerhalb der ± 3 Standardabweichungsgrenzen liegt.

die den 50%-Punkt schneidet, in das Normalverteilungsdiagramm eingezeichnet. Dies deshalb, weil die Ausgleichsgerade die Normalverteilung für alle Effekte anzeigt, wenn keiner von ihnen aktiv wäre. Die ± 3σ–Grenzen dienen also als Indikator für Effekte, die so stark sind, dass sie einen Hauptfaktor oder eine Wechselwirkung mit spezieller Wirkung auf das Ergebnis darstellen.

Beachten Sie, dass nichtaktive Faktoren nicht zwangsläufig nicht signifikant sein müssen. Im Gegenteil, in wirtschaftlicher Hinsicht können sie sehr signifikant sein. Durch eine kluge Wahl ist es manchmal möglich, Parameter ökonomisch vorteilhafter festzulegen, ohne dass dadurch die Funktion des Produktes oder Prozesses beeinträchtigt wird. Im Beispiel von Scana Stavanger hat die Analyse zu der Entscheidung geführt, Faktor A auf einem niedrigem Niveau beizubehalten (kein Argon in den Gussformen), da das Füllen der Gussformen mit Argon kostspielig gewesen wäre und erweiterte Sicherheitsmaßnahmen erfordert hätte. Ähnlich konnte auch Faktor C (Gießtechnik) auf niedrigem Niveau beibehalten werden, was der weniger komplizierten Standardvorgehensweise entspricht.

Zur Analyse der Effekte wird in Six Sigma üblicherweise mit der Varianzanalyse („Analysis of Variance" ANOVA) gearbeitet. ANOVA ist eine Berechnungsmethode zur Ermittlung der Summe der Variation in einem Prozess und zur Bestimmung, ob diese auf die Variation des Experiments (d. h. auf aktive Faktoren und Wechselwirkungen) zurückzuführen ist oder durch zufällige Störungen verursacht wurde. ANOVA wird von einer Vielzahl statistischer Computerprogramme unterstützt. Wir möchten jedoch erwähnen, dass das Normalverteilungsdiagramm eine pragmatischere Vorgehensweise darstellt. Die Anwendung von ANOVA kann sogar in Frage gestellt werden, da eine Vielzahl möglicher Effekte aktiv sein könnte – man weiß nicht welche und deshalb müssen viele Tests durchgeführt werden. Um eine gründliche Analyse zu erstellen, müssen wir die Vielzahl möglicher Tests mit in Betracht ziehen, die bei der gewöhnlichen Analyse eines teilfaktoriellen Versuchs tatsächlich durchgeführt werden. Das Normalverteilungsdiagramm berücksichtigt diese Situation auf vernünftige Weise, obwohl es Raum für subjektive Interpretationen lässt. Eine kurze Einführung und Erläuterung zur Anwendung von ANOVA sind in Anhang D enthalten.

Ein anderer Grund, weshalb wir die Anwendung des Normalverteilungsdiagramms unterstützen, ist, dass es mehr der Idee der statistischen Prozessregelung entspricht, die bereits in den 1920er Jahren von Shewhart befürwortet wurde. Gehen wir von einem vorhersagbaren Prozess aus, greifen in diesen ein und untersuchen, ob einige dieser Eingriffe im Hinblick auf das Ergebnis $y$ besonderen Ursachen von Variation entsprechen. Ist der Prozess nicht vorhersagbar, müssen wir dafür sorgen, dass ähnliche Bedingungen geschaffen werden. Werden die Experimente in zufälliger Reihenfolge durchgeführt („randomisation"), kann eine Situation erreicht werden, die der Vorhersagbarkeit oder Beherrschtheit ähnlich ist. Eine etwas unpräzise Beschreibung könnte lauten, dass die Reihenfolge der Versuche keinem der betrachteten Faktoren ähnlich sein sollte.

# 10.3 Vorhersagemodell und Diagnose

In den Experimenten wurden durch Änderung der Niveaus der Hauptfaktoren entsprechend der verwendeten Designmatrix verschiedene Ergebnisse erzielt. Wir haben auch herausgefunden, welche Hauptfaktoren aktiv sind. Wenn wir den Prozess so belassen würden und alle Hauptfaktoren auf ihrem derzeitigen Niveau halten, würde das erwartete Ergebnis des Prozesses der Durchschnittswert aller Experimente sein. Um ein besseres, d.h. mehr auf den Zielwert zentriertes Ergebnis zu erhalten, müssen wir die aktiven Faktoren ändern. Bei der Entwicklung eines Vorhersagemodells können die Niveaus der aktiven Faktoren bestimmt werden. Nichtaktive Faktoren zu ändern hat keine Auswirkungen auf das Resultat, und sie sollten deshalb anhand ökonomischer Gesichtspunkte gewählt werden.

Der Beitrag jedes einzelnen Faktors zum Ergebnis wird der Hälfte des berechneten Effektes, auch Regressionskoeffizient genannt, entsprechen. Dieser Koeffizient bezeichnet die vorhergesagte Veränderung, wenn der Faktor um eine Einheit angehoben wird. Der Effekt ist die Veränderung von (–) zu (+), d.h. eine Veränderung des Faktors um zwei Einheiten. Um die Effekte, die auf aktive Faktoren/ Wechselwirkungen zurückzuführen sind, zu kennzeichnen, bezeichnen wir diese mit $a$, sodass der Effekt also mit

$$l_{j_a}$$

bezeichnet wird.

Das Ergebnis, das sich bei einem faktoriellen Versuch aus den günstigsten Änderungen der aktiven Faktoren ergibt, entspricht dem durchschnittlichen Ergebnis aller Experimente plus der Summe der Beiträge der aktiven Effekte/Wechselwirkungen.

$$\hat{y}_i = \bar{y} + \sum_{j_a} \frac{\pm_{ij_a} * l_{j_a}}{2}$$

wobei $\hat{y}$ der vorhergesagte Wert, $i$ die Zeilennummer, $j$ die Spaltennummer des aktiven Effekts/Wechselwirkung, $l_{ja}$ der Effekt des aktiven Faktors/Wechselwirkung in Spalte $j$ und $\pm_{ija}$ das Vorzeichen des aktiven Faktors/Wechselwirkung in Reihe $i$ und Spalte $j$ ist. Abhängig davon, ob das Ergebnis maximiert oder minimiert werden soll, wird jeder aktive Faktor auf das Niveau gesetzt, niedrig (–) oder hoch (+), auf dem er positiv zum erwünschten Ergebnis beiträgt. Um das maximale Ergebnis zu erreichen, muss der Faktor auf niedriges Niveau gesetzt werden, wenn sein Effekt negativ ist und auf hohes Niveau gesetzt werden, wenn sein Effekt positiv ist. Es ist zu beachten, dass es nur möglich ist, die Hauptfaktoren zu steuern. Wenn also eine Wechselwirkung aktiv ist, kann diese nur durch die sich gegenseitig beeinflussenden Hauptfaktoren gesteuert werden. Die Änderungen in der Versuchsanordnung sollten dann in die Praxis umgesetzt und die Ertragsverbesserungen überprüft werden.

Im Fall von Scana Stavanger ist es nun möglich, mit Hilfe des aktiven Faktors aus der Analyse – Faktor B mit einem positiven Effekt von 4.5 – ein Vorhersagemodell herzustellen. Die Berechnung der Werte des Vorhersagemodells, $\hat{y}_i$, sieht dann wie folgt aus:

$$\hat{y}_i = \bar{y} + \sum \frac{\pm_{ij_a} * l_{j_a}}{2}$$

$$\hat{y}_3 = \hat{y}_4 = \hat{y}_7 = \hat{y}_8 = 4.4 + \frac{1*4.5}{2} = 6.65 \approx 6.7$$

$$\hat{y}_1 = \hat{y}_2 = \hat{y}_5 = \hat{y}_6 = 4.4 + \frac{-1*4.5}{2} = 2.15 \approx 2.2$$

Das Vorhersagemodell zeigt, dass der vorhergesagte Wert, wenn Faktor B auf ein hohes Niveau (+) gesetzt wird, 6.7 beträgt und, wenn der Faktor auf ein niedriges Niveau gesetzt wird (–), 2.2 beträgt. Vergleichen wir diese Werte mit den beobachteten Ergebniswerten in Tabelle 10.4, zeigt sich, dass das beste Ergebnis der acht Experimente 7.5 ist. Das Vorhersagemodell zeigt, dass das Setzen von Faktor B auf ein hohes Niveau (+) eine sehr effektive Verbesserung darstellt.

Bei der Analyse von empirischen Daten besteht immer ein gewisses Risiko für Fehlinterpretationen. Ein vernünftiger Weg, ernsthafte Fehler zu vermeiden, besteht darin, den Teil der Daten, die nicht im Vorhersagemodell enthalten sind, nochmals zu prüfen. Für jedes Messergebnis gibt es einen Restwert, der wie folgt berechnet werden kann:

$$e_i = y_i - \hat{y}_i$$

wobei $i$ die Nummer der Versuchsanordnung ist, $e_i$ der Restwert und $y_i$ der Messwert in jeder Anordnung.

Für unsere beiden Fälle können wir nun die Restwerte berechnen (Tabelle 10.7).

| Versuchs-anordnung | A | B | C | AB | AC | BC | ABC | Ergebnis, $y_i$ | $\hat{y}_i$ | $e_i$ |
|---|---|---|---|---|---|---|---|---|---|---|
| 1 | – | – | – | + | + | + | – | $y_1 = 1.5$ | 2.2 | –0.7 |
| 2 | + | – | – | – | – | + | + | $y_2 = 2.0$ | 2.2 | –0.2 |
| 3 | – | + | – | – | + | – | + | $y_3 = 7.5$ | 6.7 | 0.8 |
| 4 | + | + | – | + | – | – | – | $y_4 = 7.0$ | 6.7 | 0.3 |
| 5 | – | – | + | + | – | – | + | $y_5 = 3.0$ | 2.2 | 0.8 |
| 6 | + | – | + | – | + | – | – | $y_6 = 2.0$ | 2.2 | –0.2 |
| 7 | – | + | + | – | – | + | – | $y_7 = 5.0$ | 6.7 | –1.7 |
| 8 | + | + | + | + | + | + | + | $y_8 = 7.0$ | 6.7 | 0.3 |
| Effekt | 0.3 | 4.5 | –0.3 | 0.5 | 0.3 | –1.0 | 1.0 | | | |

Tab. 10.7 Berechnung der Restwerte auf Grundlage der Daten in Tabelle 10.4 und dem oben dargestellten Vorhersagemodell.

Es ist interessant, diese Daten aufzuzeichnen, um zu sehen, ob sie von einem vorhersagbaren Prozess stammen, was der Fall sein sollte. Selbst wenn die Daten nicht immer normalverteilt sind, ist es üblich, die Abweichungen im Wahrscheinlichkeitsgraphen einer Normalverteilung abzubilden, um herauszufinden, ob irgendwelche Ausreißer vorliegen. Dies erfolgt, indem die Restwerte in aufsteigender Reihenfolge geordnet und die Wahrscheinlichkeiten berechnet werden (Tab. 10.8 und Abb. 10.10). Hierbei ist zu beachten, dass die Anzahl der geordneten Restwerte acht beträgt, so dass:

$$F_g = \frac{g}{n_g + 1} = \frac{g}{8+1} = \frac{g}{9}$$

| g | Reihenfolge geordneter Restwerte | $F_g$ |
|---|---|---|
| 1 | – 1.7 ($e_7$) | 0.11 |
| 2 | – 0.7 ($e_1$) | 0.22 |
| 3 | – 0.2 ($e_2$) | 0.33 |
| 4 | – 0.2 ($e_6$) | 0.44 |
| 5 | 0.3 ($e_4$) | 0.56 |
| 6 | 0.3 ($e_8$) | 0.67 |
| 7 | 0.8 ($e_3$) | 0.78 |
| 8 | 0.8 ($e_5$) | 0.89 |

Tab. 10.8 Berechnung der Positionen im Wahrscheinlichkeitsgraphen der geordneten Restwerte aus Tabelle 10.7.

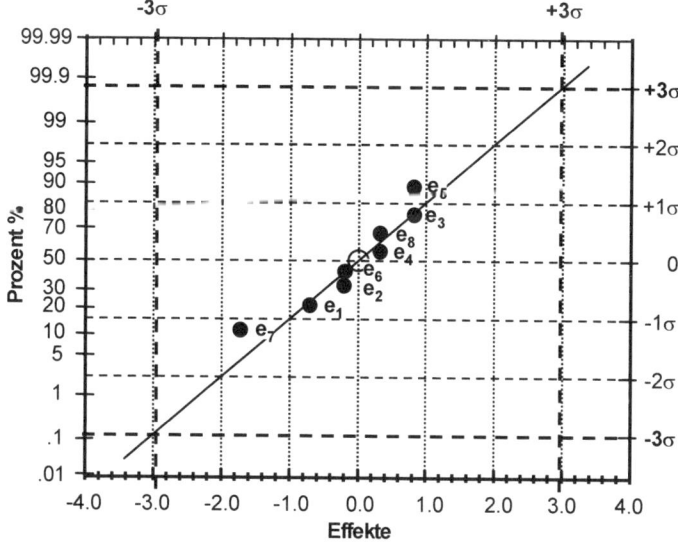

Abb. 10.10 Die Darstellung der Abweichungen in einem Normalverteilungsdigramm zeigt, dass es keine Ausreißer gibt.

Schlussendlich ist es ratsam, ein Kontrollexperiment durchzuführen, besonders dann, wenn die Verbesserung substanzielle Investitionen erfordert oder wenn Fehler sehr kostspielig werden können.

## 10.4 Teilfaktorielle Versuche

Oft ist eine so hohe Anzahl Faktoren interessant, dass ein vollständiger faktorieller Versuch, wie oben beschrieben, nicht durchführbar ist. Für $k = 6$ Faktoren brauchen wir $2^k = 2^6 = 64$ Versuchsanordnungen, was normalerweise zu teuer ist. Ein entscheidender Vorteil von faktoriellen Versuchen besteht jedoch in der Möglichkeit, nur einen Teil der $2^k$ verschiedenen Versuchsanordnungen zu betrachten, d.h. wir brauchen nur einen Teil der Ecken des k-dimensionalen Würfels zu betrachten.

In einem vollständigen faktoriellen Versuch erhält man Informationen über die Effekte sowohl der Hauptfaktoren als auch der Wechselwirkungen. Oft geht man davon aus, dass Wechselwirkungen dritten Grades oder höher außer Acht gelassen werden können. Dann können teilfaktorielle Versuche benutzt werden, um entweder mit derselben Anzahl Experimente zusätzliche Hauptfaktoren zu testen oder um die Anzahl der Experimente zu reduzieren.

Um mit derselben Anzahl Experimente zusätzliche Faktoren zu testen, können wir die zusätzlichen Hauptfaktoren exakt entsprechend den Vorzeichen der außer Acht gelassenen Wechselwirkungen variieren. Wenn wir z.B. die drei Faktoren A, B und C untersuchen und ihre Wechselwirkung ABC außer Acht lassen, können wir einen vierten Faktor D in der „freien" Spalte einführen (Tabelle 10.9).

| Versuchs-anordnung | A | B | C | AB | AC | BC | D (ABC) | Ergebnis |
|---|---|---|---|---|---|---|---|---|
| 1 | – | – | – | + | + | + | – | 2.0 |
| 2 | + | – | – | – | – | + | + | 1.5 |
| 3 | – | + | – | – | + | – | + | – 4.5 |
| 4 | + | + | – | + | – | – | – | – 1.2 |
| 5 | – | – | + | + | – | – | + | 8.9 |
| 6 | + | – | + | – | + | – | – | 8.4 |
| 7 | – | + | + | – | – | + | – | 5.1 |
| 8 | + | + | + | + | + | + | + | 1.9 |
| Effekt | – 0.23 | – 4.88 | 6.63 | 0.28 | – 1.63 | – 0.28 | – 1.63 | |

Tab. 10.9 Teilfaktorielle Versuchsmatrix, in der der Hauptfaktor D hinzugefügt wurde. Hier ist ein Beispiel eines faktoriellen Versuchs für gesponnenes Isoliermaterial von Kupferspulen eines ABB Werks. Das Ergebnis ist die Überlappung des Papiers (in mm), A ist die Maschinengeschwindigkeit, B ist die Spindelgeschwindigkeit, C ist die Papiergröße und D ist die Größe des Kupferdrahtes der Spule. Das Experiment führte zu einer jährlichen Kosteneinsparung von US$ 27000.

In der Praxis setzten wir in den Versuchsanordnungen den Faktor D auf ein niedriges Niveau, in welchen in der Spalte der Wechselwirkungen der drei Faktoren ABC ein Minuszeichen (–) steht. Entsprechend setzten wir dort, wo in dieser Spalte ein Pluszeichen (+) steht, den Faktor D auf ein hohes Niveau. Anhand eines Würfels kann dies visualisiert werden (Abb. 10.11).

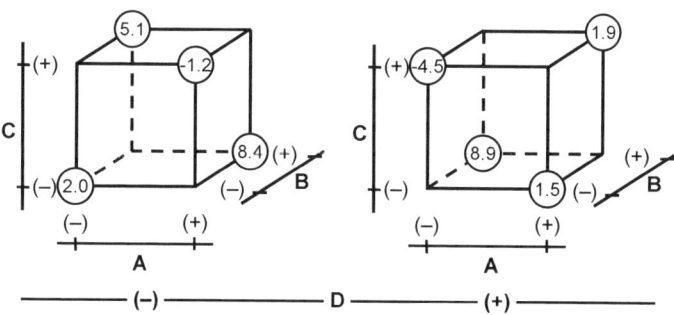

Abb. 10.11 Darstellung des Experiments aus Tabelle 10.9 anhand eines Würfels.

Zeigt die Analyse der Ergebnisse dieser neuen Versuchsanordnung, dass der Effekt der Spalte für den Hauptfaktor D im Verhältnis der restlichen Effekte groß ist, ist anzunehmen, dass Faktor D aktiv ist. Es besteht jedoch weiterhin das Risiko, dass die Wechselwirkung ABC die aktive ist. Die Wahrscheinlichkeit hierfür ist jedoch gering. Generell sind der Hauptfaktor D und die Wechselwirkung ABC überlagernd, wobei der Hauptfaktor D normalerweise dominiert.

Da die Vorzeichen des Hauptfaktors D und der Wechselwirkung ABC identisch sind, setzen wir D = ABC, was auch als definierte Gleichung bezeichnet wird. Was die Wechselwirkungen mit dem Hauptfaktor D betrifft, so zeigt die definierte Gleichung an, dass die Wechselwirkung DA gleich der Wechselwirkung BC ist. Da die Wechselwirkung bereits in der Designmatrix enthalten ist, ist die Wechselwirkung AD in derselben Spalte überlagernd. Entsprechend ist DB gleich AC und DC gleich AB (Tabelle 10.10).

Auf diese Art und Weise können vier Faktoren mit acht Experimenten untersucht werden, mit der Schlussfolgerung, dass einige Effekte von Hauptfaktoren und Wechselwirkungen überlagernd sind. Derselbe kalkulierte Effekt entspricht mehr als einem Hauptfaktor und einer Wechselwirkung. Im Experiment aus Tabelle 10.9 ist die Wechselwirkung zwischen Maschinen- und Spindelgeschwindigkeit (A*B) überlagernd mit der Wechselwirkung zwischen der Papiergröße und der Dimension des Kupferdrahtes (C*D). Außerdem ist (A*C) überlagernd mit (B*D) und (B*C) mit (A*D).

Ein anderes Beispiel eines teilfaktoriellen Versuches ist ein Design, in dem die Effekte der drei Hauptfaktoren A, B, C durch lediglich vier Tests gefunden werden. Dies wird möglich durch Vernachlässigen der Wechselwirkung zwischen A und B (Abb. 10.12). Die definierte Gleichung ist C = AB.

| Versuchs-anordnung | A | B | C | CD AB | BD AC | AD BC | D ABC | Ergebnis |
|---|---|---|---|---|---|---|---|---|
| 1 | – | – | – | + | + | + | – | $y_1$ |
| 2 | + | – | – | – | – | + | + | $y_2$ |
| 3 | – | + | – | – | + | – | + | $y_3$ |
| 4 | + | + | – | + | – | – | – | $y_4$ |
| 5 | – | – | + | + | – | – | + | $y_5$ |
| 6 | + | – | + | – | + | – | – | $y_6$ |
| 7 | – | + | + | – | – | + | – | $y_7$ |
| 8 | + | + | + | + | + | + | + | $y_8$ |

Tab. 10.10 Teilfaktorielle Versuchsmatrix, in der die Wechselwirkung CD in der Spalte AB, Wechselwirkung BD in der Spalte AC und Wechselwirkung AD in der Spalte BC überlagernd ist. Nicht berücksichtigt ist die Tatsache, dass drei Wechselwirkungen dieselbe Spalte wie die Haupteffekte haben werden, z.B. A = BCD.

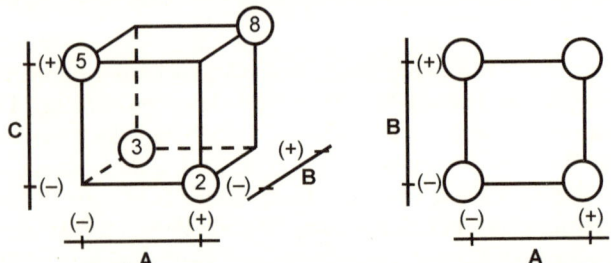

Abb. 10.12 Darstellung eines teilfaktoriellen Versuchs mit drei Faktoren. Mit vier Versuchsanordnungen können die drei Haupteffekte identifiziert werden. Beachten Sie, dass durch Vernachlässigen einer der Faktoren das Experiment in diesem Fall mit den beiden anderen Faktoren vollständig sein wird. In der Darstellung rechts wurde Faktor C außer Acht gelassen.

Die Designmatrix zeigt die Niveaus jedes Faktors (Tabelle 10.11):

| Versuchs-anordnung | A | B | C AB | Ergebnis |
|---|---|---|---|---|
| 1 | – | – | + | $y_1$ |
| 2 | + | – | – | $y_2$ |
| 3 | – | + | – | $y_3$ |
| 4 | + | + | + | $y_4$ |

Tab. 10.11 Designmatrix für einen teilfaktoriellen Versuch mit den drei Faktoren A, B und C.

Hierbei ist zu beachten, dass, wenn es immer noch eine Wechselwirkung zwischen A und B gibt, diese anhand derselben Sequenz von (+) und (–) wie Faktor C geschätzt würde. Dies bedeutet, dass es nicht möglich ist, zwischen dem Effekt von Faktor C und der Wechselwirkung von A und B zu unterscheiden. Ebenso ist der Effekt von A mit der Wechselwirkung von B und C vermischt.

In vielerlei Hinsicht bieten teilfaktorielle Versuche effektivere Möglichkeiten für Verbesserungen als vollfaktorielle Versuche. Eine teilfaktorielle Versuchsanordnung wird normalerweise mit

$$M^{k-d}$$

bezeichnet, wobei $M$ die Anzahl der Niveaus jedes Faktors ist, $k$ die Anzahl der Hauptfaktoren und $d$ die Anzahl definierter Gleichungen. Die gesamte Anzahl der Experimente eines teilfaktoriellen Versuchsplans entspricht $M^{k-d}$. Zum Beispiel entspricht ein Versuchsplan mit vier Hauptfaktoren mit je zwei Niveaus und einer definierten Gleichung 8 (= $2^{4-1}$) Experimenten. Den größten Nutzen mit teilfaktoriellen Versuchen erhält man durch eine hohe Anzahl untersuchter Faktoren und einer mäßigen Anzahl Experimente. Es ist durchaus möglich, sieben Faktoren in acht Experimenten zu analysieren, aber es liegen dann eine Menge Überlagerungen vor und die Ergebnisse sind unter Umständen schwer zu interpretieren. Diese Art von teilfaktoriellen Versuchen wird jedoch häufig empfohlen, um einen schnellen Überblick über die Problemstellung zu erhalten. Einzelne Faktoren mit starker Wirkung können identifiziert, andere können als relativ unwichtig aussortiert werden und der Messprozess wird geprüft.

Es gibt eine große Anzahl teilfaktorieller Versuchsplanmatrizen. Die Auswahl der passenden Matrix ist ein Balanceakt zwischen der Menge der zu erhaltenden Information und den Kosten der Experimente. Letztere Alternative bevorzugt teilfaktorielle Versuche mit vielen überlagernden Faktoren und Wechselwirkungen, während die erste Alternative für vollfaktorielle Versuche spricht. Ein Kompromiss dieser beiden Alternativen besteht häufig darin, mit einem relativ kleinen teilfaktoriellen Versuch zu starten, in dem eine große Anzahl Faktoren variiert wird. Auf Grundlage der Ergebnisse werden die einflussreichsten Faktoren in einem Folgeexperiment studiert. In der Literatur zur Versuchsplanung wird im Allgemeinen empfohlen, im ersten Experiment nur 25% der zur Verfügung stehenden Ressourcen zu benutzen. Die am häufigsten angewendeten teilfaktoriellen Versuchspläne können Referenztabellen entnommen werden (Tab. 10.12).

| | Anzahl von Hauptfaktoren, $k$ | | | | | | |
|---|---|---|---|---|---|---|---|
| $n_r$ | 2 | 3 | 4 | 5 | 6 | 7 | 8 |
| **4** | $2^2$ | $2^{3-1}$<br><br>C=AB | | | | | |
| **8** | | $2^3$ | $2^{4-1}$<br><br>D = ABC | $2^{5-2}$<br><br>D = AB<br>E = AC | $2^{6-3}$<br>D = AB<br>E = AC<br>F = BC | $2^{7-4}$<br>D = AB<br>E = AC<br>F = BC<br>G = ABC | |
| **16** | | | $2^4$ | $2^{5-1}$<br><br>E = ABCD | $2^{6-2}$<br><br>E = ABC<br>F = BCD | $2^{7-3}$<br>E = ABC<br>F = BCD<br>G = ACD | $2^{8-4}$<br>E = BCD<br>F = ACD<br>G = ABC<br>H = ABD |

Tab. 10.12 Einige der am häufigsten genutzten Versuchspläne, einschließlich empfehlenswerter definierter Gleichungen.

## 10.5 Wiederholte Experimente

Oft ist es empfehlenswert, dass Experimente wiederholt werden. Dies gilt z.B., wenn die Streuung einer Ergebnisvariablen reduziert werden soll. Normalerweise interessieren wir uns für die Streuung auf dem jeweiligen Niveau eines Faktors und daher ist es nicht notwendig, die Faktorniveaus zufällig auszuwählen. Interessieren wir uns jedoch für die gesamte Streuung in einem Experiment, wie dies oft bei der Varianzanalyse der Fall ist, so müssen zwischen jedem Experiment die Niveaus aller Faktoren auf das Ausgangsniveau gesetzt und in jedem Experiment zufällig variiert werden. Dies ist normalerweise eine sehr zeitintensive Aufgabe.

In den oben dargestellten Beispielen haben wir gezeigt, wie die Zentrierung auf einen Zielwert eines Prozesses durch die Anwendung von faktoriellen Versuchen verbessert werden kann. Bitte beachten Sie, dass ein Zielwert nicht unbedingt einen absoluten Wert annehmen muss, sondern auch ein angestrebtes Maximum oder Minimum sein kann. Bisher haben wir jedoch nicht gezeigt, wie Streuung reduziert werden kann und welche der steuerbaren Einsatzfaktoren zu Variation aufgrund besonderer Ursachen führen, d.h. welche aktiv sind und welche nicht. Der Grund hierfür ist, dass wir uns nur auf eine Messung für die jeweilige Anordnung des Experimentes gestützt haben. Eine Messung sagt wenig über die Streuung einer Versuchsanordnung, wenn diese in die Praxis umgesetzt würde. Interessanterweise werden einige Techniken, die solche Schlussfolgerungen erlauben, derzeit entwickelt. Wir betrachten diese jedoch nicht als Gegenstand dieses Buches. Da die Bekämpfung von Prozessvariation unser primäres Ziel ist, sollten wir versuchen, Informationen über die Streuung jeder Versuchsanordnung einzubeziehen. Nur dann können wir eine Versuchsanordnung für die Hauptfaktoren finden, die zu hoher Prozessleistung, d. h. guter Zentrierung und wenig Streuung führt.

Grundsätzlich erfolgt dies dadurch, dass jedes Experiment in einer bestimmten Anzahl, $u$, wiederholt wird, sodass für jedes Ergebnis, $y_{iq}$, mehrere Messungen vorhanden sind, wobei $i$ die Nummer der Versuchsanordnung ist und $q$ die Wiederholungsnummer mit $q = 1, 2, \dots u$. Das Durchschnittsergebnis für jede Versuchsanordnung wird ermittelt durch

$$\bar{y}_i = \frac{\sum_{q=1}^{u} y_{iq}}{u}$$

Der Versuchsplan wird mit folgender allgemeiner Form bezeichnet:

$$u * M^{k-d}$$

wobei $u$ die Anzahl Wiederholungen ist, $M$ die Anzahl der Niveaus, $k$ die Anzahl der Hauptfaktoren und $d$ die Anzahl definierter Gleichungen. Die gesamte Anzahl von Experimenten, $n$, ergibt sich aus $u * M^{k-d}$.

Eine Faustregel besagt, jedes Experiment mindestens drei Mal zu wiederholen (Tab.10.13).

Selbstverständlich entstehen durch Wiederholung von Experimenten Zusatzkosten und dies sollte daher nur erfolgen, wenn das Ziel die Reduzierung von Streuung ist (was allerdings eine der Hauptaktivitäten in Six Sigma ist).

| Vers.-Ord. | A | B | C | AB | AC | BC | D (ABC) | $y_{i1}$ | $y_{i2}$ | $y_{i3}$ | $y_{i4}$ | $y_{i5}$ | $\bar{y}_i$ |
|---|---|---|---|---|---|---|---|---|---|---|---|---|---|
| 1 | − | − | − | + | + | + | − | 143 | 142 | 126 | 166 | 130 | 141 |
| 2 | + | − | − | − | − | + | + | 188 | 194 | 168 | 210 | 168 | 186 |
| 3 | − | + | − | − | + | − | + | 130 | 139 | 149 | 129 | 162 | 142 |
| 4 | + | + | − | + | − | − | − | 161 | 176 | 184 | 172 | 204 | 179 |
| 5 | − | − | + | + | − | − | + | 514 | 498 | 497 | 507 | 512 | 506 |
| 6 | + | − | + | − | + | − | − | 633 | 612 | 619 | 651 | 660 | 635 |
| 7 | − | + | + | − | − | + | − | 463 | 457 | 449 | 436 | 503 | 462 |
| 8 | + | + | + | + | + | + | + | 500 | 587 | 584 | 573 | 631 | 575 |

Tab. 10.13 Designmatrix für einen $2^3$ Versuchsplan mit fünf Wiederholungen für jede Versuchsanordnung und die durchschnittlichen Ergebnisse. Dies ist ein faktorieller Versuch eines französischen ABB Werkes zur Verbesserung von Kabelklemm-Verbindungen. Die Ergebnisvariable ist das Drehmoment (beim Anziehen von Schrauben), A ist die Kraft (die auf die Schraube beim Anziehen wirkt), B ist der Schraubendurchmesser und C ist die Schmierung. Das Experiment führte zu einem neuen Design der Kabelklemmen mit einer jährlichen Kosteneinsparung von US$ 57000 und einer verbesserten Verbindung.

Auf Grundlage wiederholter Experimente ist es möglich, die Standardabweichung für jede Versuchsanordnung zu ermitteln. Sie kann mit folgender Formel ermittelt werden:

$$s_i = \sqrt{\dfrac{\sum\limits_{q=1}^{u}\left(y_{iq}-\bar{y}_i\right)^2}{\left(u-1\right)}}$$

wobei $i$ die Nummer der Versuchsanordnung ist, $q$ die Wiederholungsnummer, und $u$ die Anzahl Wiederholungen. Die Standardabweichung für jede Versuchsanordnung kann nun dem allgemeinen Beispiel für den $2^3$ Versuchsplan mit fünf Wiederholungen hinzugefügt werden (Tab. 10.14). Normalerweise wird die Standardabweichung auf einer logarithmischen Skala gemessen und daher bilden wir den Logarithmus jeder Standardabweichung $s$, bevor wir die geschätzten Effekte auf die Standardabweichung berechnen.

| Ver-suchs-anord-nung | A | B | C | AB | AC | BC | D (ABC) | $y_{i1}$ | $y_{i2}$ | $y_{i3}$ | $y_{i4}$ | $y_{i5}$ | $\bar{y}_i$ | $s_i$ |
|---|---|---|---|---|---|---|---|---|---|---|---|---|---|---|
| 1 | − | − | − | + | + | + | − | 143 | 142 | 126 | 166 | 130 | 141 | 14 |
| 2 | + | − | − | − | − | + | + | 188 | 194 | 168 | 210 | 168 | 186 | 16 |
| 3 | − | + | − | − | + | − | + | 130 | 139 | 149 | 129 | 162 | 142 | 12 |
| 4 | + | + | − | + | − | − | − | 161 | 176 | 184 | 172 | 204 | 179 | 14 |
| 5 | − | − | + | + | − | − | + | 514 | 498 | 497 | 507 | 512 | 506 | 7 |
| 6 | + | − | + | − | + | − | − | 633 | 612 | 619 | 651 | 660 | 635 | 18 |
| 7 | − | + | + | − | − | + | − | 463 | 457 | 449 | 436 | 503 | 462 | 23 |
| 8 | + | + | + | + | + | + | + | 500 | 587 | 584 | 573 | 631 | 575 | 42 |

Tab. 10.14 Designmatrix für einen $2^3$ Versuchsplan mit fünf Wiederholungen jeder Versuchsanordnung und die sich ergebenden Durchschnittsergebnisse inklusive Standardabweichung (siehe Tabelle 10.13).

Wenn wir den Effekt der Hauptfaktoren und der Wechselwirkungen auf das durchschnittliche Ergebnis berechnen, können wir immer noch herausfinden, welche im Hinblick auf das Ergebnis aktiv sind. Berechnen wir jedoch den Effekt der Hauptfaktoren und der Wechselwirkungen im Hinblick auf die Standardabweichung der Ergebnisse, können wir die aktiven Faktoren und Wechselwirkungen, d.h. diejenigen, die zu Streuung führen, finden. Die aktiven Faktoren können dann so gesetzt werden, dass die Standardabweichung so niedrig wie möglich gehalten wird. Die Hauptfaktoren und Wechselwirkungen, die im Hinblick auf das Ergebnis und die Standardabweichung inaktiv sind, sollten unter ökonomischen Gesichtspunkten festgelegt werden. Der Grund hierfür

liegt darin, dass diese keinen Einfluss auf die Streuung haben. Daher kann be-
denkenlos die kostengünstigste Variante gewählt werden.

Um herauszufinden, welche Hauptfaktoren und Wechselwirkungen im Hinblick
auf die Variation aktiv sind, ist eine ähnliche Analyse anhand des Normalverteilungsdiagramms wie die im Hinblick auf das Ergebnis durchgeführte Analyse zu
erstellen.

## 10.6 Experimente mit Mittelpunkten und Blockdesign

Manchmal kann es nützlich sein, auch die Mittelpunkte (0) der Hauptfaktoren
zu testen und nicht nur das hohe (+) und niedrige (–) Niveau. Der Mittelpunkt
ist oft das normale Niveau eines Faktors. Dies entspricht einem dreistufigen faktoriellen Versuch, welcher in folgender allgemeiner Form dargestellt wird:

$$u * 3^{k-d}$$

Ein dreistufiger vollständiger Versuchsplan mit zwei Faktoren, $3^2$, hat neun Experimente (Tab.10.15 und Abb. 10.13). Bei drei Faktoren erhöht sich die Anzahl der Experimente auf 27.

| Versuchs-anordnung | A | B | AB | Ergebnis |
|---|---|---|---|---|
| 1 | – | – | + | $y_1$ |
| 2 | 0 | – | 0 | $y_2$ |
| 3 | + | – | – | $y_3$ |
| 4 | – | 0 | 0 | $y_4$ |
| 5 | 0 | 0 | 0 | $y_5$ |
| 6 | + | 0 | 0 | $y_6$ |
| 7 | – | + | – | $y_7$ |
| 8 | 0 | + | 0 | $y_8$ |
| 9 | + | + | + | $y_9$ |

Tab. 10.15 Versuchsmatrix für einen $3^2$ Versuchsplan: 2 Hauptfaktoren, A und B, jeder mit
3 Niveaus: hoch (+), mittel (0) und niedrig (–).

Das Hauptziel eines Experiments mit Mittelpunkten besteht zusätzlich zu den
Zielsetzungen zweistufiger Experimente darin, quadratische Effekte von Faktoren zu identifizieren. Wenn wir ein Ergebnis, $y$, maximieren wollen, so müssen
wir das Ergebnis als eine Funktion der Faktoren darstellen, die zumindest auf
den Niveaus der $x$s (Einsatzfaktoren) quadratisch ist. Auch ein Experiment mit
einem Mittelpunkt kann als teilfaktorieller Versuch durchgeführt werden, d.h.
mit $d > 0$. Die Überlagerungen werden jedoch sehr komplex.

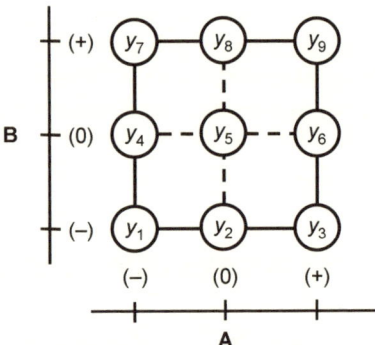

Abb. 10.13 Darstellung eines Experiments in einem $3^2$ Versuchsplan.

Eine interessante Alternative ist hier das so genannte Central Composite Design (CCD). Dabei wird der Versuchsplan, der einem unvollständigen Würfel entspricht, mit einigen Messungen in der Mitte des Würfels und mit einem „Stern" vervollständigt. Die Versuchsanordnung des Sterns besteht darin, dass jeder Faktor auf ein hohes und ein niedriges Niveau gesetzt wird, während die anderen Faktoren auf mittlerem Niveau bleiben. Diese Art des Designs eignet sich hervorragend, um quadratische Effekte und Wechselwirkungen mit einem vertretbaren Versuchsaufwand zu finden. Die Beschreibung solcher Designs ist jedoch nicht Gegenstand dieses Buches.

Die Einwirkungen irrelevanter Störfaktoren, wie z.B. Messfehler, müssen soweit wie möglich beseitigt werden. Dies kann entweder dadurch geschehen, dass diese konstant gehalten werden oder dadurch, dass die Experimente blockweise durchgeführt werden, während die Störfaktoren auf bestimmten Positionen gehalten werden. Die Bildung von Blöcken erfolgt so, dass der Effekt der irrelevanten Störfaktoren eliminiert wird. Somit werden die geschätzten Effekte der betrachteten Faktoren nicht beeinflusst. Wenn beispielsweise pro Tag nur vier Stapel produziert werden können, aber bestimmt wurde, dass drei Faktoren in acht Experimenten untersucht werden sollen, jeweils ein Faktor pro Stapel, so besteht ein gewisses Risiko, dass irrelevante Störfaktoren von einem Tag zum nächsten in den Prozess eintreten, welche zu Variation im Prozess führen. In diesem Fall können Blöcke gebildet werden, z.B. vier Experimente pro Block pro Tag. „Irrelevante" Störfaktoren können jedoch, wenn sie wesentlich sind, genauso interessant sein wie andere betrachtete Faktoren.

Die Tests werden so durchgeführt, dass die Blockeffekte ausgeglichen werden. Die Blöcke können so verteilt werden, dass der Blockeffekt mit dem Effekt der Wechselwirkung zwischen allen drei Faktoren kombiniert wird, da diese Wechselwirkung die am wenigsten wahrscheinliche ist (Abb.10.14). In der Abbildung stellen die runden Symbole die Tests während des ersten Tages dar, während die quadratischen Symbole die Tests des zweiten Tages abbilden.

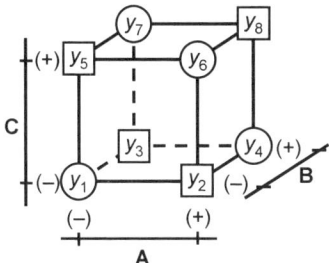

Abb. 10.14 Darstellung eines Blockdesigns.

## 10.7 Allgemeine Vorgehensweise

Obwohl Faktorielle Versuche fast unbegrenzte Möglichkeiten für Design und Anwendung bieten, ist es jedoch möglich, eine allgemeine Vorgehensweise zu beschreiben. Die unten aufgezeigten Schritte und deren Beschreibung erheben nicht den Anspruch, vollständig zu sein. Wir hoffen jedoch, dass sie eine Reihe von Empfehlungen bilden, welche die effektive Anwendung von faktoriellen Versuchen ermöglichen.

### Schritt 1. Problemformulierung

Warum sollen Faktorielle Versuche angewendet werden? Wir nehmen an, dass der Verbesserungsbedarf in der Definitionsphase der Six Sigma-Verbesserungsmethodik aufgedeckt wurde, z.B. durch Anwendung eines Pareto-Diagramms. Wie bereits zu Beginn dieses Kapitels erläutert, besteht das Denkmodell von Six Sigma darin, dass „$y$ eine Funktion von $x$" ist, wobei $y$ die Ergebnisvariablen sind, die für den Kunden von Bedeutung sind, und $x$ die Variablen für die Einsatzfaktoren darstellen. Die Frage ist, welche der $x$ bedeutend sind, um, gemessen an den Kundenanforderungen, gute Werte für $y$ zu erhalten, und wie wir die Niveaus dieser $x$s festlegen. Ein Ursache-Wirkungs-Diagramm oder ein einfaches Flussdiagramm sind hilfreich, um bedeutende Einsatz- und Ergebnisvariablen darzustellen.

### Schritt 2. Auswahl der Ergebnisvariablen und der Hauptfaktoren

Einer der entscheidenden Schritte für die erfolgreiche Anwendung von faktoriellen Versuchen ist es, herauszufinden, welche Einsatzfaktoren ($x$s) wahrscheinlich von entscheidender Bedeutung dafür sind, gute Werte für die Ergebnisvariablen ($y$s) zu erzielen. Wir haben bereits früher erläutert, dass Faktorielle Versuche im selben Verbesserungsprojekt manchmal mehrmals angewendet werden müssen, um besondere Ursachen für Variation zu identifizieren und Verbesserungen zu erzielen.

Was die Auswahl der Einsatzfaktoren betrifft, so sollten sie neben einem hohen Einfluss auf die Ergebnisvariable auch die Eigenschaft besitzen, regelbar zu sein. Die ausgewählten Einsatzfaktoren werden zu den Hauptfaktoren im Versuchsplan. Was die Ergebnisvariable betrifft, so können in ein und demselben faktoriellen Versuch mehrere Ergebnisvariablen einbezogen werden. Die Analyse wird jedoch aus Vereinfachungsgründen normalerweise für jede Variable getrennt durchgeführt.

Es ist oft hilfreich, die ausgewählten Ergebnisvariablen und Einsatzfaktoren mit Hilfe der allgemeinen Formel $y = f(x_1, x_2, ..., x_n)$, $y$ ist eine Funktion von $x$, zu formulieren. Ein einfaches Flussdiagramm oder ein Ursache-Wirkungs-Diagramm können ebenfalls hilfreich sein.

Für jeden ausgewählten Hauptfaktor müssen die Testniveaus festgelegt werden. Da die Hauptfaktoren regelbare Einsatzfaktoren sind, ist es offenbar möglich, sie den festgelegten Niveaus anzupassen. Kommen zwei Testniveaus zur Anwendung, muss ein Niveau unter und ein Niveau über dem derzeitigen Niveau ausgewählt werden. Diese Niveaus sollten so weit von dem derzeitigen Niveau entfernt liegen, dass sie sich offensichtlich innerhalb des möglichen Minimum- und Maximumbereichs befinden, wobei die funktionelle Beziehung zwischen $x$ und $y$ aufrechterhalten bleibt. Die beiden Niveaus sollten auch jeweils gleich weit vom Mittelpunkt entfernt sein. In Fällen mit drei Niveaus wird der Mittelpunkt häufig entsprechend dem allgemeinen Niveau des Faktors festgesetzt.

Die natürliche Skala für die Ergebnisvariable sollte auch berücksichtigt werden. Manchmal ist z.B. die Anwendung einer logarithmischen Skala viel natürlicher als eine lineare Skala. Betrachten wir nur z.B. die Gesetze der Physik und der Chemie, welche oft multiplikativ sind. In diesen Fällen ist es natürlicher, die Logarithmen der Ergebnisse zu verwenden, wie z.B. die häufige Anwendung von Dezibel in der Elektrotechnik.

**Schritt 3. Auswahl des Versuchsplans und Erstellen der Designmatrix**

Wie wir z.B. in Tabelle 10.12 gesehen haben, gibt es eine Vielzahl verschiedener Versuchspläne für Faktorielle Versuche. Der Versuchsplan wird in folgender allgemeiner Form beschrieben:

$$u * M^{k-d}$$

wobei $u$ die Anzahl der Wiederholungen ist, $M$ die Anzahl Niveaus, $k$ die Anzahl der Hauptfaktoren und $d$ die Anzahl definierter Gleichungen. Die Anzahl der Experimente, $n$, entspricht $u * M^{k-d}$.

Was die Auswahl des Versuchsplans betrifft, so ist die Wahl der Hauptfaktoren und Ergebnisvariablen in Schritt 2 von entscheidender Bedeutung. Es sind jedoch noch weitere Elemente zu beachten. Oft muss ein Kompromiss zwischen einem geeigneten Versuchsplan und den zur Verfügung stehenden Ressourcen gefunden werden.

Wir halten es für empfehlenswert, in der Startphase von Six Sigma in einem Unternehmen die Anzahl der Hauptfaktoren gering zu halten und entweder vollständige Versuchspläne mit wenigen Faktoren oder einfache teilfaktorielle Versuchspläne mit einer leicht verständlichen Struktur zu verwenden. Oft bilden zwei, drei oder vier Hauptfaktoren schon eine gute Basis für Verbesserungen. Außerdem ist es immer möglich, weitere Versuche mit anderen Faktoren durchzuführen. Einige japanische Unternehmen befolgen die Faustregel, dass in neun von zehn Fällen ein Prozess anhand von drei Hauptfaktoren beträchtlich verbessert werden kann und dass der zehnte Fall ohnehin so kompliziert sein wird, dass Faktorielle Versuche wahrscheinlich gar nicht anwendbar sind. Solche vereinfachten Ratschläge können herausfordernd wirken, in der Startphase eines Six Sigma-Programmes jedoch durchaus sinnvoll sein.

**Schritt 4. Durchführen der Experimente und Aufzeichnen der Ergebnisse**

Unter Einhaltung der Testniveaus für die Hauptfaktoren aus der Designmatrix können dann die Experimente durchgeführt werden. Die Reihenfolge der Experimente sollte vorzugsweise zufällig gewählt werden, zumindest wenn der betrachtete Prozess vor Beginn der Experimente nicht vorhersagbar ist. Die Wechselwirkungen ergeben sich aus den veränderten Niveaus der Hauptfaktoren und können in der Versuchsanordnung physisch nicht verändert werden. Für jedes Experiment müssen die Ergebnisse aufgezeichnet werden. Hierfür kann entweder die Tabelle der Designmatrix oder eine geeignete geometrische Figur wie z.B. ein Würfel verwendet werden, in der die Ergebnisse mit Bezug zu den Niveaus der Hauptfaktoren dargestellt werden. Die sorgfältige Durchführung der Experimente und eine detaillierte Dokumentation sind von unschätzbarem Wert. Ab und zu ergeben sich unvorhersehbare Ereignisse, die bei der Interpretation der Ergebnisse unbedingt zu berücksichtigen sind.

**Schritt 5. Analyse der Ergebnisse**

Zuerst sollte der Effekt jedes Hauptfaktors und jeder Wechselwirkung auf die Ergebnisvariable berechnet werden. Jede Spalte, $j$, enthält einen Hauptfaktor oder eine Wechselwirkung, und der Effekt jeder Spalte, $l_j$, wird anhand folgender Formel berechnet:

$$l_j = \frac{\sum_{i=1}^{n_r} \pm_{ij} * y_i}{\frac{n_r}{2}}$$

wobei $i$ die Nummer der Versuchsanordnung (Zeilennummer), $i = 1, 2, ..., n_r$, und $n_r$ die gesamte Anzahl der Versuchsanordnungen ist, und $\pm_{ij}$ das Vorzeichen einer Zelle und $y_i$ die Messung in der Versuchsanordnung $i$ darstellt.

Danach müssen die Effekte aller Hauptfaktoren und ihrer Wechselwirkungen analysiert werden. Einfache Analysetechniken zur Visualisierung der relativen absoluten Werte der Effekte sind das Pareto-Diagramm oder das Kuchendia-

gramm. Um jedoch zu bestimmen, ob ein Hauptfaktor oder eine Wechselwirkung aktiv ist, sind detailliertere Analysen notwendig. Dies erfolgt durch Abbildung der Effekte in einem Normalverteilungsdiagramm.

**Schritt 6. Erstellen des Vorhersagemodells**

Um Verbesserungsmöglichkeiten zu identifizieren und um herauszufinden, wie
die Faktoren gesetzt werden müssen, um das gewünschte Ergebnis zu erhalten,
müssen die aktiven Faktoren und Wechselwirkungen in einem Vorhersagemodell abgebildet werden. Inaktive Faktoren/Wechselwirkungen werden in das Er-
gebnismodell nicht einbezogen, denn ihr Einfluss auf das Ergebnis ist höchstens
zufällig und ihre Werte sollten daher anhand ökonomischer Gesichtspunkte gewählt werden.

Für jede Versuchsanordnung können wir ein Modell für die erwarteten Ergebniswerte aus dieser Versuchsanordnung erstellen. Das Modell wird aus dem
Durchschnitt aller Messungen und der Summe der geschätzten Beiträge der verschiedenen aktiven Faktoren/Wechselwirkungen in der Versuchsanordnung erstellt. Der vorhergesagte Wert kann dann wie folgt berechnet werden:

$$\hat{y}_i = \bar{y} + \sum_{j_a} \frac{\pm_{ij_a} * l_{j_a}}{2}$$

wobei $\hat{y}$ der vorhergesagte Wert, $i$ die Zeilennummer, $j_a$ die Spaltennummer eines
aktiven Effekts/Wechselwirkung, $l_{ja}$ der Effekt des aktiven Faktors/Wechselwir-
kung in Spalte $j_a$ und $\pm_{ija}$ das Vorzeichen des aktiven Faktors/Wechselwirkung in
Zeile $i$ und Spalte $j_a$ ist.

**Schritt 7. Diagnose und Kontrolle**

Das Vorhersagemodell muss dann mit den in den Experimenten gemessenen Ergebnissen verglichen werden, um herauszufinden, ob das Modell die gemessenen Ergebnisse gut abbildet, ob große Restwerte vorliegen und ob die gemessenen Ergebnisse aus einem vorhersagbaren Prozess stammen.

Hierfür wird normalerweise ein Normalverteilungsdiagramm benutzt. Abweichungen werden anhand folgender Formel berechnet:

$$e_i = y_i - \hat{y}_i$$

wobei $i$ die Nummer der Versuchsanordnung ist, $e_i$ die Abweichung und $y_i$ der
Messwert in jeder Versuchsanordnung.

Es ist in dieser Phase außerdem ratsam, ein Kontrollexperiment mit den neuen,
verbesserten Werten des getesteten Faktors durchzuführen, besonders dann,
wenn die Verbesserung eine Investition erforderlich macht.

# 10.8 Das Schleuder-Beispiel

Faktorielle Versuche werden in Six Sigma-Kursen häufig anhand des Beispiels einer Schleuder (Abb. 10.15) erläutert, da es sich sehr gut zur Darstellung der Leistungsfähigkeit und Effektivität faktorieller Versuche für Verbesserungen eignet. Wir werden dieses Beispiel nun unter Anwendung der allgemeinen Schritte aus Kapitel 10.7 erläutern.

**Schritt 1. Problemformulierung**

Die Problemstellung eines effektiven Schleudervorgangs, der sich zum einen auf die Entfernung, welche die Flugkörper zurücklegen, und zum andern auf die Zielsicherheit bezieht, hat seit seiner Erfindung die Aufmerksamkeit eines breiten Publikums auf sich gezogen.

Technisch gesehen enthält die Schleuder, die in Six Sigma-Ausbildungskursen benutzt wird, eine Reihe von Faktoren, die leicht zu kontrollieren sind. Die Ergebnisvariable ist die Entfernung, die ein Ball zurücklegt (Abb. 10.15).

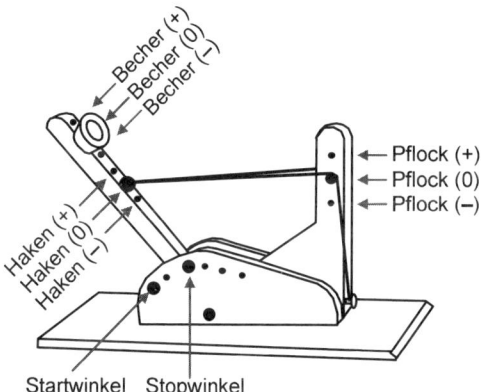

Abb. 10.15 Skizze einer Schleuder und Zeichnung der Faktoren. Die Ergebnisvariable ist die Entfernung, die ein geschleuderter Ball zurücklegt.

Die Beziehungen zwischen den Faktoren und der Ergebnisvariable können anhand eines einfachen Flussdiagramms dargestellt werden (Abb. 10.16).

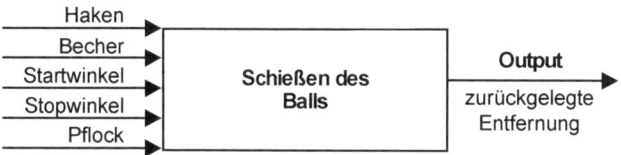

Abb. 10.16 Ein Flussdiagramm der fünf Faktoren und der Ergebnisvariablen

**Schritt 2. Auswahl der Ergebnisvariablen und der Hauptfaktoren**

Die Ergebnisvariable ist die in mm gemessene Entfernung, die der Ball zurücklegt. Nach Betrachtung des Katapults und seiner Wirkungsweise werden vier Hauptfaktoren ausgewählt: Haken (Haken), Becherposition (Becher), Startwinkel des Hebels (Winkel) und Pflockposition (Pflock). Es wurde beschlossen, diese Faktoren auf zwei Niveaus zu testen, hoch und niedrig (Tabelle 10.16). Die anderen Faktoren, einschließlich des Stopwinkels, werden auf ihrem derzeitigen Niveau belassen.

|                    | Haken | Becher | Winkel | Pflock |
|--------------------|-------|--------|--------|--------|
| Niedriges Niveau (–) | –1    | –1     | 185°   | –1     |
| Hohes Niveau (+)     | +1    | +1     | 155°   | +1     |

Tab. 10.16 Werte für hohes und niedriges Niveau der vier Hauptfaktoren, vgl. Abb. 10.15.

**Schritt 3. Auswahl des Versuchsplans und Erstellen der Designmatrix**

Da wir die Ergebnisvariable maximieren und ihre Streuung reduzieren wollen, müssen wir einen Versuchsplan mit Wiederholungen anwenden. In den Kursen zum Schwarzen Gürtel werden üblicherweise drei Wiederholungen durchgeführt. In Tabelle 10.16 werden die vier Faktoren dargestellt, die wir auf je zwei Niveaus testen wollen. Um die Anzahl der Experimente etwas zu reduzieren, benutzen wir folgenden teilfaktoriellen Versuchsplan:

$$u*M^{k-d} = 3*2^{4-1}$$

Entsprechend Tabelle 10.12 ist die empfohlene definierte Gleichung für ein $2^{4-1}$ Design $D = ABC$. Dies bedeutet, dass

$$Pflock = Haken*Becher*Winkel$$

Dies ergibt (vgl. Tabelle 10.17):

$$Winkel*Pflock = Haken*Becher$$
$$Becher*Pflock = Haken*Winkel$$
$$Haken*Pflock = Becher*Winkel$$

**Schritt 4. Durchführen der Experimente und Aufzeichnen der Ergebnisse**

Die Experimente werden durchgeführt, jeweils dreimal wiederholt, um auch die Streuung beurteilen zu können, und die Ergebnisse werden aufgezeichnet (Tabelle 10.17). Wir beziehen die logarithmischen Werte von $s$ ein, da diese der natürlichen Skala zur Messung von Standardabweichungen entsprechen.

## Schritt 5. Analyse der Ergebnisse

Für die erzielten Ergebnisse werden nun die Effekte berechnet, sowohl in Bezug auf die durchschnittlich zurückgelegte Entfernung als auch in Bezug auf die Streuung (Tab.10.17).

| Versuchs-anordnung Nr. | Haken | Becher | Winkel | Winkel* Pflock+ Haken* Becher | Becher* Pflock+ Haken* Winkel | Haken* Pflock+ Becher* Winkel | Pflock+ Haken* Becher* Winkel | $y_{i1}$ | $y_{i2}$ | $y_{i3}$ | $\bar{y}_i$ | $s_{y_i}$ | $\log s_{y_i}$ |
|---|---|---|---|---|---|---|---|---|---|---|---|---|---|
| 1 | – | – | – | + | + | + | – | 683 | 692 | 689 | 688 | 4.6 | 0.7 |
| 2 | + | – | – | – | – | + | + | 1864 | 1886 | 1898 | 1883 | 17.2 | 1.2 |
| 3 | – | + | – | – | + | – | + | 545 | 528 | 526 | 533 | 10.4 | 1.0 |
| 4 | + | + | – | + | – | – | – | 2169 | 2218 | 2209 | 2199 | 26.1 | 1.4 |
| 5 | – | – | + | + | – | – | + | 1178 | 1141 | 1141 | 1153 | 21.4 | 1.3 |
| 6 | + | – | + | – | + | – | – | 3210 | 3286 | 3241 | 3246 | 38.2 | 1.6 |
| 7 | – | + | + | – | – | + | – | 1360 | 1320 | 1350 | 1343 | 20.8 | 1.3 |
| 8 | + | + | + | + | + | + | + | 4999 | 4921 | 4977 | 4966 | 40.2 | 1.6 |
| Effekt $\bar{y}_i$ | 2144 | 518 | 1351 | 500 | 714 | 437 | 265 | | | | | | |
| Effekt $\log s_{y_i}$ | 0.38 | 0.14 | 0.38 | -0.03 | -0.08 | -0.13 | 0.03 | | | | | | |

Tab. 10.17 Übersicht über die Designmatrix, Ergebnisse und Effekte.

Wir können nun die geordneten Effekte für die durchschnittlichen Ergebniswerte und die logarithmischen Werte von *s* in getrennten Normalverteilungsdiagrammen abbilden (Abb. 10.17 und Abb. 10.18),

## Schritt 6. Erstellen des Vorhersagemodells

Um das verbesserte Ergebnis zu finden und um herauszufinden, wie die Faktoren gesetzt werden müssen, um das gewünschte Ergebnis zu erhalten, werden die aktiven Faktoren und Wechselwirkungen im Vorhersagemodell abgebildet. Inaktive Faktoren werden in das Vorhersagemodell nicht einbezogen, denn ihr Einfluss auf das Ergebnis ist höchstens zufällig, und ihre Werte sollten daher anhand ökonomischer Gesichtspunkte gewählt werden.
Eine allgemeine Form des Vorhersagemodells ist:

$$\hat{y}_i = \bar{y} + \sum_{j_a} \frac{\pm_{ij_a} * l_{j_a}}{2}$$

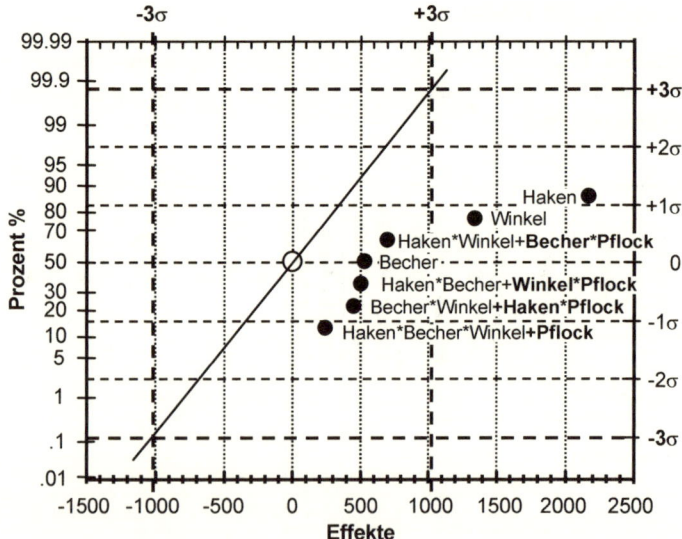

Abb. 10.17 Normalverteilungsdiagramm der Effekte für die durchschnittlichen Ergebniswerte. Es zeigt sich, dass der Effekt des Hakens und der Effekt des Winkels außerhalb der
+ 3 Standardabweichungsgrenzen des Diagramms liegen. Dies bedeutet, dass beide
aktive Faktoren sind. Auch die Wechselwirkung zwischen Haken und Winkel ist nahe der
+ 3 Standardabweichungsgrenze und kommt daher einem aktiven Faktor nahe.

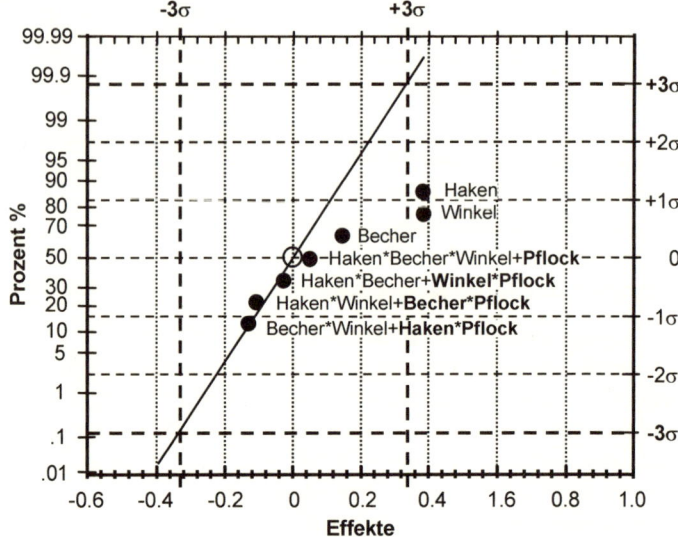

Abb. 10.18 Normalverteilungsdiagramm der Effekte auf die logarithmischen Werte von s.
Die Abbildung zeigt, dass der Haken und der Winkel den größten Einfluss auf die Streuung
der zurückgelegten Entfernung haben.

**Schritt 7. Diagnose und Überprüfung**

Das Vorhersagemodell muss dann mit den in den Experimenten gemessenen Ergebnissen verglichen werden, um herauszufinden, ob das Modell die gemessenen Ergebnisse gut abbildet, ob große Restwerte vorliegen und ob die gemessenen Ergebnisse aus einem vorhersagbaren Prozess stammen.

Zuerst sollten wir jedoch die etwas merkwürdige Form der Effekte in Abb. 10.17 diskutieren. Alle Effekte sind positiv und nicht in der Nähe des Nullpunktes. Eine übliche Erklärung hierfür ist, dass ein Ausreißer bei der Versuchsanordnung vorliegt (+, +, +). In diesem Fall haben wir jedoch drei Messungen in jeder Anordnung, weshalb es unwahrscheinlich ist, dass alle im selben Masse Ausreißer sind. Eine andere Erklärung ist, dass eine nichtlineare Situation vorliegt, die anzeigt, dass die Versuchsanordnung (+, +, +) in Wirklichkeit besser ist, als das Modell zeigt. Wäre dieselbe Situation in einer anderen Versuchsanordnung entstanden, so würde das Ergebnisdiagramm eine leere Fläche in der Mitte der Abbildung zeigen. Solche Probleme können durch Einhalten der folgenden einfachen Regel vermieden werden: Ist das Verhältnis zwischen größtem und kleinstem Wert größer als vier, sollte für die Analyse der Logarithmus der Ergebnisvariablen verwendet werden.

Ein anderer Kommentar zu den obigen Ergebnissen sagt aus, dass dieselben Faktoren sowohl die durchschnittlichen Ergebnisse als auch die Streuung beeinflussen. Tatsächlich folgt die Streuung den Durchschnitten. In solchen Situationen wäre es natürlich, vor der Analyse eine logarithmische Skala für die Antworten, $y$, zu benutzen. Zur Überprüfung der Restwerte wird üblicherweise ein Normalverteilungsdiagramm benutzt. Restwerte werden anhand folgender Formel berechnet:

$$e_{iq} = y_{iq} - \hat{y}_i$$

wobei $iq$ das Experiment $q$ in der Versuchsanordnung $i$ ist, $e_{iq}$ der Restwert und $y_{iq}$ die Messung in jedem Versuch. Es ist zu beachten, dass bei der Wiederholung von Experimenten die Darstellung der Restwerte immer alle Restwerte enthalten sollte und nicht nur die Abweichungen vom Modell. In dieser Phase ist es auch ratsam, mit den neuen verbesserten Werten der getesteten Faktoren ein Kontrollexperiment durchzuführen, besonders dann, wenn die Verbesserungen Investitionen erforderlich machen.

# 10.9 Verbesserungen des Prozess- und Produktdesigns

Faktorielle Versuche können auch angewendet werden, um das Design von Produkten und Prozessen zu verbessern. Sowohl Prototypen als auch Simulationsmodelle können verwendet werden, um auf effektive und systematische Weise mit verschiedenen Designparametern zu experimentieren und somit Parameterwerte zu identifizieren, die das Produkt und den Prozess während der Produktion und des Gebrauchs weniger anfällig für Variation, d.h. robuster machen.

Benutzen wir wiederum ein Beispiel, um dies zu verdeutlichen. Für ein bestimmtes Produkt liegt der Zielwert bei 4.5. Faktor A ist ein Designparameter und Faktor B ein Störfaktor. Der Designparameter sollte so gewählt werden, dass der Einfluss des Störfaktors so gering wie möglich wird und das Produktmerkmal so nahe wie möglich am Zielwert liegt. Die Ergebnisse von acht Experimenten sind in Abb. 10.19 dargestellt. Dort wird deutlich, dass der Wert des Produktparameters, wenn der Designparameter auf hohem Niveau (+) und der Störfaktor auf niedrigem Niveau (–) steht, im Durchschnitt fünf ergibt, und wenn der Designparameter auf hohem Niveau (+) und der Störfaktor auf hohem Niveau (+) steht, der Wert des Produktparameters im Durchschnitt eins ergibt. Ist der Designparameter auf niedrigem Niveau (–) und der Störfaktor auf hohem Niveau (+), ergibt der Wert für das Produktmerkmal im Durchschnitt vier, und ist der Designparameter auf niedrigem Niveau (–) und der Störfaktor auf niedrigem Niveau (–), ergibt der Wert des Produktparameters im Durchschnitt zwei.

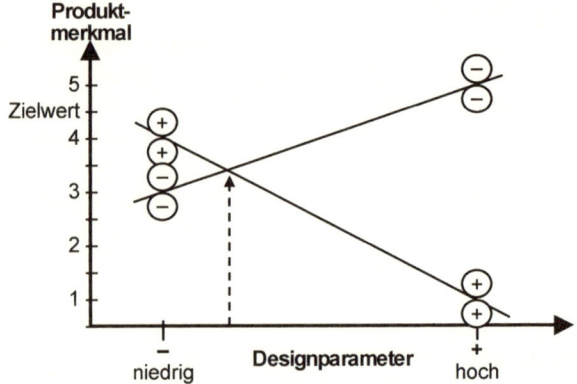

Abb. 10.19 Wie in der Abbildung angezeigt, kann die Wechselwirkung zwischen einem Designparameter und einem Störfaktor benutzt werden, sodass die durch einen Störfaktor verursachte Variation keinen Einfluss auf die Variation in den Produktmerkmalen hat. Wird der Designparameter etwas oberhalb seines niedrigen Niveaus festgesetzt, so werden die Auswirkungen von Änderungen der Störfaktoren gleich 0.

Im obigen Beispiel wird deutlich, dass der Designparameter auf niedrigem Niveau zu einem geringeren Einfluß des Störfaktors auf die Variation des Produktmerkmales führt. Außerdem wird der durchschnittliche Wert des Produktmerkmals bei niedrigem Niveau des Designparameters (–) näher am Zielwert des Produktmerkmals liegen. In diesem Fall beeinflusst der Designparameter sowohl das Ergebnisniveau und die Empfindlichkeit für Störungen. Das Produkt kann daher so gestaltet werden, dass die Ergebnismerkmale näher dem Zielwert kommen bei gleichzeitig geringerer Streuung.

Um ein Design zu erhalten, das unempfindlich für Störfaktoren ist, müssen die Designparameter gefunden werden, die

- im Zusammenhang mit den Störfaktoren stehen, auch Streufaktoren genannt
- nur das Niveau der Produktmerkmale beeinflussen, auch Lagefaktoren genannt
- keinen Einfluss auf die Empfindlichkeit für Variation oder Lage haben.

In vielen Fällen sind die Faktoren, die das Ergebnis beeinflussen, einfach zu identifizieren. Das Entscheidende ist, die Streuungsfaktoren zu finden. Um die drei Arten von Designparametern zu finden und herzuleiten, wie diese die bedeutendsten Produktmerkmale beeinflussen, ist es generell notwendig, Faktorielle Versuche anzuwenden.

### Design der Toleranzgrenzen

Die Toleranzgrenzen für die Designparameter eines Produkts oder Prozesses müssen auch auf systematische Weise festgelegt werden. Manchmal sind die Verbesserungen der Prozessleistungen, die durch Verbesserungen der Zentrierung und Streuung erreicht werden, nicht ausreichend und zusätzliche Gewinne können erzielt werden, indem teilweise hochwertigere Teile, Materialien oder Komponenten mit geringeren Toleranzgrenzen festgelegt werden. Die Einengung der Toleranzgrenzen verursacht jedoch Kosten und sollte daher nur erfolgen, wenn die Kosteneinsparungen aufgrund der dadurch verringerten Variation höher sind.

In Six Sigma werden die Toleranzgrenzen dort festgelegt, wo die Summe der Zusatzkosten für den Kunden und Lieferanten minimiert werden. Zuerst muss jedoch die Funktion für die Zusatzkosten eines Produktes bestimmt werden. Oft wird eine quadratische Funktion angewendet:

$$L(Y) = c \ (Y\text{-}T)^2$$

wobei $L(Y)$ die erwarteten Zusatzkosten sind, $Y$ der Wert des Produktmerkmals, $c$ eine Konstante und $T$ der Zielwert. Zur Bestimmung der Verlustfunktion müssen zwei Punkte festgelegt werden. Wird der Zielwert T korrekt festgelegt, ist der erste Punkt Y = T gegeben, in welchem die abgeleiteten Zusatzkosten gleich null sind.

$$L'(T) = 0$$

Es wird generell empfohlen, den zweiten Punkt bei Y = $\Delta$ festzulegen, wo *50%* der Kunden das Produkt reparieren würden. In diesem Punkt fühlen 50% der Kunden, dass die Zusatzkosten aufgrund der Abweichung so groß sind, dass sie das Produkt repariert haben möchten. Die erwarteten Zusatzkosten in diesem Punkt sind A. Dann gilt folgende Formel:

$$L(Y) = [A(Y\text{-}T)^2] \ / \ \Delta^2$$

In der Formel ist $\Delta$ die Abweichung im „50%-Reparatur-Punkt", während $\delta$ die Spezifikationsgrenze ist. Die Spezifikationsgrenzen $T\pm\delta$ werden durch Ermitteln der minimalen Zusatzkosten für den Kunden und den Produzenten durch $B = A\delta^2 / \Delta^2$ (Abb. 10.20) festgelegt.

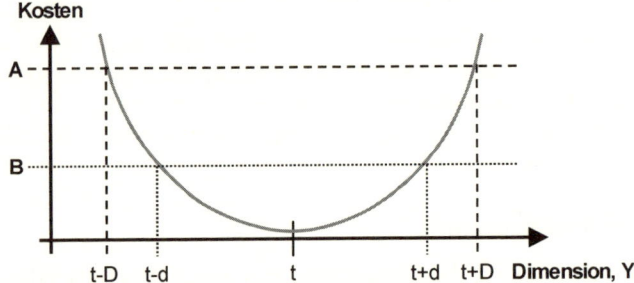

Abb. 10.20 Diese Abbildung zeigt, wie Toleranzgrenzen gewählt werden sollten. Zuerst wird die Funktion für das Produkt bestimmt und dann werden Toleranzgrenzen so festgelegt, dass die Kosten von Fehlern (B) mit den Zusatzkosten für den Kunden(A) im Gleichgewicht stehen. Wenn die Kosten für einen Fehler geringer sind als die Zusatzkosten für den Kunden, sollte das Produkt beseitigt werden. Daraus ergibt sich die Bedingung $B = A\delta^2 / \Delta^2$, durch welche wir die Spezifikationsgrenzen $T\pm\delta$ erhalten.

Handelt es sich um eine asymmetrische Funktion, müssen die obere und untere Spezifikationsgrenze separat festgelegt werden. Besteht ein Produkt aus mehreren Komponenten mit jeweils eigenen Spezifikationsgrenzen, so müssen diese im Hinblick auf das gesamte System festgelegt werden. Dies kann oft sehr komplex sein und mathematische Modelle oder Simulationswerkzeuge sind dazu erforderlich.

**Kommentare und Literaturhinweise**

Das Buch „*Statistics for Experimenters*" von George E. P. Box, S. Hunter & W. Hunter (1978) enthält weitere Informationen über Faktorielle Versuche und ist sehr zu empfehlen. Ebenso „*Design and Analysis of Experiments*" von Douglas C. Montgomery aus dem Jahr 2000 und das sehr einfache Buch zur Einführung „*DoE Simplified: Practical Tools for Effective Experimentation*" von Mark J. Anderson und Patrick J. Whitcomb, ebenso aus dem Jahr 2000. Ein klassisches Buch zu faktoriellen Versuchen ist „*Experimental Designs*" von W. G. Cochran und G. M. Cox aus dem Jahr 1957.

Analysis of variance (ANOVA) wird beispielsweise in „*Multivariate Data Analysis with Readings*" von Joseph F. Hair, Rolph E. Anderson, Ronald L. Tatham und William C. Black von 1995 und „*Six Sigma Guidebook*" von Karin Modig und Ola Johansson von 1997 erläutert.

Faktorielle Versuche in Verbindung mit Produkt- und Prozessdesign wird in den Büchern „*Robust Design and Analysis for Quality Engineering*" von Sung

H. Park, 1996, „*Statistical Quality Design and Control*" von Richard E. DeVor, Tsong-how Chang und John W. Sutherland, 1991, und „*Quality Engineering Using Robust Design*" von Madhav S. Phadke, 1989, behandelt. In der Ausgabe Mai 2000 von *Quality Progress* beschreibt James O. Wilkins unter dem Titel „Putting Taguchi Methods to Work To Solve Design Flaws" ein interessantes Verbesserungsprojekt zur Gestaltung eines Wischersystems bei Ford. Das Buch „*Evolutionary operation*" von George E. P. Box und Norman R. Draper (1966) ist ein interessantes Buch, das viel über kontinuierliche Verbesserungen eines Prozesses bei vollem Betrieb durch kleine geplante Eingriffe berichtet, um herauszufinden, wie Verbesserungen erzielt werden können.

# 11 Verbesserungsprojekte – Fallbeispiele

Vier Unternehmen haben uns großzügigerweise erlaubt, jeweils eines ihrer internen Verbesserungsprojekte, bei denen die Six Sigma-Verbesserungsmethodik angewendet wurde, in diesem Buch zu verwenden. Wir haben versucht, das uns zur Verfügung gestellte Material so genau wie möglich wiederzugeben. Jedes Fallbeispiel folgt den Phasen der Six Sigma-Verbesserungsmethodik, sie unterscheiden sich aber im Schwierigkeitsgrad, in den angewendeten Werkzeugen und in der Darstellung.

Das erste Fallbeispiel ist ein Verbesserungsprojekt in der Produktion von Mikrowellengeräten bei LG Electronics in Südkorea. Die Prozessleistung war ungenügend aufgrund schlechter Zentrierung der betrachteten Merkmale. Das zweite Fallbeispiel stammt von Ericsson in Schweden und beschreibt die Verbesserung eines Prozesses zur Säuberung von Fehldrucken auf Leiterplatten für digitale Mobiltelefone. Das dritte Verbesserungsprojekt galt der Lieferpünktlichkeit eines ABB-Transformatorenwerks in China. Das vierte Fallbeispiel zeigt die Verbesserung von Produktdesign bei ABB Calor Emag Mittelspannung GmbH.

## 11.1 Dichtheit von Mikrowellengeräten bei LG Electronics

LG Electronics ist mit 52 Niederlassungen, 25 Vertriebs- und 23 Produktionsunternehmen in 171 Ländern eine der größten Gesellschaften innerhalb der koreanischen LG Gruppe. 1999 hatte das Unternehmen einen Umsatz von 9,4 Mrd. US$.

Six Sigma wird in der gesamten LG Gruppe angewandt. LG Electronics begann mit seinem Unternehmen zur Produktion von digitalen Haushaltsgeräten bereits 1996 mit Six Sigma. Das Haushaltsgeräteunternehmen hatte 1999 einen Umsatz von 2,4 Mrd. US$, und die Produktpalette reicht von Klimaanlagen und Kühlschränken über Mikrowellengeräte zu Waschmaschinen und Vakuumreinigungsgeräten. Im Ausbildungsinstitut des Unternehmens in Changown haben bis Mitte des Jahres 2000 mehr als 40 Mitarbeiter den Kurs zum Meistergürtel, 160 Mitarbeiter den Kurs zum Schwarzen Gürtel und 1000 Mitarbeiter den Kurs zum Grünen Gürtel abgelegt. Nachfolgend erläutern wir ein Projekt des Haushaltsgeräteunternehmens zur Verbesserung von Mikrowellengeräten.

**Definieren**

Die Türen von Mikrowellengeräten sind für Produzenten auf der ganzen Welt ein anhaltendes Problem, hauptsächlich wegen Undichtheit (Abb. 11.1). Diese wirkt sich nicht nur auf die Leistung des Gerätes aus, sondern kann bei Benutzung auch das Gerät selbst beschädigen. Die zulässige Undichtheit beträgt 0.5 mW. Das Unternehmen entschloss sich, die Six Sigma-Verbesserungsmethodik für das Problem der Undichtheit der Türen anzuwenden. Das FpMM-Niveau der Türen lag zur Zeit der Projektdefinition bei 750.

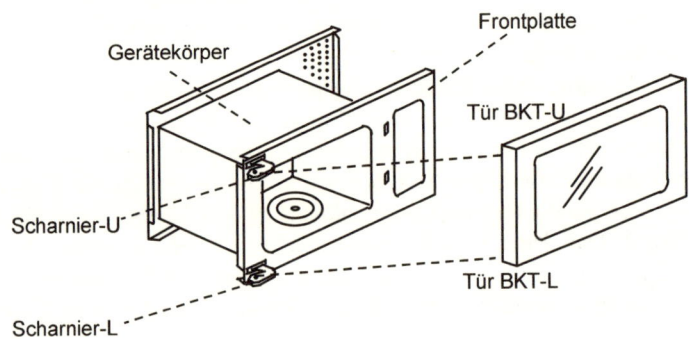

Abb. 11.1 Skizze eines Mikrowellengerätes.

Ein Ursache-Wirkungs-Diagramm mit den relevanten Informationen zu den Merkmalen im Messsystem deckte drei Hauptursachen für die Undichtheit der Türen auf. Dies waren Verziehungen des Türschlitzes (381 FpMM), Verziehungen der Türaufhängungen (250 FpMM) und Fehler bei der Höhe der Bohrlöcher in den Scharnieren der Türen (1100 FpMM) (Abb. 11.2).

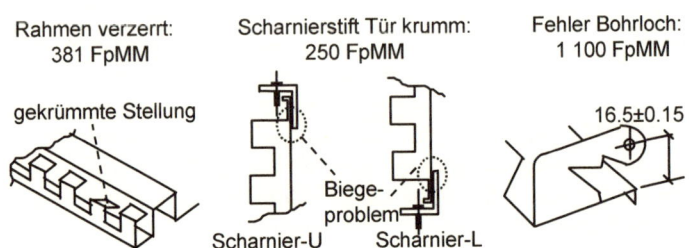

Abb. 11.2 Die drei Hauptursachen für Undichtheit, identifiziert durch Gruppenarbeit mit Hilfe eines Ursache-Wirkungs-Diagramms.

Man beschloss, die Bohrlochhöhe als Ergebnisvariable, $y$, zu definieren.

**Messen**

Die Löcher werden im Prozess zur Fertigung der Türaufhängungen gebohrt. Der Prozess startet mit dem Ausstanzen der Türaufhängung, daraufhin folgt das Bohren der Löcher im oberen und unteren Scharnier, dann wird die Aufhängung gebogen, geprägt und ausgeschnitten und an den Gerätekörper angeschweißt (Abb. 11.3 und Abb. 11.4).

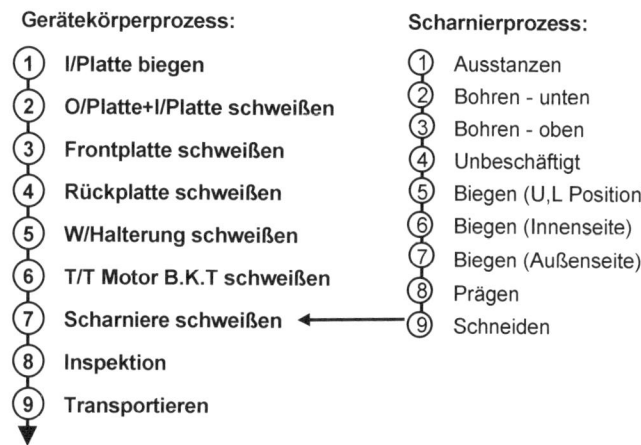

Gerätekörperprozess:

1. l/Platte biegen
2. O/Platte+l/Platte schweißen
3. Frontplatte schweißen
4. Rückplatte schweißen
5. W/Halterung schweißen
6. T/T Motor B.K.T schweißen
7. Scharniere schweißen
8. Inspektion
9. Transportieren

Scharnierprozess:

1. Ausstanzen
2. Bohren - unten
3. Bohren - oben
4. Unbeschäftigt
5. Biegen (U,L Position)
6. Biegen (Innenseite)
7. Biegen (Außenseite)
8. Prägen
9. Schneiden

Abb. 11.3 Ein Flussdiagramm des Prozesses zur Fertigung der Scharniere und wie dieser mit der Herstellung des Gerätekörpers zusammenhängt.

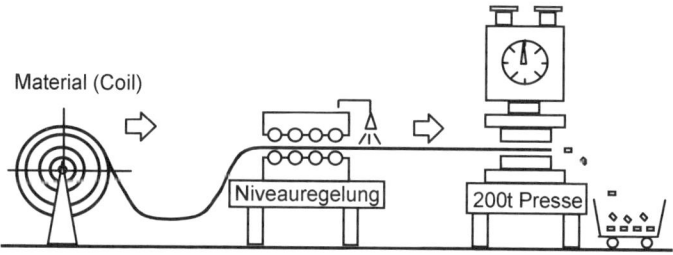

Abb. 11.4 Eine Skizze des Prozesses zur Fertigung der Türaufhängungen.

Der Zielwert für die Höhe der Bohrlöcher war 16.35 mm, die obere Spezifikationsgrenze 16.50 mm und die untere Spezifikationsgrenze 16.20 mm. Es wurden zwei verschiedene Typen von Türaufhängungen getestet (Typ I und Typ II) (Abb. 11.5).

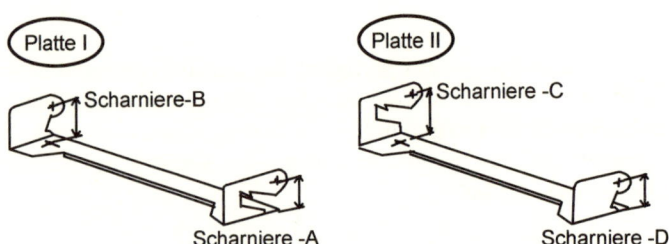

Abb. 11.5 Die zwei verschiedenen Typen von Scharnierplatten mit der Bohrlochhöhe für Scharniere A, Scharniere B, Scharniere C und Scharniere D, alle entsprechend der Spezifikation bei 16.35 mm ± 0.15 mm.

Von beiden Platten-Typen mit je 2 Scharnieren wurden bei jeweils 49 Stück detaillierte Messungen in einem bestimmten Zeitraum durchgeführt, um die FpMM-Werte zu ermitteln.

**Analysieren**

Die Analyse der ermittelten Daten (Tab. 11.1) zeigte, dass bei Platte I und Scharnier A die gesamte Verteilung der Bohrlöcher unterhalb der unteren Spezifikationsgrenze lag. Für Scharnier D war die Prozessleistung mit ca. 830 000 FpMM ebenfalls schlecht. Für Scharnier B war der FpMM Wert etwas besser und für Scharnier C akzeptabel. Die Streuung jedoch war für alle Scharniere gering, und dies bedeutet, dass durch eine bessere Zentrierung des Prozesses wahrscheinlich bedeutende Prozessverbesserungen erzielt werden.

| Platten-Typ | Scharniere | $n$ | Durch-schnitt | $s$ | FpMM |
|---|---|---|---|---|---|
| Typ I | Scharnier –A | 49 | 15.82 | 0.020 | 1 000 000 |
| | Scharnier –B | 49 | 16.23 | 0.026 | 124 282 |
| Typ II | Scharnier –C | 49 | 16.31 | 0.038 | 1 898 |
| | Scharnier –D | 49 | 16.16 | 0.042 | 829 548 |

Tab. 11.1 Messergebnisse. Der Zielwert ist 16.35 mm, die obere Spezifikationsgrenze 16.50mm und die untere Spezifikationsgrenze 16.20 mm.

Zur Identifizierung der Einsatzfaktoren, $xs$, welche die Zentrierung der Verteilung der Bohrlochhöhe beeinflussen, wurde ein Ursache-Wirkungs-Diagramm benutzt. In einer Brainstorming-Sitzung wurde das Material, die Reihenfolge der Bohrungen und der Zeitpunkt des Biegens als die wahrscheinlichen Einflussfaktoren identifiziert (Abb. 11.6).

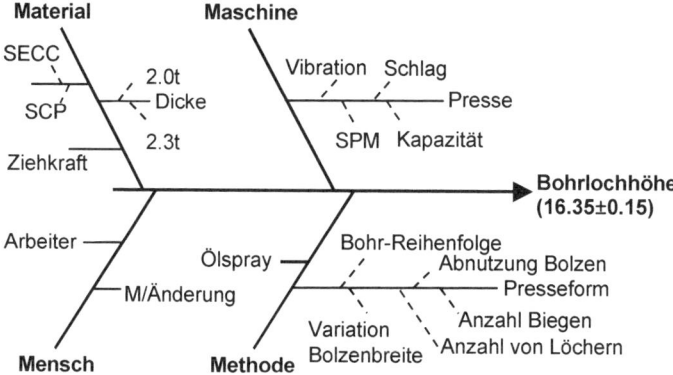

Abb. 11.6 Ursache-Wirkungs-Diagramm für die Bohrlochhöhe.

## Verbessern

Zur Verbesserung der Zentrierung des Prozesses wurde entschieden, faktorielle Versuche durchzuführen. Die Ergebnisvariable, $y$, war die Bohrlochhöhe und die Haupteinsatzfaktoren, $xs$, und deren Test-Niveaus wurden wie folgt festgelegt:

- A. Material: SCP (–) und SECC (+).
- B. Reihenfolge des Bohrens: Bohren vor Biegen (–) und Biegen vor Bohren (+).
- C. Anzahl Biegungen: zweimal (–) und dreimal (+).

Die acht Experimente eines $2^3$ Versuchsplans wurden durchgeführt und die Ergebnisse aufgezeichnet (Tab. 11.2).

| Versuchs-anordnung | A | B | C | AB | AC | BC | ABC | Ergebnis |
|---|---|---|---|---|---|---|---|---|
| 1 | – | – | – | + | + | + | – | 16.110 |
| 2 | + | – | – | – | – | + | + | 16.109 |
| 3 | – | + | – | – | + | – | + | 16.264 |
| 4 | + | + | – | + | – | – | – | 16.251 |
| 5 | – | – | + | + | – | – | + | 16.172 |
| 6 | + | – | + | – | + | – | – | 16.230 |
| 7 | – | + | + | – | – | + | – | 16.316 |
| 8 | + | + | + | + | + | + | + | 16.327 |
| Effekt | 0.014 | 0.134 | 0.078 | –0.015 | 0.021 | –0.014 | –0.009 | |

Tab. 11.2 Ergebnisse und Effekte der acht Experimente.

Die Analyse der Effekte zeigte, dass Faktor B, Reihenfolge des Bohrens, und Faktor C, Anzahl Biegungen, aktive Faktoren waren (Abb. 11.7).

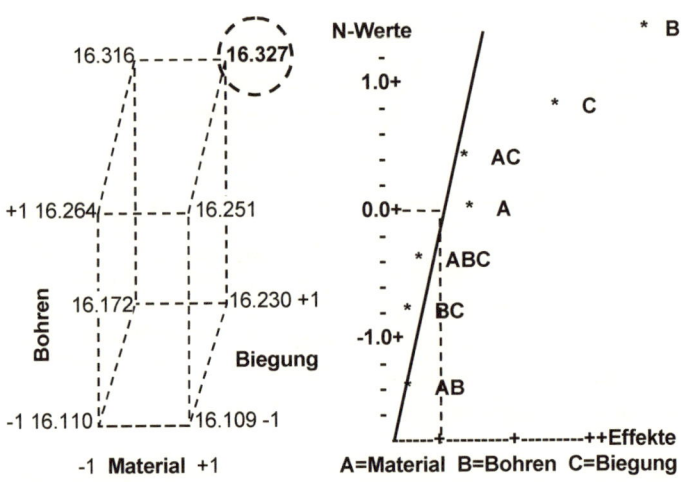

Abb. 11.7 Darstellung der Ergebnisse anhand eines Würfels und das Normalverteilungs-diagramm der Effekte. Die Abbildung zeigt, dass Faktor B, Bohren, und Faktor C, Biegen, aktive Faktoren sind.

Bei Erstellung des Vorhersagemodells für die Höhe des Bohrloches wurden Faktor B und Faktor C auf ein hohes Niveau festgesetzt, um einen zentrierten Prozess zu erhalten. Der Grund hierfür war, dass der Durchschnittswert aller acht Experimente 16.222 mm war und somit unterhalb des Zielwerts von 16.350 lag. Dies ergibt ein sehr gutes Vorhersagemodell für den Prozess mit einem geschätzten Mittelwert von 16.328.

Faktor B wurde dann auf ein hohes Niveau festgesetzt, d.h. Biegen vor Bohren, und Faktor C ebenfalls, d.h. dreimal Biegen. Der inaktive Faktor A wurde auf hohes Niveau festgesetzt, da SECC das Material mit den niedrigsten Kosten war. Dadurch wurde die Verteilung der Höhe der Bohrlöcher aller vier Scharniere besser zentriert und die Prozessleistung für beide Platten-Typen erheblich verbessert (Tab. 11.3).

|         | Scharniere-A | Scharniere-B | Scharniere-C | Scharniere-D |
|---------|--------------|--------------|--------------|--------------|
| Vorher  | 15.82 mm     | 16.23 mm     | 16.31 mm     | 16.16 mm     |
| Nachher | 16.33 mm     | 16.33 mm     | 16.36 mm     | 16.29 mm     |

Tab. 11.3 Die Nominalwerte der Höhe aller vier Aufhängungen.

## Überprüfen

Die Verbesserung wurde dann anhand einer Mittelwertkarte und einer Spann-weitenkarte überprüft (Abb. 11.8). Beträchtliche Kosteneinsparungen wurden verzeichnet und von der Leitung des Unternehmens anerkannt.

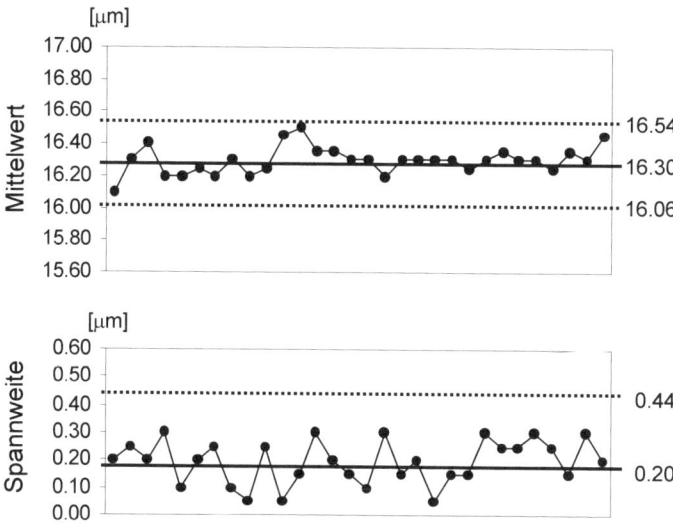

Abb. 11.8 Regelkarten, welche die Verbesserungen von y zeigen und deutlich machen, dass *y* vorhersagbar ist.

## 11.2 Rückstände von Lötzinn auf  Leiterplatten bei Ericsson Mobile Systems

Ericsson Mobile Systems ist ein Hauptproduktionsstandort für digitale Mobiltelefone in der Division Mobile Systeme innerhalb der schwedischen Telekommunikationsgruppe Ericsson. Das Werk beschäftigt ca. 4000 Mitarbeiter und startete mit Six Sigma 1998. Fünf Mitarbeiter dieses Werks wurden im Ausbildungszentrum der Unternehmenszentrale in Stockholm zu Trägern des Schwarzen Gürtels ausgebildet. Diese sind in Vollzeit mit Verbesserungsprojekten und der Implementierung von Verbesserungen beschäftigt.
Eines dieser Verbesserungprojekte bei der Fertigung von Leiterplatten für Mobiltelefone wird nachfolgend beschrieben. Die dadurch erzielten Kosteneinsparungen betrugen im ersten Jahr mehr als 100 000 US$.

### Definieren

Bei der Herstellung von Leiterplatten für Mobiltelefone werden bei manchen Modellen Schutzbleche angebracht, um bestimmte Komponenten zu schützen (Abb. 11.9). Jede Leiterplatte durchläuft den Montageprozess zweimal, einmal pro Seite.

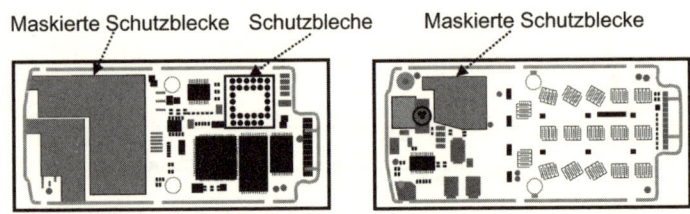

Abb. 11.9 Skizze der Rückseite (links) und der Vorderseite (rechts) eines digitalen Mobil-
telefons.

Probleme können in dem Prozess dann auftreten, wenn die zweite Seite einen
Fehldruck aufweist. Fehlerhafte Leiterplatten müssen dann in einem mühsamen
Reinigungsprozess, in dem Rückstände von Lötzinn entfernt werden, korrigiert
werden. Bei der Säuberung der fehlerhaften Seite geraten jedoch große Mengen
der Lötzinnrückstände unter die Schutzbleche der anderen Seite. Dies könnte zu
einem Kurzschluss in der Leiterplatte führen. In diesen Fällen wurden daher die
Schutzbleche aller gesäuberten Leiterplatten entfernt, die Rückstände beseitigt
und neue Schutzbleche angebracht. Verständlicherweise führte dies zu hohen
Reparaturkosten sowie Abfall und die Leiterplatten wurden während der Repa-
raturarbeiten großen Belastungen ausgesetzt. Das Werk brauchte eine Lösung
für dieses Problem und bat einen Träger des Schwarzen Gürtels, sich damit zu
befassen.
Das Projekt forderte, dass

• die Lösung auf alle Produkte mit gelöteten Schutzblechen anwendbar ist. Das
  Werk hatte drei Modelle, die betroffen waren.
• die Lösung in anderen Werken eingeführt werden kann.
• keine elektronischen Tests durchgeführt werden mussten.

Die möglichen Effekte von Verbesserungen wurden ebenfalls berücksichtigt.
Nacharbeit und Reparaturen führen zu hohen Kosten aufgrundvon Abfallmate-
rial, Personal und Qualitätsproblemen.

**Messen**

Zum besseren Verständnis des Prozesses und der Problemstellung wurde ein einfaches Flussdiagramm erstellt (Abb. 11.10).

Abb. 11.10 Flussdiagramm des Reinigungsprozesses mit Einsatzfaktoren und Outputs sowie den zwei Hauptaktivitäten.

Zuerst wurden die zu betrachtenden Ergebnisvariablen festgelegt:

- Lötzinnrückstände, gemessen als Anzahl der Lötzinnkügelchen unter den Schutzblechen.
- Lage, entweder akzeptiert = 100% oder abgelehnt = 0%
- Reinigung, gemessen als entweder notwendig = 100% oder nicht notwendig = 0%

Für jede der Ergebnisvariablen, $y$, wurden Daten erhoben.

### Analysieren

Bei der Analyse des Flussdiagramms wurde herausgefunden, dass die Ergebnisvariable Lötzinnrückstände einen Wert von 2100 FpMM aufzeigte, die Lage mit 0% akzeptiert wurde und die Endprodukte nach der Reinigung zu 100% akzeptiert wurden. Man beschloss daraufhin, einen faktoriellen Versuch durchzuführen.

### Verbessern

Daraufhin wurde ein faktorieller Versuch mit fünf Einsatzfaktoren ($xs$) durchgeführt – A (Maskierung der Schutzbleche), B (Trockenzeit vor der Säuberung), C (Vorbehandlung), D (Ultraschall) und E (Vorwäsche). Für jeden Faktor wurden zwei Niveaus festgelegt (Tab. 11.4).

| Faktoren | Niedriges Niveau – | Hohes Niveau + |
|---|---|---|
| A. Maskierung | Klebeband 1 | Klebeband 2 |
| B. Trockenzeit | < 4 Stunden | 4 Tage |
| C. Vorbehandlung | Keine Ausschabung | Ausschabung |
| D. Ultraschall | Niveau 6 | Niveau 0 |
| E. Vorwäsche | Keine Vorwäsche | Vorwäsche |

Tab. 11.4 Hauptfaktoren mit festgesetzten Niveaus.

Es wurde ein $2^{5-1}$ teilfaktorieller Versuchsplan gewählt. Die definierte Gleichung wurde mit E = ABCD festgelegt. Es wurde auch beschlossen, die Experimente mit drei Wiederholungen durchzuführen. Die Gesamtanzahl der Experimente betrug damit 48 (= 3 * 16). Die Experimente wurden durchgeführt und die Ergebnisse für jede der drei Ergebnisvariablen aufgezeichnet (Tab. 11.5). Die Analyse der Effekte anhand der Würfel zeigte, dass die Faktoren B, D und E aktiv waren (Abb. 11.11).

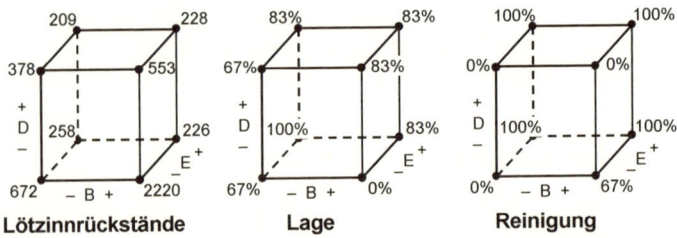

**Lötzinnrückstände**     **Lage**     **Reinigung**

Abb. 11.11 Darstellung der Ergebnisse anhand von Würfeln. Im linken Würfel sind die Durchschnittswerte der Ergebnisvariablen „Lötzinnrückstände" dargestellt, im mittleren Würfel die Ergebnisse der Ergebnisvariablen „Lage" und im rechten die der Ergebnisvariablen „Reinigung".

Durch das daraufhin für jede Ergebnisvariable erstellte Vorhersagemodell zeigte sich, dass die Kombination von Faktor B auf niedrigem Niveau (–), Faktor D auf niedrigem Niveau (–) und Faktor E auf hohem Niveau (+) zu den besten Gesamtergebnissen führte. Ein Vergleich zwischen den Ergebnissen und den Referenzleiterplatten zeigt auch, dass Faktor A entscheidenden Einfluss auf die Menge der Lötzinnkügelchen und die Lage hatte. Das Benutzen jeweils nur eines Typs des getesteten Klebebandes führte zu einer zehnfachen Reduzierung der FpMM für Lötzinnkügelchen (von 2500 auf 258) und einer Steigerung der in Bezug auf die Lage akzeptierten Leiterplatten von 0% auf 100%.

| Versuchs-Anordnung | A | B | C | D | AB+CDE | AC+BDE | AD+BCE | BC+ADE | BD+ACE | CD+ABE | ABC+DE | ABD+CE | ACD+BE | BCD+AE | ABCD+E | Mittelwert: Lötzinnrückstände | Mittelwert: Lage | Mittelwert: Reinigung |
|---|---|---|---|---|---|---|---|---|---|---|---|---|---|---|---|---|---|---|
| 1 | – | – | – | – | + | + | + | + | + | + | – | – | – | – | + | 228 | 100 | 100 |
| 2 | + | – | – | – | – | – | – | + | + | + | + | + | + | – | – | 1157 | 33 | 0 |
| 3 | – | + | – | – | – | + | + | – | – | + | + | + | – | + | – | 2240 | 0 | 100 |
| 4 | + | + | – | – | + | – | – | – | – | + | – | – | + | + | + | 265 | 100 | 100 |
| 5 | – | – | + | – | + | – | + | – | + | – | + | – | + | + | – | 187 | 100 | 0 |
| 6 | + | – | + | – | – | + | – | – | + | – | – | + | – | + | + | 287 | 100 | 100 |
| 7 | – | + | + | – | – | – | + | + | – | – | – | + | + | – | + | 187 | 67 | 100 |
| 8 | + | + | + | – | + | + | – | + | – | – | + | – | – | – | – | 2200 | 0 | 33 |
| 9 | – | – | – | + | + | + | – | + | – | – | – | + | + | + | – | 500 | 67 | 0 |
| 10 | + | – | – | + | – | – | + | + | – | – | + | – | – | + | + | 220 | 67 | 100 |
| 11 | – | + | – | + | – | + | – | – | + | – | + | – | + | – | + | 207 | 100 | 100 |
| 12 | + | + | – | + | + | – | + | – | + | – | – | + | – | – | – | 872 | 67 | 0 |
| 13 | – | – | + | + | + | – | – | – | – | + | + | + | – | – | + | 198 | 100 | 100 |
| 14 | + | – | + | + | – | + | + | – | – | + | – | – | + | – | – | 256 | 67 | 0 |
| 15 | – | + | + | + | – | – | – | + | + | + | – | – | – | + | – | 233 | 100 | 0 |
| 16 | + | + | + | + | + | + | + | + | + | + | + | + | + | + | + | 250 | 67 | 100 |
| Effekt: Lötzinnrückstände | 191 | 428 | –236 | –502 | –11 | 356 | –76 | 58 | –331 | 21 | 479 | 237 | –434 | –140 | –725 | | | |
| Effekt: Lage | –4 | –4 | 21 | 29 | –4 | –29 | –21 | –29 | 12 | –13 | –13 | –4 | 21 | 21 | 21 | | | |
| Effekt: Reinigung | 4 | 29 | 4 | –4 | –21 | 4 | –4 | –21 | –29 | –4 | 29 | 21 | –4 | 21 | 71 | | | |

Tab. 11.5 Die Designmatrix für den angewendeten $2^{5-1}$ teilfaktoriellen Versuchsplan. Fünf Hauptfaktoren mit je zwei Testniveaus: A (Abkleben), B (Trockenzeit), C (Vorbehandlung), D (Ultraschall), E (Vorwäsche). Die gemessenen Ergebnisse der beobachteten Ergebnisvariablen sind ebenfalls enthalten. Jede Ergebnisvariable wurde dreimal getestet und in der Tabelle sind nur die Durchschnittswerte enthalten.

Auf Grundlage der oben dargestellten Ergebnisse wurden für die fünf getesteten Faktoren folgende Parameterwerte empfohlen (Tab. 11.6).

| Faktoren | Empfohlenes Niveau | Erläuterung |
|---|---|---|
| A. Maskierung | Band 1 | Am beständigsten. Leicht zu entfernen. |
| B. Trockenzeit | < 4 Stunden | Bestes Gesamtergebnis in Kombination mit D und E. |
| C. Vorbehandlung | Keine Ausschabung | Beschädigungen bei PCB. |
| D. Ultraschall | Level 6 | Bestes Gesamtergebnis in Kombination mit B und E. |
| E. Vorwäsche | Vorwäsche | Bestes Gesamtergebnis in Kombination mit B und D. |

Tab. 11.6 Empfohlene Niveaus der fünf Faktoren.

**Überprüfen**

Die Resultate für die drei Ergebnisvariablen und die empfohlenen Niveaus waren (Tab. 11.7):

| Faktor | Vor Verbesserung | Nach Verbesserung |
|---|---|---|
| Lötzinnrückstände: | 2100 FpMM | 150 FpMM |
| Lage: | 0% Genehmigung | 100% Genehmigung |
| Reinigung: | 100% Genehmigung | 100% Genehmigung |

Tab. 11.7 Die durch das Verbesserungsprojekt erzielten Verbesserungen.

Diese Resultate basieren auf den Analyseergebnissen des Kontrollexperiments. Es zeigte sowohl eine Reduzierung der Anzahl der Lötzinnkügelchen als auch eine Verbesserung der Lage. Außerdem konnte der Arbeitsgang zum Entfernen der Schutzbleche nach der Reinigung vollkommen entfallen. Die Kosteneinsparung von insgesamt 100 000 US$ jährlich erhielt die Anerkennung des General Manager.

## 11.3 Lieferpünktlichkeit bei ABB Transformatoren in China

Im ABB Transformatorenwerk in Hefei, China, wurde Six Sigma 1997 gestartet. Das Werk hat ca. 400 Mitarbeiter. Bis zum Sommer 2000 wurden sieben Träger des Schwarzen Gürtels ausgebildet und Trainingskurse wurden sowohl für Mitarbeiter als auch für das Topmanagement abgehalten. Das Unternehmen hat sowohl in fertigungsbezogenen sowie in administrativen Prozessen hervorragende Ergebnisse mit Six Sigma erzielt. Im Laufe der nächsten Jahre wird eine hohe Anzahl von Mitarbeitern zu Schwarzen Gürteln ausgebildet sein.

## Definieren

Das Werk hatte Schwierigkeiten, die Produkte pünktlich an die Kunden auszuliefern. Ein Träger des Schwarzen Gürtels startete ein Six Sigma-Projekt, um die Ursachen herauszufinden und korrektive Maßnahmen zu ergreifen. Seine Ideen wurden zu Beginn mit großer Skepsis aufgenommen, da man an Lieferverzögerungen gewöhnt war und man davon ausging, dass dies nicht zu ändern war. Die Verspätung, gemessen in Anzahl Tagen, wurde als Ergebnisvariable, $y$, festgelegt.

## Messen

Als Erstes wurde eine Brainstormingssitzung mit anderen Schwarzen Gürteln durchgeführt und ein Ursache-Wirkungs-Diagramm erstellt, um die Arbeit zu strukturieren. Danach analysierte das Team interne Statistiken und sprach mit Mitarbeitern der Organisation, um die Häufigkeit der durch das Ursache-Wirkungs-Diagramm aufgedeckten Ursachen zu ermitteln.

## Analysieren

Anschließend konnte anhand eines Pareto-Diagramms aufgezeigt werden, dass die Materiallieferungen die bedeutendste Ursache für Lieferverzögerungen waren, bedeutender als interne Probleme, wie Arbeitsvorbereitung oder Planungsfehler. Ein weiteres Pareto-Diagramm wurde erstellt, um aufzuzeigen, welcher Materialtyp die Verzögerungen verursachte. Es zeigte deutlich, dass die Lieferung von Buchsen, eine wichtige Komponente von Transformatoren, der bedeutendste Faktor für die Lieferverzögerungen war. Die Pareto-Diagramme wurden von der Organisation allgemein akzeptiert, da der Träger des Schwarzen Gürtels dadurch seine Entdeckungen dokumentieren konnte, statt sich auf Intuition zu verlassen.

## Verbessern

Die Lieferungen der Buchsen wurden zum zentralen Punkt des Verbesserungsprojektes und es wurde beschlossen, Faktorielle Versuche anzuwenden. Zuerst wurde ein einfaches Flussdiagramm unter Einbeziehung der Ergebnisvariablen, Anzahl der Tage Verspätung, und der vier Hauptfaktoren erstellt (Abb. 11.12). Die vier Einsatzfaktoren, $xs$, waren:

- T. Freigabe der Konstruktionsinformation: verspätet (−) und pünktlich (+).
- Q. Korrektheit der Konstruktionsinformation: fehlerhaft (−) und korrekt (+).
- P. Korrektheit der Beschaffungsinformation: fehlerhaft (−) und korrekt (+).
- S. Zulieferer: Lieferant B (−) und Lieferant A (+).

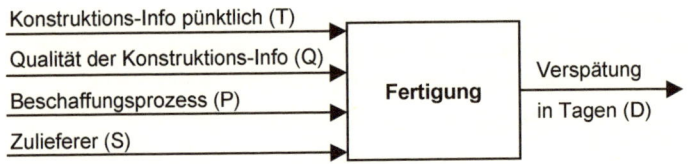

Abb. 11.12 Das Flussdiagramm des Prozesses mit der Ergebnisvariablen, Verspätung in Tagen, und den vier Einsatzfaktoren T, Q, P und S.

Der $2^{4-1}$-Versuchsplan ist in Tabelle 11.8 dargestellt:

| Versuchs-anordnung | T | Q | P | S | D |
|---|---|---|---|---|---|
| 1 | – | – | – | – | –3 |
| 2 | + | – | – | + | –2 |
| 3 | – | + | – | + | 0 |
| 4 | + | + | – | – | 1 |
| 5 | – | – | + | + | –1 |
| 6 | + | – | + | – | –1 |
| 7 | – | + | + | – | 2 |
| 8 | + | + | + | + | 4 |

Tab. 11.8 Die Designmatrix mit der Ergebnisvariablen, D, welche die Verspätung in Anzahl Tagen anzeigt. Positive Zahlen bedeuten Verspätung, negative Zahlen bedeuten vorzeitige Lieferung.

Die Analyse der faktoriellen Versuche wurde mit Hilfe von Minitab® erstellt, einer Software, die häufig von Trägern des Schwarzen Gürtels angewendet wird, und auch eine ANOVA-Tabelle ergibt (Tab. 11.9):

| Quelle | DF | Seq SS | Adj SS | Adj MS | F | P |
|---|---|---|---|---|---|---|
| T | 1 | 2.0000 | 2.0000 | 2.0000 | 6.00 | 0.092 |
| Q | 1 | 24.5000 | 24.5000 | 24.5000 | 73.50 | 0.003 |
| P | 1 | 8.0000 | 8.0000 | 8.0000 | 24.00 | 0.016 |
| S | 1 | 0.5000 | 0.5000 | 0.5000 | 1.50 | 0.308 |
| Fehler | 3 | 1.0000 | 1.0000 | 0.3333 | | |
| Total | 7 | 36.0000 | | | | |

Tab. 11.9 ANOVA für den Versuchsplan aus Tab. 11.8.

Auf Grundlage von ANOVA wurde ein Kuchendiagramm erstellt, das die Effekte jedes Hauptfaktors zeigt (Abb. 11.13). Faktor Q, Qualität der Konstruktionsinformation, hatte den höchsten Effekt und war daher der bedeutendste Faktor für die Verspätungen. Beachten Sie hier, dass Faktorielle Versuche bei nicht fertigungsbezogenen Prozessen normalerweise größere Abweichungen zeigen als in diesem Experiment.

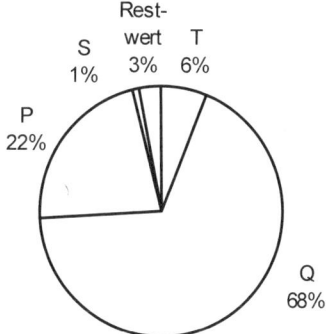

Abb. 11.13 Kuchendiagramm zur Darstellung des Einflusses der Hauptfaktoren Q, P, T und S auf die Verspätung im Versuchsplan gem. Tab. 11.9.

Abbildung 11.14 und 11.15 zeigen die Graphen der Haupteffekte und der Wechselwirkungen der vier Faktoren.

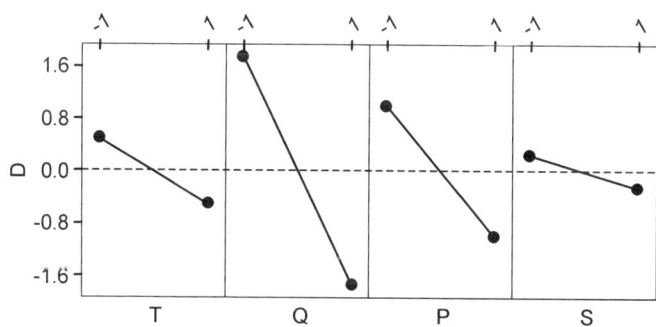

Abb. 11.14 Graph der Haupteffekte auf die Ergebnisvariable D

Die Analyse zeigte, dass der Faktor „Korrektheit der Konstruktionsinformation (Q)" aktiv ist. Die anderen drei Hauptfaktoren waren inaktiv: Korrektheit der Beschaffungsinformation (P), Freigabe der Konstruktionsinformation (T) und Zulieferer (S). Was die Wechselwirkungen betrifft, so zeigte die Analyse, dass keine der Wechselwirkungen aktiv war.

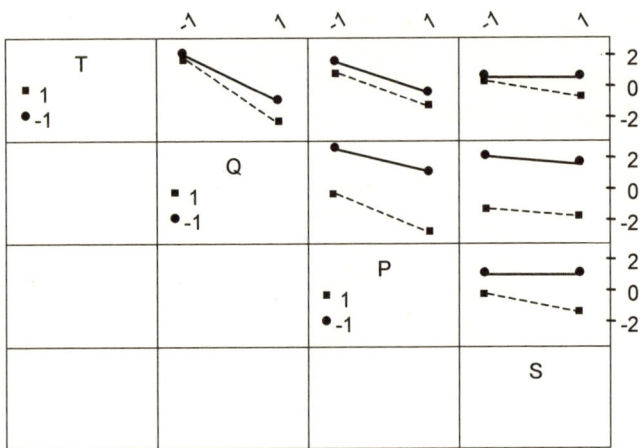

Abb. 11.15 Wechselwirkungen auf die Ergebnisvariable D.

Nun konnten die Träger des Schwarzen Gürtels nützliche Besprechungen mit den für die Konstruktionsinformationen (Zeichnungen, Stücklisten etc.) Verantwortlichen abhalten. Vorhergehende Diskussionen waren alle ergebnislos verlaufen, da die Schuld für Lieferverzögerungen in alle Richtungen geschoben wurde. Nach diesem systematischen Ansatz und den realen Zahlen waren die Mitarbeiter bereit zuzuhören und an Verbesserungen mitzuarbeiten.

### Überprüfen

Zur objektiven Analyse des Problems wurden die Sieben Qualitätswerkzeuge und Faktorielle Versuche angewendet und dadurch wurde eine gute Ausgangsbasis für weitere Untersuchungen geschaffen. Six Sigma ist nicht nur Statistik. Ein bedeutender Aspekt des Konzeptes ist der Umgang mit den Mitarbeitern. Manchmal ist es einfacher, wenn über Fakten und Zahlen statt über Gefühle, Gedanken und Annahmen diskutiert werden. Das ABB-Werk realisierte eine bedeutende Verbesserung der Lieferpünktlichkeit und eine jährliche Kostenreduzierung von 31 000 US$. Hierbei ist jedoch nicht die aufgrund der verbesserten Lieferpünktlichkeit gesteigerte Kundenzufriedenheit berücksichtigt. Der Gewinn des Werkes ist daher bedeutend höher, als die Zahl der Kostenreduzierung anzeigt.

## 11.4 Reduzierung der Anpassungszeit von Relais bei ABB Calor Emag Mittelspannung GmbH

Als Hersteller von Generatorschaltern und anderem Zubehör für Mittelspannungsanlagen für den heimischen Markt und für den Export, führt das ABB Werk in Ferch bei Potsdam nun Six Sigma ein. Dies bedeutet, dass das Werk damit beginnt, die Leistung seiner Prozesse zu messen, diese in FpMM auszudrücken und Six Sigma-Projekte zur Implementierung von Verbesserungen durchzuführen. Das Ziel des ersten Verbesserungsprojekts war es, die Anpassungszeit für 24 kV Breakers zu reduzieren.

## Definieren

Eines der Merkmale, das bei jedem Breaker beim Testlauf vor dem Verlassen des Werks gemessen wurde, war die Kontaktgeschwindigkeit beim Unterbrechen des Betriebs. ABB's Zielwert für die Geschwindigkeit liegt bei 3.2 m/s, mit einem Toleranzbereich von 2.7–3.7 m/s. Die Kontaktgeschwindigkeit musste angepasst werden. Solche Anpassungen sind häufig notwendig, und gelegentlich müssen sogar die Komponenten ausgetauscht werden.

## Messen und analysieren

Ein Schwarzer Gürtel beschloss, einen faktoriellen Versuch durchzuführen, um herauszufinden, welche Faktoren die Geschwindigkeit beeinflussten und wie diese geändert werden können, um die Variation und die Anpassungen zu reduzieren. Die Prozessleistungsstudie von 122 Breakers hat gezeigt, dass der Mittelwert nicht zentriert ist.

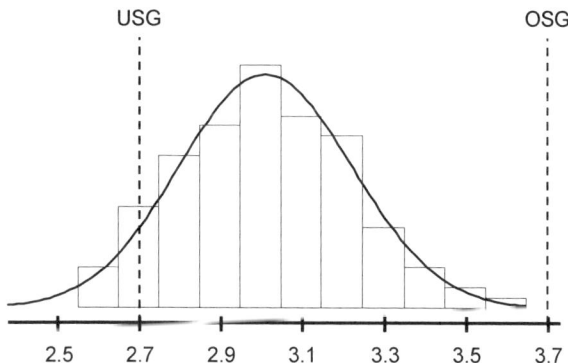

Abb. 11.16 Prozessleistungsanalyse der Ergebnisvariablen, Geschwindigkeit.

## Verbessern

Der Schwarze Gürtel beschloss dann, drei Faktoren in diesen faktoriellen Versuch einzubeziehen und drei Wiederholungen durchzuführen, um zufällig auftretende Variationen auszugleichen. Die drei Faktoren waren (Abb. 11.17):

1. Kraft (Nm) der Hauptfeder (HF)
2. Kraft (Nm) der sekundären Federn (SF)
3. Dimensionen der Kontaktbrücke (KB)

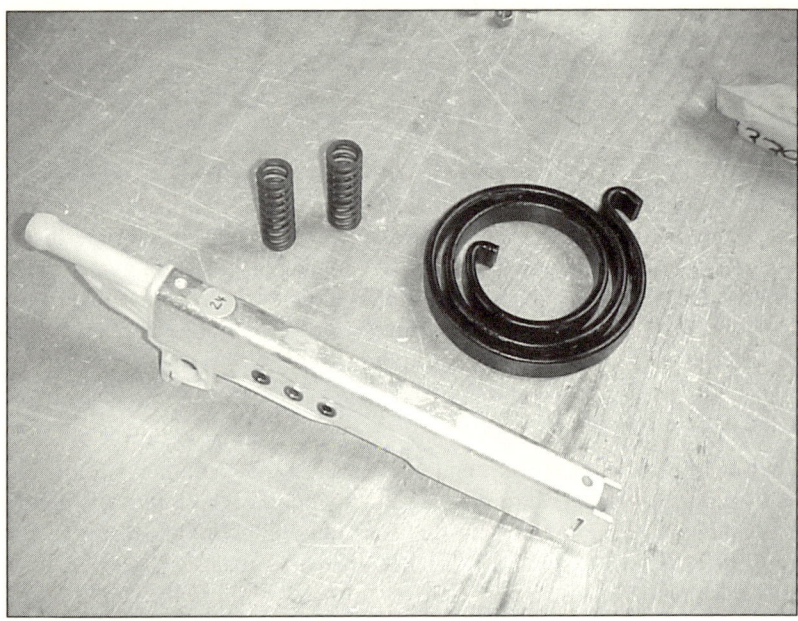

Abb. 11.17 Ein Photo der drei Faktoren: zwei sekundäre Federn (SF) sind im oberen mittleren Teil des Bildes sichtbar; die Hauptfeder (HF) liegt im mittleren Bereich der rechten Bildseite und die Kontaktbrücke (KB) in der linken unteren Ecke.

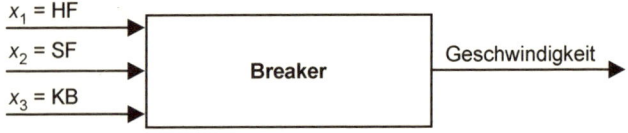

Abb. 11.18 Flussdiagramme der Einsatzfaktoren (HF, SF und KB) und der Ergebnisvariablen (Geschwindigkeit).

In allen faktoriellen Versuchen ist das Setzen der hohen und niedrigen Niveaus der drei Faktoren eine Herausforderung. Obwohl der Schwarze Gürtel allgemeine Regeln befolgt hat, musste er für jeden Faktor die Entscheidung für ein hohes und niedriges Niveau treffen – vielleicht der schwierigste Schritt beim Entwickeln faktorieller Versuche. Er hat sich für folgende Niveaus entschieden:

HF: hoch = 179.3 Nm, niedrig = 169.6 Nm
SF:  hoch = 10 Nm, niedrig = 8 Nm
KB: hoch = 24.196 mm, niedrig = 24.158 mm.

Die Ergebnisse zeigen, dass zwischen den Faktoren geringe Wechselwirkungen vorliegen (Abb. 11.19).

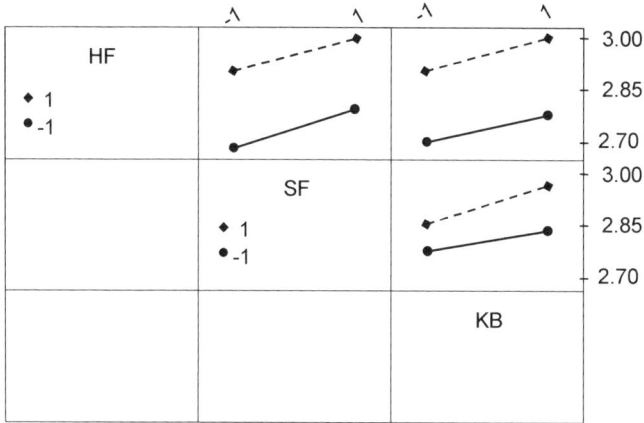

Abb. 11.19 Wechselwirkungsplot für die Geschwindigkeit.

Der Faktor HF (Kraft der Hauptfeder) hat, wie die Darstellung der Haupt-effekte zeigt, den größten Einfluss (Abb. 11.20).

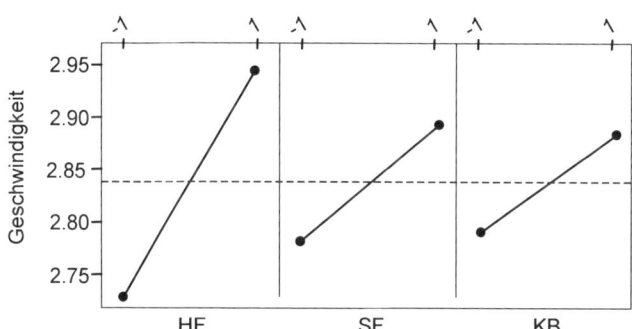

Abb. 11.20 Hauptfaktorplot für die Geschwindigkeit.

Die Ergebnisse des Versuchs können auch anhand eines Kuchendiagramms dar-gestellt werden, das den Einfluss der verschiedenen Faktoren auf die Kontaktge-schwindigkeit aufzeigt. (Für das Kuchendiagramm wurden die Summen der quadrierten Abweichungen der ANOVA verwendet.)

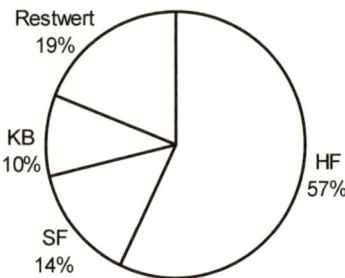

Abb. 11.21 Der Einfluss der verschiedenen Faktoren auf die Geschwindigkeit.

Das mathematische Modell für den Prozess, $y = f(x)$, ermittelt anhand statistischer Software, lautet:

$$\text{Geschwindigkeit} = 2.83 + 0.11 * \text{HF} + 0.05 * \text{SF} + 0.04 * \text{KB}$$

Es ist offensichtlich, dass der Mittelwert nicht zum Zielwert hin zentriert ist. Dies wurde auch aus der Prozessfähigkeitsstudie (Abb. 11.16) ersichtlich. Es liegt also zu viel Variation im Breaker Switching System vor.

**Überprüfen**

Der Versuch zeigt, dass die Hauptfeder zu weich ist, die sekundären Federn zu hart sind und die Variation zu groß ist. Zusammen mit dem Lieferanten der Federn wurde beschlossen, den Toleranzbereich für die Kraft der beiden Federn einzugrenzen. Die Lebensdauer der Federn wurde mit dem Lieferanten ebenfalls ausgiebig diskutiert.

Nach Durchführung eines Kontrollversuchs, bei dem neue Federn getestet wurden, wurde beschlossen, diese in die Produktion aufzunehmen. Dies führte zu einer Reduzierung von Material- und Arbeitskosten in Höhe von 3000 DM pro Jahr.

Wichtiger als die Kostenreduzierung an sich war jedoch das Signal an die Organisation, dass Faktorielle Versuche – ein bedeutendes Werkzeug in Six Sigma – rasch zu Ergebnissen führen können. Der Versuch war auch für die Kunden wichtig. Es stimmt, dass durch Reduzierung von Variation in Prozessen und Teilen auch das Risiko reduziert wird, dass der Kunde von Fehlern betroffen wird. Dies wiederum verbessert die Zuverlässigkeit der Produkte über den gesamten Produktlebenszyklus hinweg.

**Kommentare und Literaturhinweise**

Wir haben in diesem Kapitel versucht, eine Reihe von typischen Beispielen des Six Sigma-Rahmenkonzeptes wiederzugeben. Diese müssen nicht unbedingt als Vorbilder gesehen werden, aber sie zeigen die Vielfalt von Verbesserungsmöglichkeiten, die in jedem Werk existieren, und wie bedeutende und kostensparende Verbesserungsmöglichkeiten, die sonst nie entdeckt würden, mit relativ einfachen Methoden identifiziert werden können.

Obwohl der Sprachgebrauch in diesen Fällen unterschiedlich ist, empfehlen wir nicht, verschiedene Sprachen innerhalb ein und derselben organisatorischen Einheit zu verwenden. Im Gegenteil, wir haben die Erfahrung gemacht, dass eine einheitliche Sprache für Verbesserungen in einem Unternehmen ungeheuer wichtig ist. Ein einheitliches Verständnis für das Geschehen im Unternehmen und ein einheitliches Denkmodell für Verbesserungen erleichtert die Konzentration auf wichtige Verbesserungsmöglichkeiten und vermeidet eine Menge Missverständnisse, die das Bild verzerren könnten.

# Anhang

# Anhang A – Weitere Fragen des Managements

## A.1  GE Quality 2000: Ein Traum mit einem Plan

John F. Welch, Jr., ist Vorstandsvorsitzender und Geschäftsführer von General Electric. Seine Rede wurde bei der Hauptversammlung von GE in Charlottesville, Virginia, am 24. April 1996 gehalten. Sie ist in der August/Septemberausgabe von *Executive Speeches*, 1996, erschienen und wird nachfolgend mit Erlaubnis der Eigentümer der Urheberrechte, GE Executive Communication and Executive Speeches Corporation, vollständig wiedergegeben.

„Noch einmal möchte ich unsere auswärtigen Aktionäre hier in Charlottesville willkommen heißen und den Einwohnern dieser wunderschönen und historischen Gegend für die Gastfreundschaft danken, die sie unserem Vorstand während unseres kurzen Aufenthalts hier entgegengebracht haben.

Charlottesville ist die Heimatstadt von GE Fanuc Automation North America, welches von Bob Collins und einem phantastischen Führungsteam geleitet wird. Es ist ein zehn Jahre altes Joint Venture, das moderne computergestützte Maschinensteuerungsgeräte und Automationssoftware produziert. Dieses Beispiel einer US-amerikanisch-japanischen Zusammenarbeit hat im Staat Virginia mehr als 1000 gute Arbeitsplätze geschaffen und wird durch weiteres Wachstum noch mehrere hinzufügen.

GE Fanuc ist der größte unternehmerische Spender der Gegend und seine Mitarbeiter sind energische und überzeugte freiwillige Helfer bei einer Vielfalt von erzieherischen und wohltätigen Veranstaltungen in der Gemeinde, einschließlich der örtlichen Wissenschaftsmesse und der jährlichen Renovierung der Wanderwege des Ferienlagers für schwer erkrankte Kinder. In jeder GE-Stadt, die wir besuchen, wird uns die Wärme und der Respekt entgegengebracht, die Tausende von GE-Mitarbeiter durch ihre engagierte freiwillige Arbeit für unser Unternehmen geschaffen haben. Dies macht uns sehr stolz.

Die geschäftlichen Leistungen unserer weltweit 222 000 Mitarbeiter haben uns auch sehr stolz gemacht. 1995 war für das Unternehmen in jeder Hinsicht wieder ein außergewöhnliches Jahr: 17% Umsatzwachstum auf US$ 70 Milliarden, 11% Gewinnsteigerung auf nun US$ 6,6 Milliarden und eine Steigerung des Gewinns pro Aktie um 13%.

Unsere Aktionäre hatten 1995 eine Rendite von 45%. GE, dessen Marktkapitalisierung bereits die höchste in den USA war, erreichte diesen Status 1995 weltweit und hat nun den weltweit höchsten Unternehmenswert.

Wir haben bei vorangegangenen Hauptversammlungen bereits von herausfordernden Zielsetzungen gesprochen. Mit „herausfordernd" meinen wir, Leistungsziele zu identifizieren, von der Rentabilität bis zur Einführung neuer Produkte, die erreichbar, vernünftig und innerhalb unserer Fähigkeiten liegen und dann unseren Blick höher zu richten – sehr viel höher – auf Ziele, deren Erreichen am Anfang übermenschliche Anstrengungen zu erfordern scheinen. Wir haben herausgefunden, dass durch unser Streben nach dem scheinbar Unmöglichen wir oft tatsächlich das Unmögliche möglich machen; und selbst wenn wir es nicht ganz schaffen, enden wir unweigerlich damit, dass wir Dinge viel besser machen, als wir sie sonst gemacht hätten. Ein erfreuliches Nebenprodukt unseres Strebens nach Herausforderungen ist die enorme Welle von Selbstbewusstsein, die unser Unternehmen überschwemmt hat, dadurch dass die Mitarbeiter erleben, wie sie Dinge erreichen, die sie zuvor für unerreichbar gehalten haben.

Selbstvertrauen und unser Streben nach Herausforderungen waren zwei der Schlüsselfaktoren, die uns dazu veranlasst haben, 1995 die größte aller Herausforderungen anzunehmen – die größte Möglichkeit für Wachstum, erhöhte Rentabilität und Zufriedenheit des einzelnen Mitarbeiters in der Geschichte unseres Unternehmens. Wir haben uns zum Ziel gesetzt, bis zum Jahr 2000 ein Six Sigma-Qualitätsunternehmen zu werden, das bedeutet, ein Unternehmen mit praktisch fehlerfreien Produkten, Dienstleistungen und Geschäftsvorgängen. Six Sigma ist ein Qualitätsniveau, das bisher nur von einer Handvoll Unternehmen erreicht worden ist, darunter einige in Japan und Motorola als das anerkannt führende Unternehmen in diesem Land.

GE von heute ist ein Qualitätsunternehmen. Es war schon immer ein Qualitätsunternehmen.

Unsere Kunden sagen, dass die Qualität unserer Produkte und Dienstleistungen mindestens genauso gut wie die unserer Wettbewerber und in den meisten Fällen sogar besser ist. Aber wir möchten mehr als das sein. Wir möchten die Wettbewerbslandschaft umgestalten, indem wir nicht nur besser sind als unsere Wettbewerber, sondern indem wir Qualität auf ein vollkommen neues Niveau heben. Wir wollen unsere Qualität so besonders machen, so wertvoll für unsere Kunden, so wichtig für ihren Erfolg, dass unsere Produkte ihre einzige reelle Wahl sind.

In den 1970er und 1980er Jahren, als die Invasion der japanischen Unternehmen in den Wettbewerb viele US-amerikanische Branchen getroffen hat, wählte GE seine Märkte sorgfältig aus und ist nur in den Geschäftsbereichen geblieben, wo wir starke Wettbewerbspositionen hatten und technologisch überlegen waren sowie in spannenden Geschäftsfeldern, wie das der elektronischen Konsumgüter, in dem wir dies nicht hatten.

Unsere Strategie funktionierte genau wie geplant. Wir haben unseren Umsatz fast verdreifacht, den Gewinn vervierfacht und unseren Anteilseignern in den letzten 15 Jahren eine jährliche Rendite von durchschnittlich 20% geliefert. Wir hatten den Luxus, uns unsere Märkte aussuchen zu können, Firmen wie Motorola, Texas Instruments, Hewlett-Packard und Xerox konnten das nicht. Ihre Branchen waren genau im Auge des asiatischen Wettbewerbsorkans. Ihre Wettbewerber brachten der Industrie neue Qualitätsniveaus. Als Folge dessen standen die Motorolas der Welt vor einer klaren Wahl: die Qualitätsniveaus dramatisch zu verbessern, um die herausragenden Leistungen ihrer Mitbewerber einzuholen oder zu übertreffen – oder ihre Türen zu schließen. Eine Wahl wie diese beschäftigt zweifellos. In jedem der Unternehmen wurde Qualität ein erklärter Schwerpunkt des Managements, eine Besessenheit, die von jedem Mann und jeder Frau in den Organisationen geteilt wurde. Nach Jahren intensiver Anstrengungen erreichen oder übertreffen diese Unternehmen die höchsten Qualitätsniveaus aller ihrer weltweiten Wettbewerber.

Qualitätsverbesserungen sind bei GE niemals hinten angestellt worden. Wir haben entsprechend der Theorie gearbeitet, die besagt, dass Qualität als ein natürliches Nebenprodukt entstehe, wenn wir unsere Geschwindigkeit, unsere Produktivität, unsere Einbeziehung von Mitarbeitern und Lieferanten verbessern sowie andere geschäftliche und kulturelle Initiativen verfolgten. Und dies war der Fall. Sie ist mit jeder neuen Generation von Produkten und Dienstleistungen besser geworden. Aber sie hat sich nicht so verbessert, dass wir die Qualitätsniveaus des kleinen Kreises herausragender Weltfirmen erreichen konnten, die den intensiven Angriff des Wettbewerbs aus eigener Kraft überstanden und dabei neue Ebenen von Qualität erreicht haben.

GE-Mitarbeiter sind stolz darauf, Qualitätsprodukte und -dienstleistungen zu liefern, aber sie verhalten sich auch hervorragend in Krisen, die manchmal durch nicht perfekte Qualität entstehen. Ich habe Hunderte von Auszeichnungen des Managements gesehen für einige heldenhafte GE-Mitarbeiter, welche die ganze Nacht in einem Schneesturm gefahren sind, um eine Lokomotive zu reparieren oder die tagelang ohne zu schlafen gearbeitet haben, um irgendwelche Störungen an Teilen einer Turbine oder eines CT Scanners zu suchen, damit dieser am Tage der Lieferung perfekt funktionierte.

Aber diese Six Sigma-Reise wird das Paradigma von der Reparatur von Produkten zur Reparatur von Prozessen ändern, sodass diese nichts anderes als perfekte Produkte produzieren – oder nahezu perfekte.

Typische Prozesse bei GE verursachen ca. 35 000 Fehler bei einer Million Möglichkeiten, was sich sehr viel anhört, aber es entspricht den Fehlerquoten der meisten erfolgreichen Unternehmen. Diese Anzahl von Fehlern pro Million wird in der genauen statistischen Sprache als ungefähr 3.5 Sigma bezeichnet. Für diejenigen unter Ihnen, die nach Charlottesville geflogen sind, Sie sitzen heute hier, weil die Leistung der Fluggesellschaften, Passagiere von einem Ort an einen anderen Ort zu fliegen, sogar noch besser ist als Six Sigma, nämlich mit weniger als einem halben Fehler pro Million Möglichkeiten. Sollte jedoch Ihr Gepäck nicht angekommen sein, so aus dem Grund, dass die Fehlerquote bei der Gepäckabfertigung der Fluggesellschaften zwischen 35 000 und 50 000 pro Million Möglichkeiten beträgt, was typisch ist für Produktion und Dienstleistungen oder andere menschliche Aktivitäten, wie das Erstellen von Rechnungen im Restaurant, Gehaltszahlungen und das Schreiben von Rezepten durch Ärzte.

Die Erfahrungen anderer zeigen, dass die Kosten für diese 3–4 Sigma-Qualität normalerweise 10%–15% des Umsatzes betragen. Im Fall GE, mit mehr als 70 Milliarden US$ Umsatz ergibt dies ca. 7–10 Milliarden US$ jährlich, hauptsächlich aufgrund von fehlerhaften Produkten, Nacharbeit und Berichtigung von Fehlern bei Geschäftsvorfällen. Der finanzielle Vorteil dieser Qualitätsreise ist also klar.

Aber über die rein finanziellen Gewinne hinaus werden noch viel wichtigere Belohnungen mit der dramatisch verbesserten Qualität folgen. Darunter: das unbegrenzte Wachstum zu verkaufender Produkte und Dienstleistungen, die von den Kunden allgemein als auf einem vollkommen anderen Qualitätsniveau wahrgenommen werden als die unserer Wettbewerber; und der daraus resultierende Stolz, die Zufriedenheit und Arbeitsplatzsicherung der GE-Mitarbeiter.

Six Sigma wird eine spannende Reise und die schwierigste und stärkste Herausforderung, der wir uns je gestellt haben. Die Größe der Herausforderung, von 35 000 Fehlern pro Million auf weniger als vier, ist enorm. Es wird von uns verlangt, die Fehlerraten zehntausendfach zu reduzieren – ungefähr 84% pro Jahr, fünf Jahre lang – eine enorme Aufgabe, eine, die sogar das Konzept der Herausforderungen herausfordert.

Eine gerechtfertigte Frage könnte sein: Wenn so besondere Unternehmen wie Motorola, Texas Instruments und Hewlett-Packard und die Japaner sich Six Sigma nur nach enormen Anstrengungen, die mehr als ein Jahrzehnt andauerten, annähern können, wie kommen wir dazu zu behaupten, dass wir es in einem viel größeren und komplexeren Unternehmen in fünf Jahren können?

Die Antwort hierauf ist, dass kein Unternehmen der Welt jemals besser positioniert war, eine Initiative zu starten, die so massiv ist und solche grundlegenden Veränderungen zur Folge haben wird wie dieses. Jede kulturelle Änderung, die wir in den vergangenen Jahrzehnten gemacht haben, ermöglicht es uns, diese spannende und lohnende Herausforderung anzunehmen.

Wir sind ein flaches und grenzenloses Unternehmen, das nach Geschwindigkeit und Herausforderungen strebt, mit einer Kultur der Offenheit, voneinander und von anderen Unternehmen zu lernen.

Wir wissen, dass das Unternehmen mit der Fähigkeit, zu lernen und das Gelernte anzuwenden, schneller als jedes andere Unternehmen den ultimativen Wettbewerbsvorteil haben wird. NIH – Not Invented Here – gibt es nicht mehr bei GE; und die führenden Six Sigma-Unternehmen der Welt, insbesondere Motorola, haben mehr als großzügig ihre Erfahrungen, Ratschläge und Methodik mit uns geteilt. AlliedSignal hat eine sehr wertvolle Perspektive als ein Unternehmen, das seine Qualitätsinitiative erst vor wenigen Jahren begann und bereits große Fortschritte erzielt hat.

Motorola hat einen rigorosen und erprobten Prozess definiert, um jeden der zehn Millionen Prozesse zu verbessern, welche die Güter und Dienstleistungen eines Unternehmens liefern.

Die Methodik nennt sich Six Sigma und umfaßt vier einfache, aber rigorose Schritte: zuerst jeden Prozess und jeden Vorgang messen, dann analysieren, dann sorgfältig verbessern und schließlich, nach Durchführung der Verbesserung, rigoros auf Konsistenz hin überprüfen.

Entsprechend der Erfahrung von Motorola haben wir die Schlüsselpersonen ausgewählt, ausgebildet und ihnen die Verantwortung zur Leitung dieser Six Sigma-Initiative übertragen. Wir haben unsere „Champions" ausgewählt – Seniormanager, welche die Projekte definieren. Wir haben 200 Träger des Schwarzen Meistergürtels ausgebildet – Vollzeitausbilder mit tiefgehenden quantitativen Fähigkeiten sowie Lehr- und Führungsqualitäten. Wir haben 800 Träger des Schwarzen Gürtels ausgewählt und ausgebildet – Vollzeit-Qualitätsführungskräfte, die Teams führen, sich auf Schlüsselprozesse konzentrieren und den Champions die Ergebnisse berichten.

Wir fangen gerade damit an, jeden unserer 20 000 Ingenieure auszubilden, so dass alle unsere neuen Produkte und Dienstleistungen für die Six Sigma-Produktion entwickelt sein werden.

Und wir haben an unserem Institut für Führungskräfteentwicklung in Crotonville und an unseren Standorten ein unübertroffenes Potenzial, alle 222 000 GE-Mitarbeiter in der Six Sigma-Methodik auszubilden.

Wir haben bei GE eine Arbeitskultur, die ideal ist für stark kooperative und handlungsorientierte Teamarbeit, die unsere Six Sigma-Programme verstärken wird.

Um die Wichtigkeit dieser Initiative hervorzuheben, haben wir 40% der Bonusvergütung unserer Führungskräfte von der Intensität ihrer Anstrengungen für Six Sigma-Qualität und von ihren Erfolgen in ihrem Produktionsbereich abhängig gemacht.

Bis heute haben wir US$ 200 Millionen für diese Initiative zur Verfügung gestellt, und wir haben eine Bilanz, die uns erlaubt, was immer zum Erreichen unseres Ziels notwendig sein sollte, auszugeben. Die Rentabilität dieser Investition wird enorm sein. Wenig von dem erfordert Neuerfindungen. Wir haben eine erprobte Methode gewählt, an eine Kultur ohne Grenzen angepasst und stellen unseren Teams alle Ressourcen zur Verfügung, die sie brauchen werden, um zu gewinnen.

Six Sigma GE-Qualität 2000 wird das größte, das persönlich lohnenswerteste und letztendlich das rentabelste Vorhaben unserer Geschichte werden. GE hat heute weltweit den größten Unternehmenswert. Das sagen uns die Zahlen. Wir sind das spannendste Weltunternehmen, für das man arbeiten kann. Das sagen uns unsere Kollegen. Bis zum Jahr 2000 wollen wir ein noch besseres Unternehmen sein, ein Unternehmen, das nicht nur in der Qualität besser ist als seine Wettbewerber – das sind wir heute schon –, sondern ein Unternehmen, das 10 000 Mal besser ist als seine Wettbewerber. Diese Anerkennung wird nicht von uns kommen, sondern von unseren Kunden.
Six Sigma GE-Qualität 2000 ist ein Traum, aber ein Traum mit einem Plan dahinter. Es ist ein Traum, der jeden in diesem Unternehmen zunehmend inspiriert und begeistert. Wir haben die Ressourcen, den Willen und vor allem die besten Leute der Welt, die diesen Traum wahr machen werden.
Vielen Dank für Ihre Aufmerksamkeit."

## A.2  Gesetzte Ziele und erreichte Ziele

Die meisten Unternehmen, die Six Sigma betreiben, entscheiden sich dafür, ein Ziel für die jährliche Verbesserungsrate der Prozessleistung festzulegen, welches in Prozent ausgedrückt wird, und ein langfristiges Ziel festzulegen, das in FpMM ausgedrückt wird. Das erste kann in den frühen Phasen der Initiative festgelegt werden, während für das letztere ein konsolidierter FpMM-Wert bekannt sein muss. Beide Ziele sollten herausfordernd sein, aber nicht unrealistisch.

Das Beratungsunternehmen Six Sigma Academy empfiehlt Unternehmen, die jährliche Verbesserungsrate auf 68% festzusetzen. Mikel J. Harry erklärt, dass: „... das eine Six Sigma-Zielverbesserungsrate bzw. Lernkurve nach sich ziehen wird." Das 68%-Ziel wurde ursprünglich von Motorola gesetzt. Das Segment Power Transmission and Distribution von ABB in den Vereinigten Staaten und viele andere Unternehmen weltweit wenden es auch an. GE hat sich selbst das Ziel gesetzt, den FpMM-Wert fünf Jahre lang um jährlich 84% zu reduzieren – eine „enorme Aufgabe" wie John F. Welch zugibt.

Der Industriedurchschnitt für die jährliche Verbesserungsrate in FpMM der Unternehmen, die Six Sigma anwenden, liegt bei ca. 50%. Motorola hat es angeblich geschafft, eine 68%-ige Reduzierung über sieben Jahre hinweg zu halten, von 1987 bis 1994. Auf der anderen Seite des Durchschnittswertes findet sich eine Firma wie Texas Instruments. Das Unternehmen hat eine jährliche Verbesserung des FpMM-Wertes von 38% über acht Jahre lang erreicht und berichtet trotzdem von erheblichen finanziellen Gewinnen ihrer Initiative.

Das langfristige Sigma-Ziel hängt davon ab, in welcher Zeitperspektive es erreicht werden soll. Normalerweise wird die Perspektive auf drei bis fünf Jahre festgesetzt. Oft werden diese Ziele in Sigma-Werten ausgedrückt, aber FpMM-Werte sind genauso gut. Eine jährliche Reduzierung von 68% in FpMM entspricht einer Verbesserung von ungefähr 0.5 Sigma pro Jahr (Anhang C.5). Es gibt Tabellen, die zeigen, wieviel Zeit benötigt wird, einen spezifischen Sigma-Wert ausgehend von 66 807 FpMM, was 3 Sigma entspricht (Abb. A.1), und ausgehend von 6210 FpMM, was 4 Sigma entspricht (Abb. A.2), zu erreichen. Beide Abbildungen zeigen, dass hohe Verbesserungsraten über eine Reihe von Jahren notwendig sind, um niedrige FpMM-Werte bzw. hohe Sigma-Werte zu erreichen. Als Motorola also seinen Leistungswert 1986 mit vier Sigma ermittelt hat, haben sie sich zum Ziel gesetzt, sechs Sigma im Jahr 1992 zu erreichen. Mehr über FpMM-Werte und ihre Berechnung ist in Anhang C zu finden.

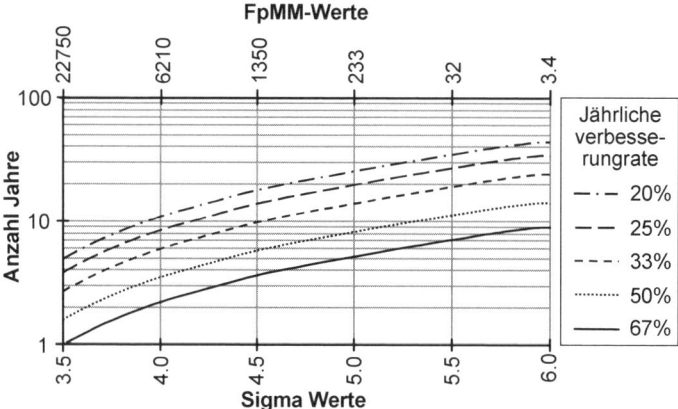

Abb. A.1 Anzahl der Jahre, um X Sigma zu erreichen, ausgehend von 66 807 FpMM oder 3,0 Sigma. Das Diagramm zeigt, dass eine jährliche Verbesserungsrate von 67% ungefähr 0.5 Sigma pro Jahr entspricht.

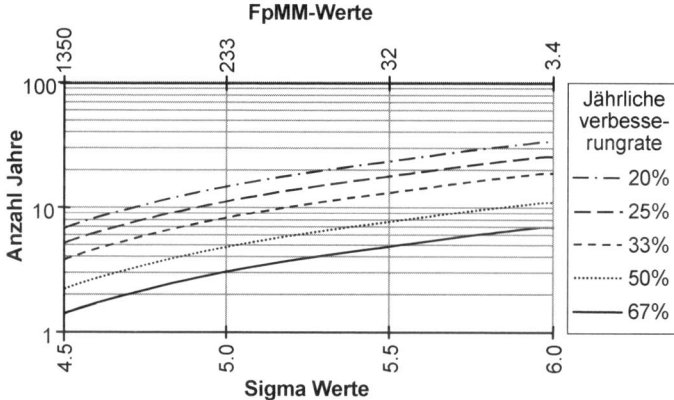

Abb. A.2 Anzahl Jahre, um X Sigma zu erreichen, ausgehend von 6210 FpMM oder 4.0 Sigma.

## A.3  Kosten schlechter Prozessleistung

Kosten schlechter Prozessleistung, auch Kosten schlechter Qualität genannt, sind ein interessantes Phänomen. Ursprünglich glaubte man, dass bessere Prozessleistungen zu Mehrkosten führen würden. Diese Ansicht beruht auf der falschen Annahme, dass zur Belieferung besserer Produkte an den Kunden vor der Auslieferung mehr Tests und Inspektionen notwendig sind. Dies würde selbstverständlich zu höheren Kosten führen.

Eine neuere Version dieses Glaubens basiert auf der klassischen Theorie optimaler Kosten für Prozessleistungen. Eine Investition in Verbesserungen von Prozessleistungen wird durch reduzierte interne und externe Fehlerkosten mehr als ausgeglichen – bis zu einem gewissen Punkt. Die optimalen Kosten von Prozessleistungen liegen daher an dem Punkt, wo die Kosten zur Vermeidung und Bewertung von Fehlern gleich den Gesamtkosten von Fehlern sind.

Keine dieser beiden Theorien ist richtig. Die Erfahrung von Motorola zeigt, dass je höher die Prozessleistung bzw. je weniger Fehler, desto geringer sind die Kosten zur Vermeidung und Bewertung und die Kosten der Fehler. Jedes Mal, wenn Motorola die Prozessleistung verbessert hat, sind die Produktionskosten pro Einheit gesunken. Die Erfahrung von Motorola wird in einer Aussage vom Vorstandsvorsitzenden Galvin 1991 treffend zusammengefasst: „Es wird vielleicht mal der Zeitpunkt kommen, an dem wir die Kosten zur Beseitigung des letzten Fehlers diskutieren werden, aber das scheint nicht in naher Zukunft zu sein."

Berichte anderer Six Sigma-Unternehmen bestätigen dieselbe interessante Beziehung von Kosten schlechter Prozessleistung, nämlich dass sie stark mit FpMM-Werten zusammenhängen.

Viele Six Sigma-Unternehmen betrachten FpMM als die Ursache und die Kosten schlechter Prozessleistung als die Wirkung. Andersherum ausgedrückt, sind die Kosten schlechter Prozessleistung eine Funktion von FpMM.

*Kosten schlechter Prozessleistung = f(FpMM)*

Um die Kosten schlechter Prozessleistung zu reduzieren, konzentrieren sich diese Unternehmen daher auf die Reduzierung des FpMM-Wertes. Dies bedeutet, zu messen und geeignete Maßnahmen zu ergreifen – ein langfristiges Unterfangen.

Kosten schlechter Prozessleistung können in unterschiedliche Kostenarten eingeteilt werden. Eine Klassifizierung im Rahmen der Six Sigma-Initiative bei ABB ist unten dargestellt. Sie basiert auf den folgenden vier Kategorien: Kosten aufgrund von Lieferschwierigkeiten, Kosten aufgrund interner Probleme, Kosten nicht wertschöpfender Aktivitäten in produktionsfernen Prozessen und Entwicklungskosten.

## Kosten aufgrund von Lieferschwierigkeiten

- Alle Beschwerden von Kunden (Garantiesachen, Strafen und Nachlässe).
- Fällige Forderungen, Zinsen.
- Fällige Forderungen, > 12% Zinsen.
- Abschreibungen von Forderungen.
- Lieferverspätungen, Zinsen.
- Geschätzte Auswirkungen schlechten Rufs auf zukünftige Preisvereinbarungen.

## Kosten aufgrund interner Probleme

- 50% aller Kosten für Überstunden (Arbeiter, Angestellte).
- Alle Kosten für Abweichungsberichte sowie für Suchen und Beseitigen von Störungen.
- Unnötiger Abfall.
- Zusatzkosten aufgrund verspäteter Materiallieferungen.
- Zusatzkosten aufgrund fehlerhaften oder beschädigten Materials.
- Lagerwert größer 12% Umsatz, Zinsen.
- Überflüssige Lager.
- Bruttospanne Lagerpuffer.
- Gebundene Produktionskapazität (Gewinn aus dem, was wir produziert hätten, wenn wir weder krankheitsbedingten Ausfall noch defekte Maschinen etc. hätten).

## Kosten nicht wertschöpfender Aktivitäten in produktionsfernen Prozessen

- Alle Nachprüfungskosten.
- 50% der Gehaltskosten und Löhne der Testabteilung.
- Geschätzter Anteil der Administrationskosten des Einkaufs.
- Geschätzter Anteil der Kosten für Änderungen von Aufträgen aufgrund von Änderungen der Konstruktion, nachdem die Aufträge erteilt sind.
- Geschätzter Anteil der Kosten für Änderungen von Aufträgen aufgrund von Kundenänderungen, nachdem die Aufträge erteilt sind.
- Geschätzter Anteil der Kosten für verlorene Zeit bei der Auftragsplanung.
- Geschätzter Kostenanteil für außerplanmäßige Instandhaltung.

## Entwicklungskosten

- Geschätzte Sicherheitsspannen der Leistungsdaten (Schwund, Temperatur, Geräuschpegel).
- Geschätzte Sicherheitsspannen des mechanischen und technischen Designs.

## A.4 Stellenbeschreibung für Träger des Schwarzen Gürtels

Die Stellen der Träger des Schwarzen Gürtels in einem Unternehmen sind wahrscheinlich neue Stellen. Eine Stellenbeschreibung kann der Organisation helfen, die Rolle zu verstehen, und dem Träger des Schwarzen Gürtels helfen, sich auf die wichtigen Dinge zu konzentrieren (Abb. A.3).

---

**Stellenbeschreibung für Träger des Schwarzen Gürtels**

• Kommunikation, Diskussion und Beurteilung unserer Leistungen und Priorisierung von Verbesserungsmöglichkeiten entsprechend ihrer Bedeutung. Entwickeln einer Strategie und eines Handlungsplanes zur Umsetzung von Six Sigma.

• Anwendung der Six Sigma-Verbesserungsmethodik einschließlich der Werkzeuge zur Analyse unzulänglicher Prozesse und Ausarbeitung von Lösungsvorschlägen und Empfehlungen.

• Konzentrierte und systematische Untersuchung unserer Geschäftsprozesse (Messen von FpMM).

• Übernahme von Verantwortung in den folgenden vier Bereichen:
- Identifizierung von Leistungsanforderungen an Produkte oder Prozesse
- Analyse von Leistungsabweichungen
- Ausnutzen von Verbesserungsfaktoren und
- Einrichten von Verfahren zur Produkt- und Prozesssteuerung.

• Kommunizieren der dokumentierten Pläne, Methoden und erzielten Ergebnisse in regelmäßigen Besprechungen.

• Mentor: Pflege eines Netzwerks von Six Sigma-Experten am regionalen Standort.

• Durchführung formeller Ausbildung für lokales Personal in neuen Strategien und Werkzeugen.

• Trainer; individuelle Unterstützung lokaler Mitarbeiter.

• Aufdecken von internen und externen (bei Lieferanten und Kunden) Umsetzungsmöglichkeiten für durchbrechende Strategien und Werkzeuge.

• Einflussnahme auf die Akzeptanz „Verkaufen", der Strategien, Werkzeuge und erzielten Ergebnisse durch die Organisation.

• Erzielen von Ergebnissen, die vorbeugend und proaktiv sind statt reaktiv.

---

Abb. A.3 Beispiel einer Stellenbeschreibung für einen Träger des Schwarzen Gürtels bei ABB.

# A.5 Ein Kurs zum Schwarzen Gürtel – eine detaillierte Inhaltsbeschreibung

Die Kurse der Ausbildung zum Schwarzen Gürtel werden von den meisten Six Sigma-Unternehmen in sehr ähnlicher Form durchgeführt, wobei es aber einige Unterschiede hinsichtlich Dauer und Inhalt der Kurse gibt. Der Geschäftsbereich Power Transformers von ABB war mit seinem 13 Tage dauernden Kurs erfolgreich. Dieser ist in vier jeweils drei Tage dauernde Kurseinheiten mit einem Abschlusstag eingeteilt.

*Erste Kurseinheit*

**Einführung in Six Sigma:** Prozessverbesserung als eine rigorose und schlüssige Managementtheorie.

**Qualitätskosten**

**Grundlagen der Statistik:** Normalverteilung, z-Umformung, Nutzungsgrad, Fehler per Möglichkeit, Fehler per Einheit. Übungen.

**Die Sieben Qualitätswerkzeuge:** Theorien und Fallstudien.

**Six Sigma-Statistik:** $Z_B$ („Sigma Wert"), Fehler pro Million Möglichkeiten (FpMM), lang- und kurzfristige Prozessfähigkeit. Veränderung und Betreiben industrieller Prozesse, einschließlich manueller Berechnungen und Computerkalkulationen. Kontinuierliche Daten / attributive Daten. Poisson- und Binominalverteilung. Zählen von Möglichkeiten. Fallstudien und Übungen.

**Statistik für Fortgeschrittene:** Testen von Hypothesen, t-Test, Vertrauensintervall, F-Test. Fallstudien und Übungen.

**Regressions- und Korrelationsanalyse:** Theorien und Fallstudien.

**Hausarbeit (zwischen erster und zweiter Kurseinheit):** Erstens, identifizieren Sie einen Prozess mit einem chronischen Problem, für den seit langem eine Lösung gesucht wird und durch dessen Verbesserung ein gewisser wirtschaftlicher Gewinn erzielt wird. Zweitens, messen Sie die Prozessleistung anhand mindestens vier verschiedener Merkmale, berechnen Sie $Z_B$ („Sigma-Wert") und den FpMM-Wert für jedes Merkmal und für die Kombination der vier Merkmale. Drittens, führen Sie eine Regressionsanalyse für den Prozess durch, identifizieren Sie signifikante Faktoren und machen Sie Verbesserungsvorschläge mit Kosteneinsparungspotenzial. Viertens, führen Sie ein Projekt unter Anwendung der Sieben Qualitätswerkzeuge durch und weisen Sie eine Kosteneinsparung nach.

*Zweite Kurseinheit*

**Review der Hausarbeiten**

**Langfristiges Qualitätsmanagement**: Messen von Prozessleistungen – Dokumentieren von Fortschritten, Fallstudien.

**Verständnis für Variation**: Theorien und Fallstudien.

**Prozessmanagement**: Prinzipien und Prozessflussdiagramme.

**Einführung in die Versuchsplanung (Design of Experiments)**

**Versuchsplanung, vollfaktorielle und teilfaktorielle Versuche**: Praktische Übung mit Katapulten und Übungen.

**Versuchsplanung, Einführung in Software**: Minitab® und/oder JMP®-Übungen.

**Hausarbeit (zwischen zweiter und dritter Kurseinheit)**: Identifizieren Sie einen Prozess, durch dessen Verbesserung wirtschaftliche Gewinne erzielt werden können. Führen Sie einen vollständigen Versuch durch. Dieser erste faktorielle Versuch muss erfolgreich sein, daher sollte ein relativ einfacher, linearer Prozess gewählt und vorzugsweise nur zwei oder drei Faktoren (vorzugsweise mit Mittelpunkten) untersucht werden.

*Dritte Kurseinheit*

**Review der Hausarbeiten**

**Versuchsplanung**: ANOVA, P-Wert, Kuchendiagramm, Mittelpunkte, Restwertanalyse, Screeninganalyse, Optimierung, Verifizierung, Übungen.

**Prozessmanagement**: Theorien, Übungen und Fallstudien.

**Six Sigma Anwendung**: Theorien und Fallstudien.

**Prozessfähigkeitsindizes**: $C_p$ und $C_{pk}$.

**Messungsanalysen**: Theorien und Fallstudien.

**Schwarzer Gürtel**: Rolle und Aufgaben.

**Six Sigma in produktionsfernen Prozessen**: Theorien und Fallstudien.

**Hausarbeit (zwischen dritter und vierter Kurseinheit)**: Ein faktorieller Versuch an einem Prozess mit einem chronischen Problem und einem jährlichen Kostenreduzierungspotenzial von mindestens US$ 10 000. Vorzugsweise sollte die Screeninganalyse durch Regression erfolgen, die Optimierung durch einen faktoriellen Versuch und die Verifizierung durch einen vollfaktoriellen Versuch oder, wenn angebracht, durch einen Ein-Faktor-Test.

*Vierte Kurseinheit*

**Review der Hausarbeiten**

**Versuchsplanung für Fortgeschrittene:** Blockdesign, Design für Nichtlinearität: response surface methods.

**Sim-Factory:** Software zum Training in grundlegenden und fortgeschrittenen faktoriellen Versuchen.

**Einführung in „Six Sigma engineering":** Toleranzdesign und robustes Design.

**Six Sigma in globaler Perspektive.**

**Rhetorik.**

**Gruppenarbeit (Abendprogramm):** Was ist Six Sigma?

**Hausarbeit (zwischen vierter und fünfter Kurseinheit):** Ein vollständiges Experiment, in dem das wirtschaftliche Potenzial zur Einsparung oder Vermeidung von Kosten mindestens US$ 50 000 beträgt mit einer Screeninganalyse (Regressionsanalyse oder teilfaktorieller Versuch), einer Verbesserung durch einen vollfaktoriellen oder teilfaktoriellen Versuch und Verifizierung durch einen vollfaktoriellen Versuch oder einen Ein-Faktor-Test, wenn angebracht. Präsentation des Verbesserungsprojektes und der finanziellen Gewinne, gemessen in Kostenreduzierung in Dollar pro Jahr, vor dem Werksleiter und Erreichen seiner Zustimmung.

*Fünfte Kurseinheit*

**Review der Hausarbeiten.**

**Abschlussfeier**

# Anhang B – Erläuterungen zur Statistik und statistischen Verteilungen

## B.1  Das Konzept der Vorhersagbarkeit

Walter A. Shewhart definiert den Zustand der Vorhersagbarkeit in Prozessen als: „Ein Phänomen wird dann als beherrscht gelten, wenn auf Grundlage vergangener Erfahrungen wir, zumindest innerhalb gewisser Grenzen, vorhersagen können, wie das Phänomen in der Zukunft voraussichtlich variieren wird." Vorhersagbarkeit wird allgemein auch als statistische Beherrschbarkeit bezeichnet. W. Edward Deming und Joseph M. Juran haben durch ihre Arbeit und in ihren Publikationen auch die Bedeutung des Konzeptes – Vorhersagbarkeit – betont. Wenn das gemessene Prozess- oder Produktmerkmal vorhersagbar ist, liegen keine Anzeichen für besondere Ursachen von Variation vor. Die verbleibende Variation, d. h. allgemeine Variation, hängt vom Zufall ab. Vorhersagbarkeit zu erreichen ist eine wichtige Aktivität zur Verbesserung von Prozessleistungen. Der Grund hierfür ist, dass ein Prozess mit besonderen Ursachen von Variation unvorhersagbar ist und dadurch schwer zu steuern und zu verbessern. Nur wenn besondere Ursachen von Variation beseitigt worden sind, können wir mit Hilfe der Statistik seine zukünftigen Ergebnisse voraussagen. Wird mehr Information über den Prozess gesammelt, können mehr Ursachen von Variation beseitigt und der Prozess somit weiter verbessert werden.

Die Regelkarte ist das primäre Werkzeug, um zu überprüfen, ob ein Prozess im Hinblick auf seine Leistung vorhersagbar ist. Es gibt entweder Signale dafür, dass besondere Gründe für Variation vorliegen oder es zeigt an, dass die beobachtete Variation allgemeinen Ursachen zugeschrieben werden kann. Solange der Prozess vorhersagbar ist, gibt es keinen Grund dafür, auf die Schwingungen der Prozessleistung zu reagieren, da eine solche Reaktion dem Prozess wahrscheinlich besondere Ursachen von Variation zuführen würde. Deming bezeichnete solche störenden Handlungen als „Herumpfuschen am Prozess". Dies bedeutet jedoch nicht, dass wir gar nichts mit dem Prozess machen sollten. Ist Vorhersagbarkeit erst erreicht und wird diese aufrechterhalten, so ist die Reduzierung der Streuung wichtig und kann durch Experimente weiter verfolgt werden.

In der Six Sigma-Praxis ist die Vorhersagbarkeit von Prozessleistungen nicht besonders betont worden. Dies liegt zum Teil an der starken Konzentration auf die Verbesserungsmethodik und zum Teil daran, dass die FpMM-Aufzeichnungen der Prozesse als Bestätigung für Verbesserungen herangezogen werden. Man geht davon aus, dass solange ein Abwärtstrend bei den FpMM-Werten vorliegt, tatsächliche Prozessverbesserungen erreicht worden sind. Eine solche Annahme kann aus statistischer Sicht jedoch nicht vertreten werden. Große Schwingungen eines Prozesses nach oben und unten könnten ein Anzeichen dafür sein, dass der Prozess unvorhersagbar ist. Wir empfehlen für die zukünftige Anwendung von Six Sigma, das Konzept der Vorhersagbarkeit stärker zu würdigen und zu betonen. Durch das gesamte Buch hinweg, und besonders in Kapitel 2, haben wir versucht zu erklären, wie die drei Wege zur Verbesserung von Prozessleistungen – Vorhersagbarkeit der Leistungen, Reduzierung der Streuung und Verbesserung der Zentrierung – miteinander zusammenhängen.

Wir möchten auch betonen, dass Vorhersagbarkeit eine Voraussetzung für die Anwendung statistischer Methoden zum Modellieren von echter Variation ist. Leider werden viele theoretische Berechnungen und Spezifikationen in Bezug auf das Verhalten von Prozessen erstellt, ohne dass die Voraussetzung der Vorhersagbarkeit berücksichtigt wird. Unserer Erfahrung nach treten bei den meisten Prozessen, die nicht bewusst im Hinblick auf Vorhersagbarkeit bearbeitet worden sind, viele besondere Ursachen von Variation auf.

## B.2 Eingriffsgrenzen und Spezifikationsgrenzen

Bei der Anwendung der Six Sigma-Verbesserungsmethodik und insbesondere bei der Anwendung von Regelkarten ist es wichtig, zwischen Eingriffsgrenzen und Spezifikationsgrenzen zu unterscheiden. Eingriffsgrenzen beziehen sich ausschließlich auf die Variation, die in einem vorhersagbaren Prozess gemessen wird. Die $\pm 3\sigma$ Eingriffsgrenzen wurden auf Grundlage der Arbeit mit Regelkarten von Walter A. Shewhart in den 1920er Jahren eingeführt. Er führte die $\pm 3\sigma$ Eingriffsgrenzen als einen wirtschaftlichen Leitfaden ein, um bei Prozessmerkmalen zwischen Variation aufgrund besonderer Ursachen und Variation aufgrund allgemeiner Ursachen zu unterscheiden.

Die $\pm 3\sigma$ Eingriffsgrenzen sind nicht zu verwechseln mit 6 Sigma. Letzteres ist die Zielsetzung hervorragender Prozessleistungen in Six Sigma und entspricht 3.4 Fehlern per Million Möglichkeiten. Das zuerst genannte ist dagegen ein Kriterium, um zu beurteilen, ob in den erfassten Daten besondere Ursachen von Variation vorliegen.

Spezifikationsgrenzen sind nicht gleichzusetzen mit Eingriffsgrenzen. Im Gegensatz zu Eingriffsgrenzen beruhen Spezifikationsgrenzen auf mehr oder weniger subjektiven Kundenanforderungen. Die Spezifikationsgrenzen stellen den für ein bestimmtes Merkmal erlaubten Minimum- und Maximumwert dar, der von Ingenieuren untersucht und in der Entwicklung umgesetzt wurde. Eine weitere Eigenschaft von Spezifikationsgrenzen hängt mit der Annahme zusammen, dass ein Überschreiten der Spezifikationsgrenzen zu vollständigen Zusatzkosten führt, während ein Unterschreiten keinerlei Zusatzkosten verursacht. Eine realistischere Sichtweise ist jedoch die, dass jede Abweichung vom Zielwert Zusatzkosten verursacht, und je größer die Abweichung ist, desto größer sind die Zusatzkosten. (Abb. B.1).

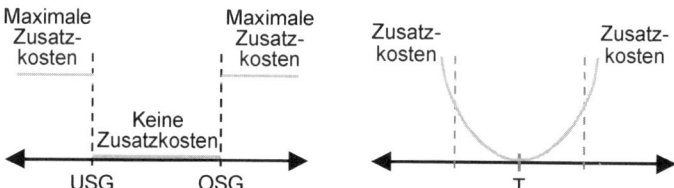

Abb. B.1 Darstellung der traditionellen Sichtweise zum Überschreiten von Spezifikationsgrenzen und der auf Variation beruhenden Sichtweise, in der jede Abweichung vom Zielwert Zusatzkosten verursacht.

Anstatt sich für Spezifikationsgrenzen einzusetzen, stellte W. Edward Deming Folgendes fest: „Die Stellenbeschreibung eines Produktionsarbeiters sollte ihm aus wirtschaftlichen Gründen daher dazu verhelfen, statistische Beherrschbarkeit über seine Arbeit zu erreichen. Weiterhin hat er die Aufgabe, ein wirtschaftliches Niveau der Verteilung seiner Qualitätsmerkmale zu erreichen und Variation kontinuierlich zu reduzieren. Mit diesem System wird das Ergebnis seiner Arbeit den Spezifikationen entsprechen bzw. sie noch übertreffen, die Kosten der nachfolgenden Abläufe reduzieren und das Qualitätsniveau der Endprodukte heben. "

In Six Sigma werden Spezifikationsgrenzen dazu benutzt, die Prozessleistung anhand diskreter Prozess- und Produktmerkmale zu messen. Es könnte den Anschein erwecken, dass Six Sigma in dieselbe Falle tritt wie die traditionelle Sichtweise von Zusatzkosten. Die Annahme, die der Anwendung diskreter Merkmale zur Messung von Prozessleistungen zugrunde liegt, wird jedoch nur bei einer großen Anzahl von Messungen und einer kleinen Fehlerquote getroffen und wenn davon ausgegangen werden kann, dass nur die äußeren Enden einer Normalverteilung außerhalb der Spezifikationsgrenzen liegen.

# B.3  Ausgewählte Wahrscheinlichkeitsverteilungen

Merkmale können kontinuierlich oder diskret sein. Bei kontinuierlichen Merkmalen werden Messungen anhand einer kontinuierlichen Skala vorgenommen und die daraus ermittelten Daten sind kontinuierliche Daten. Diskrete Merkmale werden anhand von Zählungen gemessen, woraus sich attributive Daten ergeben. Man geht oft davon aus, besonders bei industriellen Prozessen und daher auch in Six Sigma, dass kontinuierliche Daten normalverteilt sind und attributive Daten der Poissonverteilung entsprechen.

*Wahrscheinlichkeitsfunktionen für diskrete Merkmale*

Wenn $X$ eine diskrete Variable ist, so gilt:

- $p(x) = P(X=x)$, welche als Wahrscheinlichkeitsverteilung von $X$ bezeichnet wird.
- $F(x) = P(X \leq x)$, welche als kumulative Verteilungsfunktion von $X$ bezeichnet wird.

Die Verteilung der Zufallsvariablen erhält man durch die Wahrscheinlichkeitsfunktion oder die kumulative Verteilungsfunktion. Wahrscheinlichkeitsfunktionen werden durch Säulen über den Werten dargestellt, welche die Zufallsvariable annehmen kann. Die Höhe der Säulen entspricht der Wahrscheinlichkeit, dass der jeweilige Wert eintritt. Die Summe der Säulenhöhen ergibt somit eins (Abb. B.2).

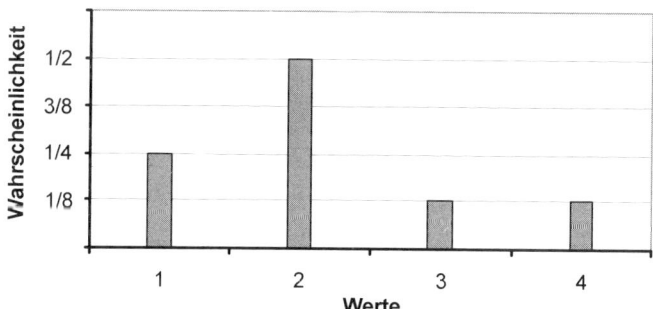

Abb. B.2 Die Wahrscheinlichkeitsfunktion einer Zufallsvariablen, welche die Werte 1, 2, 3 und 4 mit der jeweiligen Wahrscheinlichkeit 1/4, 1/2, 1/8 und 1/8 annimmt.

Bestimmte Verteilungen diskreter Variablen sind so üblich, dass sie eigene Namen erhalten haben und Tabellen mit p(x) und/oder F(x) erstellt wurden. Die am meisten angewendeten Verteilungen sind die Binominalverteilung, die Poissonverteilung und die Hypergeometrische Verteilung. In Six Sigma ist hauptsächlich die Poissonverteilung von Interesse, da sie für die in FpMM gemessenen attributiven Daten gilt.

Die Poissonverteilung basiert auf Ereignissen, die „zufällig" eintreten. Dies können Stöße in einem mechanischen System sein, Einheiten, die auf einem Fließband ankommen, oder eingehende Telefongespräche in einer Telefonzentrale. Bezeichnen wir mit X die Anzahl der Ereignisse, die in einem Intervall mit bestimmter Länge auftreten. Dann gilt

$$x = 0, 1, 2, ..., n$$

mit einer guten Annäherung, die wir für eine Konstante $m$ haben:

$$P(X = x) = e^{-m} \frac{m^x}{x!}$$

Wir sagen, dass X poissonverteilt ist mit dem Parameter $m$ und schreiben X ist Po($m$). Die Verteilung wurde nach dem französischen Mathematiker Simeon Denis Poisson (1781–1840) benannt. Im Kontext von Six Sigma gilt die Poissonverteilung für attributive Daten. Wenn die Quote von Fehler, $p$, klein und die Stichprobengröße, $n$, groß ist, ist die Konstante, $m$, gegeben als:

$$m = p * n$$

Beim Messen der Prozessleistung anhand diskreter Merkmale innerhalb Six Sigma berechnen wir FpMM auf Basis der Anzahl erfasster Fehler und der Stichprobengröße. Wenn also die Fehleranzahl gering und die Stichprobe groß ist, gilt für die Verteilung des Merkmals die Poissonverteilung. Dies ist der Grund für die in Six Sigma geltende Faustregel, dass bei der Messung von diskreten Merkmalen die Stichprobengröße mindestens 300 betragen sollte. Es gibt Tabellen mit P(X = x), P(X ≤ x) oder P( X≥ x) für die Poissonverteilung mit verschiedenen Werten für m. Anhang E.2 enthält eine Tabelle mit P(X ≥ x) für einige Werte für m. Dieser Tabelle können wir z. B. entnehmen, dass, wenn X gleich Po(1.4) ist, dann ist P(X ≥ 2) = 0.167. Dieser Wahrscheinlichkeitswert für X≥2 kann auch dazu benutzt werden, um P(X ≤ 3) und P(X = 3) zu berechnen.

$$P(X ≤ 3) = 1 - P(X ≥ 2) = 1 - 0.167 = 0.833$$

$$P(X = 3) = P(X ≤ 3) - P(X ≤ 2) = 0.857 - 0.677 = 0.180$$

### *Wahrscheinlichkeitsfunktionenen kontinuierlicher Merkmale*

Eine Zufalsvariable, die jeden beliebigen Wert innerhalb eines Intervalls annehmen kann – z.B. alle positiven Werte – wird als kontinuierliche Zufallsvariable bezeichnet. Die Wahrscheinlichkeit, dass solch eine Zufallsvariable X einen Wert annimmt, der zwischen $b$ und $c$ liegt, entspricht der Fläche unter ihrer Wahrscheinlichkeitsdichtefunktion $f(x)$ zwischen $b$ und $c$ (s. Abb. B.3). Mathematisch ausgedrückt bedeutet dies, dass

$$P(b < X < c) = \int_b^c f(x)dx$$

ist.

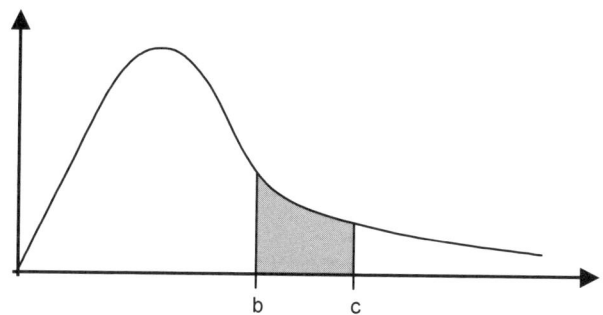

Abb. B.3 Die Fläche unter der Wahrscheinlichkeitsdichtefunktion zwischen b und c entspricht der Wahrscheinlichkeit, einen Wert innerhalb dieses Intervalls zu erhalten.

Wie bei diskreten Merkmalen, so gibt es auch bei kontinuierlichen Daten in der Praxis übliche Verteilungen, wie z.B. die Normalverteilung und die Exponentialverteilung. Innerhalb Six Sigma wird häufig die Normalverteilung angewendet. Sie ist eine der entscheidenden Annahmen, die dem Messsystem zugrunde liegen.

Wenn für eine Zufallsmenge $X$ folgende Wahrscheinlichkeitsfunktion gilt,

$$f(x) = \frac{1}{\sigma\sqrt{2\pi}} \exp\left(-\frac{(x-\mu)^2}{2\sigma^2}\right) \qquad \text{für } -\infty < x < \infty$$

wobei $\mu$ und $\sigma > 0$ Konstanten sind, ist $X$ normalverteilt mit den Parametern $\mu$ und $\sigma$. Wir schreiben $X$ ist $N(\mu,\sigma)$. Für $\mu = 0$ und $\sigma = 1$ wird die Verteilung als standardisierte Normalverteilung bezeichnet. Ihre Dichtefunktion wird als $\varphi(x)$, und die Verteilungsfunktion wird als $\Phi(x)$ bezeichnet, mit

$$\varphi(x) = \frac{1}{\sqrt{2\pi}} \exp\left(-\frac{x^2}{2}\right) \qquad \text{für } -\infty < x < \infty$$

und

$$\Phi(x) = \int_{-\infty}^{x} \varphi(x)dx$$

Die standardisierte Normalverteilung hat den Vorteil, dass mit ihrer Hilfe die Wahrscheinlichkeit einer Fläche unter der Kurve einer jeden Normalverteilung ermittelt werden kann, unabhängig von der Lage und der Streuung. Die Standardnormalverteilung ist in verschiedenen Tabellen enthalten, siehe Anhang E.1. Die Tabelle in Anhang E.1. enthält die Fläche für $P(X \geq x)$, siehe Abb. B.4. Aus der Tabelle ist ersichtlich, dass z.B.

$$P(X \geq 0.5) = 0.309$$

$$P(X \geq 4.5) = 0.00000340$$

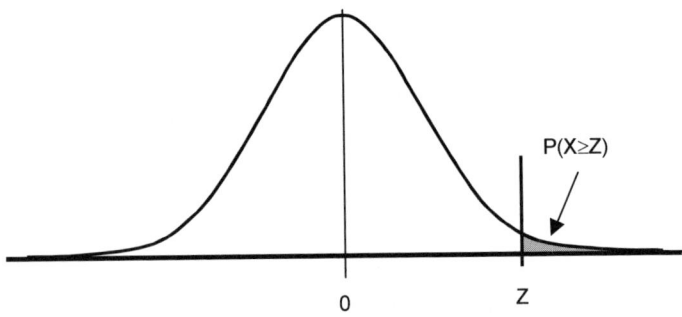

Abb. B.4 Die Fläche unter der Normalverteilungswahrscheinlichkeitskurve, entsprechend der Tabelle in Anhang E.1.

# Anhang C – Fehler pro Million Möglichkeiten, FpMM

## C.1 Veränderung von Mittelwerten in Prozessen

Beim Untersuchen der Prozessleistung im Hinblick auf Prozessvariation ist es wichtig, die Dynamik industrieller Prozesse zu erkennen. Erfahrungen in der Industrie und in der Forschung haben gezeigt, dass bei der Messung der Prozessvariation eines Merkmals in einem beliebigen industriellen Prozess sich dessen Mittelwert im Lauf der Zeit verändert. Im Zusammenhang mit Six Sigma wird auf zwei Amerikaner verwiesen, Bender und Gilson, die unabhängig voneinander die Veränderung des Mittelwertes von Prozessen, auch Fluktuation des Prozessmittelwertes genannt, untersucht haben. Auf Grundlage von 30 Jahren Erfahrung haben sie festgestellt, dass sich in den von ihnen betrachteten Prozessen im Lauf der Zeit der Mittelwert um 1.5σ (Standardabweichungen) verändert (Abb. C.1). Dies bedeutet: Bei mehrmaliger Messung desselben Merkmals zu verschiedenen Zeitpunkten kann festgestellt werden, dass die vielen kurzzeitigen Verteilungen des Prozesses zu einer Abweichung um ca. 1.5σ von ihrer natürlichen Zentrierung führen. Bei Messungen, Verbesserungen und Design von Prozessen innerhalb Six Sigma werden diese Veränderung des Mittelwertes normalerweise akzeptiert.

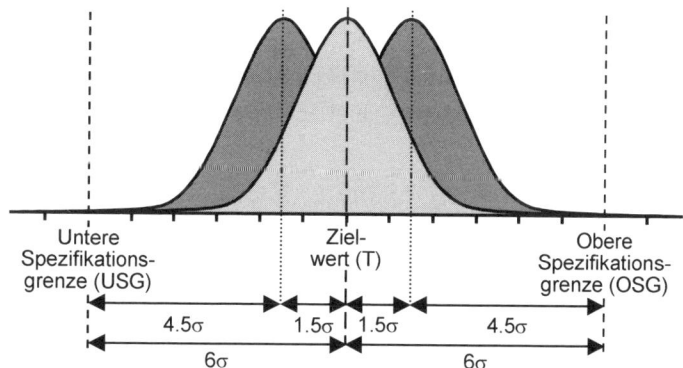

Abb. C.1 Messungen eines kontinuierlichen Merkmals, die zeigen, wie sich der Mittelwert des Prozesses im Lauf der Zeit um 1.5σ verändern kann.

In der Six Sigma-Praxis wird diese Veränderung von 1.5σ berücksichtigt. Dies erfolgt, indem ein kurzfristiger und ein langfristiger Wert für die Prozessleistung ermittelt wird. Die kurzfristige Messung der Prozessleistung zeigt die Prozessleistung zu einem bestimmten Zeitpunkt an unter der Annahme, dass der Prozess zentriert ist. Er wird normalerweise als ein Wert auf der Sigma-Skala, $Z_{st}$, oder als Benchmarking Sigma-Wert, $Z_B$ ausgedrückt. Die Messung des langfristigen Wert, der Prozessleistung zeigt die Variation auf lange Sicht an und wird auf Grundlage vieler kurzfristiger Verteilungen ermittelt. Er wird normalerweise als FpMM-Wert ausgedrückt.

Es gibt Tabellen, die zeigen, wie kurzfristige Sigma-Werte in langfristige FpMM-Werte übersetzt werden können und umgekehrt, d.h. diese enthalten die langfristige Veränderung des Mittelwertes von 1.5σ (siehe Anhang C.5). Dies ermöglicht uns, kurzfristige und langfristige Prozessleistungen zu berechnen. Die Umformung in der Tabelle basiert auf folgender Formel:

$$Z_{st} = Z_{lt} + 1.5$$

Im gesamten Buch haben wir angegeben, dass 3.4 FpMM 6.0 Sigma entspricht. Dies ist vielleicht schwierig zu verstehen, da die einseitige Wahrscheinlichkeit von 6.0 Sigma in der Normalverteilungstabelle (Anhang E.1) Folgendes ergibt:

$$P(X \leq 6.0) = 9.90E - 10 = 0.00000000099$$

Dies ergibt 0.001 FpMM und nicht 3.4 FpMM, was 6.0 Sigma entspricht. Der Grund dafür liegt darin, dass 3.4 FpMM die langfristige Prozessleistung ist, während 6 Sigma die kurzfristige Prozessleistung ist, wenn der Prozess zentriert ist. Wenden wir die Umwandlungsformel an, welche die Veränderung des Mittelwertes im Zeitverlauf berücksichtigt, so ergibt sich aus dem kurzfristigen 6.0 Sigma-Ziel langfristig:

$$Z_{st} = Z_{lt} + 1.5$$

$$6.0 = Z_{lt} + 1.5$$

$$Z_{lt} = 4.5$$

Die einseitige Wahrscheinlichkeit von 4.5 Sigma in der Normalverteilungstabelle (Anhang E.1) ergibt:

$$P(X \leq 4.5) = 3.40E-6 = 0.00000340$$

Dies ergibt den erwarteten Wert von 3.4 FpMM. Die Wahrscheinlichkeit auf der anderen Seite $P(X \leq 7.5)$ sollte addiert werden, ist aber im Verhältnis zu 3.4 FpMM vernachlässigbar.

Wir stellen in diesem Buch FpMM als die bevorzugte Einheit zur Messung von Prozessleistungen im Hinblick auf Variation dar, weil sie sowohl auf kontinuierliche als auch auf diskrete Merkmale anwendbar, relativ einfach zu berechnen ist, eine eindeutige Zahl für Prozessleistungen liefert und ein Gefühl der Dringlichkeit im Hinblick auf Verbesserungen vermittelt.

## C.2 Kontinuierliche Merkmale und diskrete Merkmale

Beim Messen der Prozessleistung im Hinblick auf Variation muss immer zwischen kontinuierlichen und diskreten Merkmalen unterschieden werden. Kontinuierliche Merkmale werden auf einer kontinuierlichen Skala gemessen und liefern kontinuierliche Daten. Beispiel hierfür sind Länge, Zeit, Feuchtigkeit, Masse und Temperatur. Kontinuierliche Daten können kurzfristigen Charakter haben, wenn sie in einem Produktionszyklus ermittelt werden, und langfristigen Charakter, wenn mehrere Zyklen durchlaufen werden. Kontinuierliche Merkmale sind oft annähernd normalverteilt (Anhang E.1). Manchmal ist cs natürlich empfehlenswert, nochmals die Skala zu überprüfen, bevor man von einer Normalverteilung ausgeht. Betrachtet man eine positive Größe, die nahezu null ist, wird es in vielen Fällen vernünftig sein, den Logarithmus zu verwenden (oder eine Dezibelskala zu benutzen), bevor man die Normalverteilung zugrunde legt. Normalerweise verbessert dies auch die additive Eigenschaft des Modells und einige störende Wechselwirkungen verschwinden. Es ist auch zu beachten, dass bei unseren Berechnungen von FpMM-Werten unter Annahme der Normalverteilung immer Schätzungen mit einbezogen sind. Der bedeutendste Aspekt ist jedoch die dadurch erzielte Möglichkeit, vernünftige Vergleiche vornehmen zu können und Schlüsselindikatoren für Prozesse zu erhalten, die konsequent in dieselbe Richtung zeigen und eine gute Übersicht über die Verbesserungsaktivitäten geben.

Die Messung diskreter Merkmale erfolgt auf Basis von Zählungen, die ermittelten Daten werden attributive Daten genannt. Beispiel hierfür sind fehlerfrei/fehlerhaft, anerkannt/abgelehnt, akzeptabel/inakzeptabel, anwesend/abwesend oder gut/schlecht. Attributive Daten werden immer als langfristige Daten betrachtet. Der Grund hierfür ist, dass zur Ermittlung attributiver Daten weit mehr Erhebungen notwendig sind als für kontinuierliche Daten und es wird daher logischerweise davon ausgegangen, dass mehrere Zyklen durchlaufen worden sind. Attributive Daten können mit Hilfe der Tabelle in Anhang C.5 künstlich in kurzfristige Daten umgewandelt werden. Diskrete Merkmale sind oft annähernd poissonverteilt (Anhang E.2).

Es ist zu beachten, dass diskrete Merkmale sowohl in Produktionsprozessen als auch in produktionsfernen Prozessen anwendbar sind. In Produktionsprozessen können diskrete Merkmale zur Messung der Leistung großer Produktionsserien benutzt werden, indem die Anzahl der Fehler erfasst wird. In produktionsfernen Prozessen werden diskrete Merkmale zur Messung der Leistung von z. B. Zeichnungen, Antwortzeiten, Lieferpünktlichkeit, Planung, Fakturierung, Kundenbeschwerden, Bearbeitungszeit von Angeboten usw. benutzt. Sie werden durch Zählen der Fälle, die der externe oder interne Kunde als Fehler definiert, ermittelt und ins Verhältnis zur gesamten Anzahl möglicher Fälle gesetzt. Es ist zu beachten, dass einige dieser Beispiele, wie z.B. Antwortzeit und Bearbeitungszeit von Angeboten, auch auf einer kontinuierlichen Skala gemessen werden können. In diesen Fällen ziehen es die meisten Six Sigma-Firmen aus Gründen der

Einfachheit vor, diese Merkmale anhand von Zählungen zu ermitteln und sie wie diskrete Merkmale zu behandeln. Dies kann in einzelnen Fällen jedoch nachteilig sein. Die Anwendung von Zählungen an Stelle einer kontinuierlichen Variablen reduziert die Möglichkeit, das Denkmodell für Verbesserungen von Six Sigma anzuwenden: besondere Ursachen zu entfernen, Variation zu reduzieren und letztendlich Zentrierung zu erreichen. Betrachten wir z.B. Lieferverspätungen, so wäre es ratsam, zuerst die Variation in der Lieferzeit zu reduzieren (d.h. die ersten beiden Schritte) und dann Zentrierung anzustreben. Wird in diesem Fall Zählung wie für diskrete Merkmale angewandt, könnte dies problematisch sein.

Dennoch bietet das Messen von Prozessleistung anhand diskreter Merkmale dem Unternehmen die einzigartige Möglichkeit, die derzeitige Prozessleistung des Unternehmens zu ermitteln, und zwar nicht nur vornehmlich bei Produktionsprozessen oder bei Kundenkontakten in Dienstleistungsunternehmen. Hierbei ist auch anzumerken, dass es im Vergleich mit kontinuierlichen Merkmalen generell schwieriger ist, gute diskrete Merkmale zu finden, vielleicht deshalb, weil sich die Industrie traditionell auf die Messung kontinuierlicher Merkmale konzentriert hat. In Six Sigma liegt die Betonung jedoch darauf, die Merkmale zu messen, die für den Kunden – extern oder intern – als entscheidend gelten. Dies stellt sicher, dass die zur Messung ausgewählten Faktoren im Hinblick auf Kundenanforderungen und zur Erreichung von Kundenzufriedenheit entscheidend sind.

Als generelle Regel, insbesondere für diskrete Merkmale, gilt daher, die Dinge „einfach zu halten". Wenn z.B. der Prozess „Technisches Zeichnen" untersucht wird, sollte die Anzahl fehlerhafter Zeichnungen, die in die Produktion geliefert worden sind, ermittelt werden und durch die Gesamtzahl gelieferter Zeichnungen dividiert werden. Diese praktische Lösung stellt eine effektive Art und Weise dar, die Leistungen des Zeichenprozesses zu messen. Eine Alternative hierzu wäre, die Gesamtzahl möglicher Fehler in einer einzelnen Zeichnung zu ermitteln und die Zeichnung dann im Hinblick auf Fehler zu analysieren. Andere Beispiele geeigneter Messgrößen für diskrete Merkmale sind (unter der Voraussetzung, dass in allen Fällen die Definition dessen, was als Fehler gilt, durch die Kunden erfolgt ist):

- Arbeitsvorbereitung und -planung
  - Anzahl der Aufträge mit Überschreitung der vorgesehenen Arbeitszeit im Verhältnis zur Gesamtanzahl bearbeiteter Aufträge.
  - Anzahl verspäteter Aufträge im Verhältnis zur Gesamtanzahl bearbeiteter Aufträge.
  - Anzahl fehlerhafter Auftragskarten im Verhältnis zur Gesamtanzahl bearbeiteter Auftragskarten.
- Entwicklungsprozess
  - Anzahl der Aufträge mit Überschreitung der Stundenanzahl im Verhältnis zur Gesamtanzahl bearbeiteter Aufträge.

- Anzahl fehlerhafter Zeichnungen im Verhältnis zur Gesamtanzahl erstellter Zeichnungen.
- Empfang / Telefonzentrale
  - Anzahl zu spät beantworteter eingehender Telefongespräche im Verhältnis zur Gesamtanzahl eingehender Telefongespräche.
  - Anzahl Mitarbeiter, die ihre Identifikationskarte vergessen haben im Verhältnis zur Gesamtanzahl eingetretener Mitarbeiter.
- Angebotsbearbeitung
  - Anzahl zu spät beantworteter Angebote im Verhältnis zur Gesamtanzahl der Angebote.
  - Anzahl fehlerhafter Angebote im Verhältnis zur Gesamtanzahl der Angebote.
  - Fakturierung
  - Anzahl Gutschriften im Verhältnis zur Gesamtanzahl der Rechnungen.
  - Anzahl zu spät bezahlter Rechnungen im Verhältnis zur Gesamtanzahl der Rechnungen.

Für kontinuierliche Merkmale mit einer großen Anzahl von Einheiten ist es in manchen Fällen effektiver, die Anzahl Fehler außerhalb der Spezifikationsgrenzen zu zählen, anstatt eine Stichprobe zu entnehmen und die Abweichung vom Zielwert zu ermitteln. In diesen Fällen wird das kontinuierliche Merkmal wie ein diskretes Merkmal behandelt und mit attributiven Daten gemessen. Ein Beispiel hierfür ist die Produktion von Kugelschreibern mit einer großen Produktionszahl. Die Länge des Kugelschreibers ist ein kontinuierliches Merkmal. Der Produzent der Kugelschreiber hat jedoch Sensoren, die automatisch die Länge der produzierten Kugelschreiber messen und alle nicht der vorgegebenen Länge entsprechenden Kugelschreiber aussortieren. Hier wäre es einfacher, die Anzahl aussortierter Kugelschreiber zu zählen und sie durch die Gesamtanzahl der im gemessenen Zeitintervall produzierten Kugelschreiber zu teilen, anstatt die Länge der Kugelschreiber einer Stichprobe zu messen und auf dieser Basis die Prozessleistung zu berechnen. Andererseits können bei dieser Methode für Verbesserungszwecke wertvolle Informationen verloren gehen.

## C.3　Berechnen der Prozessleistung – FpMM

Fehler pro Million Möglichkeiten, FpMM, ist eine nützliche Einheit zur Messung von Prozessleistung mittels der Variation. Sie zeigt die Wahrscheinlichkeit an, mit welcher ein Prozessmerkmal außerhalb der Spezifikationsgrenzen liegt. Die Maßeinheit selbst kann technisch wie folgt definiert werden:

$$FpMM = \frac{\sum Fehler}{\sum M\ddot{o}glichkeiten} * 1\,000\,000$$

Es ist zu beachten, dass die FpMM-Werte für kontinuierliche und diskrete Merkmale auf unterschiedliche Weise berechnet werden. Die sich daraus ergebenden langfristigen FpMM-Werte der beiden Datenarten können jedoch in einem konsolidierten FpMM-Wert zusammengeführt werden. Dies ist besonders im Six Sigma-Messsystem nützlich. Der konsolidierte FpMM-Wert, $dpmo_{konsolidiert}$ für zwei oder mehr Merkmale wird einfach durch Ermittlung des Durchschnitts ihrer FpMM-Werte errechnet.

$$dpmo_{konsolidiert} = \frac{dpmo_{Merkmal1} + dpmo_{Merkmal2} + \ldots + dpmo_{MerkmalN}}{N}$$

Diese Konsolidierung ist verglichen mit den meisten anderen heute in der Industrie angewendeten Messsystemen sehr leistungsfähig. Six Sigma-Unternehmen konzentrieren sich sehr stark auf den konsolidierten FpMM-Wert für das gesamte Unternehmen ($dpmo_{Unternehmen}$) und beobachten auch Entwicklungen für besondere Güter, Dienstleistungen, Projekte oder Prozesse ($dpmo_{Güter}$, $dpmo_{Dienstleistung}$, $dpmo_{Projekt}$, $dpmo_{Prozess}$).

Bei der Berechnung von $dpmo_{konsolidiert}$ geht man davon aus, dass jedes Merkmal ungefähr gleich wichtig ist, weshalb eine einfache Durchschnittsermittlung durchgeführt wird. Sollen jedoch alle Fehler dieselbe Bedeutung haben, sollte der $dpmo_{konsolidiert}$ anhand des gewichteten Durchschnitts ermittelt werden.

Zur Berechnung des FpMM-Wertes eines individuellen Prozessmerkmals ist eine bestimmte Anzahl von Messungen notwendig, um zuverlässig die Variation statistisch ermitteln zu können. Eine Faustregel lautet daher, mindestens 20–25 Messungen zur Berechnung der FpMM-Werte kontinuierlicher Merkmale durchzuführen und 300 Messungen für diskrete Merkmale. Wird die Berechnung der FpMM-Werte auf so relativ wenige Messungen gestützt, wird sie natürlich statistisch ungenau. Wir müssen jedoch ein Gleichgewicht zwischen Perfektionismus und einem pragmatischen Weg zum Aufzeigen eines Status finden. Schließlich ist die langsichtige Verbesserung unsere wichtigste Aufgabe.

## Allgemeines Beispiel zur Ermittlung des FpMM-Werts für kontinuierliche Merkmale

Es gibt viele Beispiel für kontinuierliche Merkmale: Dimensionen von Fahrzeugtüren, Dimensionen von Diskettenlaufwerken, Beschleunigungszeit eincs Busses, Innentemperatur, Luftfeuchtigkeit, Oberflächenhärte einer Schiffsschraube etc. Nehmen wir das Beispiel einer Transformatorenwindung (Abb. C.2), ein Hauptbestandteil eines Transformators, an welcher die folgenden Messungen durchgeführt wurden (Tab. C.2). Entsprechend der Entwicklung ist der Zielwert 60 mm, die obere Spezifikationsgrenze liegt bei 61 mm und die untere bei 59 mm. Es ist interessanterweise festzustellen, dass alle Messungen innerhalb der Toleranzgrenzen liegen (Abb. C.3).

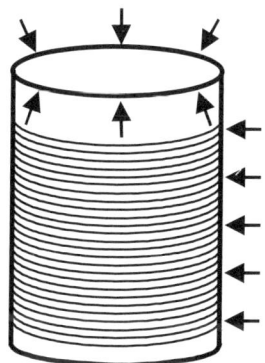

Abb. C.2 Zeichnung einer Transformatorwindung einschließlich der Messpunkte von ABB.

| | | | | | |
|---|---|---|---|---|---|
| 60.6 | 60.3 | 60.4 | 60.7 | 59.8 | 60.4 |
| 60.4 | 60.6 | 59.5 | 60.3 | 60.3 | 60.4 |
| 60.0 | 60.4 | 60.6 | 60.6 | 60.4 | 60.3 |
| 59.8 | 00.3 | 60.4 | 59.8 | 60.4 | 60.0 |
| 60.4 | 60.6 | 60.4 | 60.3 | 60.6 | 60.3 |

Tab. C.1 30 Messungen des Durchmessers der Transformatorwindung.

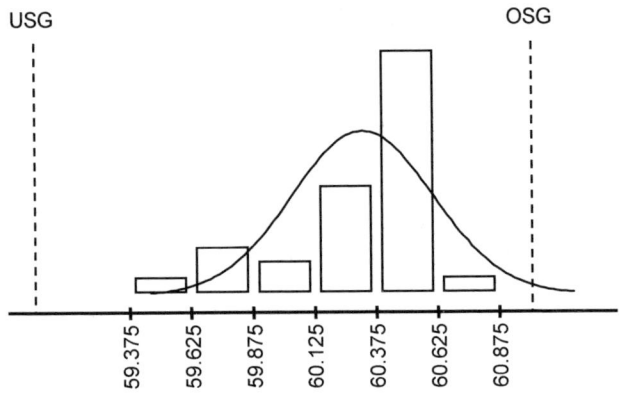

Abb. C.3 Ein Säulendiagramm und eine Schätzung der Normalverteilung der Daten aus Tab. C.1. Die Darstellung wurde mit Hilfe der Minitab® Software erstellt.

**Bei langfristigen Daten**

Wir nehmen an, dass die Daten in Tabelle C.1 langfristig sind, d.h. dass mehrere Produktionszyklen durchlaufen wurden. Wir beginnen mit der Ermittlung des Mittelwertes und der Standardabweichung und erhalten:

$$\bar{x} = 60.3$$

$$s = 0.29$$

Diese beiden statistischen Grundeigenschaften werden bei der Ermittlung von FpMM-Werten für kontinuierliche Daten immer angewendet. Sie sind als Funktionen in jedem Tabellenkalkulationsprogramm und in jeder statistischen Paketsoftware enthalten. Bei einer Stichprobengröße, n, lauten die Formeln:

$$\bar{x} = \frac{1}{n}\sum_{i=1}^{n} x_i$$

$$s = \sqrt{\frac{\sum_{i=1}^{n}(x_i - \bar{x})^2}{n-1}}$$

Folglich wird der geschätzte Z-Wert an der oberen Spezifikationsgrenze $Z_{OSG}$ wie folgt ermittelt:

$$Z_{OSG} = \frac{OSG - \bar{x}}{s} = \frac{61.0 - 60.3}{0.29} = 2.42$$

Gemäß der Tabelle zur Fläche unter der Normalverteilungskurve entspricht $Z_{OSG}$ einer Wahrscheinlichkeit für Fehler an der oberen Spezifikationsgrenze, $p(d)_{OSG}$, von 0.00776, (siehe Anhang E.1).

Dann wird der Z-Wert an der unteren Spezifikationsgrenze berechnet:

$$Z_{USG} = \frac{\bar{x} - USG}{s} = \frac{60.3 - 59.0}{0.29} = 4.59$$

welcher einer Wahrscheinlichkeit an der unteren Spezifikationsgrenze, $p(d)_{USG}$, von 0.00000222 entspricht.
Die gesamte Wahrscheinlichkeit für Fehler ist die Summe der beiden Wahrscheinlichkeiten

$$p(d)_{total} = p(d)_{OSG} + p(d)_{USG} = 0.00776 + 0.00000222 = 0.00776$$

Wir haben nun ermittelt, dass die langfristige Leistung des Prozesses bei ca. 8000 FpMM liegt. Dieser Wert kann zur Konsolidierung mit anderen Werten benutzt werden. Der entsprechende kurzfristige FpMM-Wert kann einer FpMM-Sigma-Umrechnungstabelle (Anhang C.5) entnommen werden, welche zeigt, dass 8000 FpMM ungefähr 3.9 Sigma entspricht.

**Bei kurzfristigen Daten**

Sind die Daten in Tabelle C.1 kurzfristig, muss die Berechnung der Prozessleistung auf andere Weise erfolgen. Bei Berechnung der kurzfristigen Prozessleistung wird davon ausgegangen, dass der Prozess um den Zielwert herum zentriert ist. Es muss nur die Standardabweichung, $s$, berechnet werden. Wir haben oben berechnet, dass die Standardabweichung 0.29 ist. Mit $T$ als Zielwert gilt die folgende Formel:

$$Z_{kfOSG} = \frac{OSG - T}{s}$$

$$Z_{kfUSG} = \frac{T - USG}{s}$$

Da angenommen wird, dass der Prozess um den Zielwert, $T$, zentriert ist, gilt auch:

$$Z_{kfOSG} = Z_{kfUSG}$$

Der Z-Wert an der oberen Spezifikationsgrenze, $Z_{stUSL}$, wird dann wie folgt berechnet:

$$Z_{kfOSG} = \frac{61.0 - 60.0}{0.29} = 3.4$$

Wenn die Daten kurzfristig sind, ist die kurzfristige Prozessleistung $Z_{ST}$ also 3.4 Sigma. Rechnen wir diese kurzfristige Prozessleistung in langfristige Prozessleistung um, erhalten wir aus der Tabelle in Anhang C.5 für die langfristige Prozessleistung einen Wert von ca. 29 000 FpMM.

Statistische Software wie z.B. Minitab® und SPSS® unterstützen die Berechnung sowohl langfristiger als auch kurzfristiger Prozessleistung.

**Allgemeines Beispiel zur Berechnung von FpMM für diskrete Merkmale**

Wie bereits erwähnt, sind Messungen der Prozessleistung für attributive Daten immer langfristig. Der Grund dafür ist, dass für attributive Daten viel mehr Messungen benötigt werden und daher davon ausgegangen werden kann, dass viele Zyklen durchlaufen worden sind.

Da attributive Daten auf Zählung basieren, erfolgt die Berechnung der Prozessleistung direkt entsprechend der technischen Definition für FpMM:

$$FpMM = \frac{\sum Fehler}{\sum Möglichkeiten} * 1\,000\,000$$

Nehmen wir den Fakturierungsprozess von Scana Stavanger als Beispiel. In einem Monat wurden acht Fehler gezählt, wobei erteilte Gutschriften als Fehler definiert wurden. Die Gesamtanzahl gestellter Rechnungen im selben Monat war 260. Dies ergibt eine langfristige Prozessleistung von:

$$8 / 260 * 1\,000\,000 = 30\,769\ FpMM$$

Der Grund dafür, dass Gutschriften als Fehler definiert wurden, liegt darin begründet, dass für jede gestellte Rechnung, die der Kunde als fehlerhaft bezeichnet, eine Gutschrift erteilt wird. Es wurde darüber diskutiert, ob die Gesamtanzahl gestellter Rechnungen dem Vormonat oder dem gleichen Monat wie die erteilten Gutschriften entnommen werden sollte. Es wurde beschlossen, beide Werte demselben Monat zu entnehmen, da dies einfacher zu messen war und trotzdem für den Vergleich mit den Gutschriften relevant war.

## C.4  Risiken bezüglich der Analyse historischer Daten

Bei der Untersuchung von Prozessen im Hinblick auf Verbesserungspotenzial liegen oft bereits Daten vor. Während diese historischen Daten wertvolle Hinweise auf Verbesserungspotenzial geben, ist es ratsam, vor der tatsächlichen Umsetzung von Verbesserungsmaßnahmen, neue Messungen durchzuführen. Dies ist vor allem der Grund für die Betonung der Mess-Phase in der Six Sigma-Verbesserungsmethodik.

Die hauptsächliche Begründung dafür, bei der Durchführung von Verbesserungen keine historischen Daten zugrunde zu legen, liegt darin, dass wahrscheinlich nicht bekannt ist, wie die Daten ermittelt wurden oder ob der fragliche Prozess zum Zeitpunkt der Datenermittlung vorhersagbar war. Außerdem sind eventuell wichtige Informationen wie die Konsistenz der Messtechnik, die Abstimmung anderer Ereignisse mit dem betrachteten Merkmal und Prozessänderungen vielleicht nicht ausreichend aufgezeichnet. Es ist z.b. eine Faustregel, dass die Wiederholbarkeit und die Reproduzierbarkeit von Messungen während der gesamten Messperiode bei unter 10% liegen sollte. Die Bedeutung der Vorhersagbarkeit des Prozesses während der Messperiode kann nicht genug betont werden.

Die Folgen, die sich aus der Verwendung historischer Daten ergeben können, sind falsche Schlussfolgerungen und falsche Maßnahmen. Wenn dasselbe Merkmal für zwei getrennte, aber vergleichbare Prozesse gemessen wird, kann die Messgröße von einer dritten Variablen abhängen (Abb. C.4).

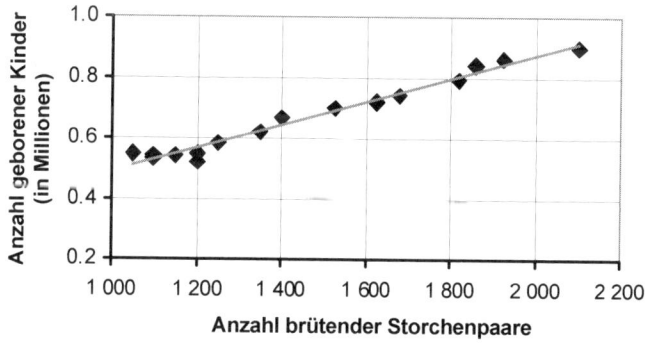

**Anzahl brütender Storchenpaare**

Abb. C.4 Diese Darstellung zeigt die Anzahl der geborenen Kinder und die Anzahl brütender Storchenpaare im früheren Westdeutschland in den Jahren 1965–1980 (auf Grundlage der Daten in Nature, 1988, Seite 495). Obwohl die Ausgleichsgerade sehr gut aussieht, sollten wir nicht von einem Ursache-Wirkungs-Zusammenhang zwischen diesen beiden Größen ausgehen. Tatsächlich wurden die beiden im Zeitablauf abnehmenden Kurven gegeneinander ausgedruckt. Leider erfolgt dies häufig auch in realen Situationen, ohne dass weitere Überlegungen angestellt werden, was zu vielen vergeblichen Anstrengungen führt. Deming sagte: „Die besten Bemühungen sind nicht genug."

# C.5 Umrechnungstabelle von FpMM-Werten in Sigma-Werte

Das Verhältnis zwischen langfristigen FpMM-Werten und kurzfristigen Sigma-Werten ergibt sich aus der Fläche unter der Normalverteilungskurve, einschließlich der langfristigen Veränderung des Mittelwertes um 1.5 Sigma. Dies ist eine nichtlineare Funktion. Nachfolgend sind eine einfach anzuwendende Referenztabelle (Tabelle C.2) sowie eine Veranschaulichung (Abb. C.5) dargestellt:

| Sigma, $Z_{st}$ | FpMM | Sigma, $Z_{st}$ | FpMM | Sigma, $Z_{st}$ | FpMM |
|---|---|---|---|---|---|
| 1.5 | 539828 | 3.0 | 66807 | 4.5 | 1350 |
| 1.6 | 460172 | 3.1 | 54799 | 4.6 | 968 |
| 1.7 | 420740 | 3.2 | 44565 | 4.7 | 687 |
| 1.8 | 382088 | 3.3 | 35930 | 4.8 | 483 |
| 1.9 | 344578 | 3.4 | 28717 | 4.9 | 337 |
| 2.0 | 308537 | 3.5 | 22750 | 5.0 | 233 |
| 2.1 | 274253 | 3.6 | 17865 | 5.1 | 159 |
| 2.2 | 241964 | 3.7 | 13904 | 5.2 | 108 |
| 2.3 | 211856 | 3.8 | 10700 | 5.3 | 72 |
| 2.4 | 184060 | 3.9 | 8198 | 5.4 | 48 |
| 2.5 | 158655 | 4.0 | 6210 | 5.5 | 32 |
| 2.6 | 135666 | 4.1 | 4661 | 5.6 | 21 |
| 2.7 | 115070 | 4.2 | 3467 | 5.7 | 13 |
| 2.8 | 96800 | 4.3 | 2555 | 5.8 | 8.6 |
| 2.9 | 80757 | 4.4 | 1866 | 5.9 | 5.5 |
|  |  |  |  | 6.0 | 3.4 |

Tab. C.2 Umrechnungstabelle, Sigma-Werte (kurzfristig) und FpMM-Werte (langfristig). Eine Standardveränderung des Mittelwerts um $1.5\sigma$ (Standardabweichungen) ist enthalten.

Wie in Kapitel 2 erläutert, kann die Komplexität von Prozessen und Produkten, auch in Bezug auf die Anzahl von Merkmalen, beträchtlich variieren. Beim Arbeiten mit Prozessleistungen ist zu beachten, dass diese jeweils für ein individuelles Merkmal berechnet wird. Die Wahrscheinlichkeit, dass in einem Prozess oder Produkt ein Fehler auftritt, kann daher viel höher sein, wenn es mehrere Merkmale desselben Prozesses oder Produktes gibt.

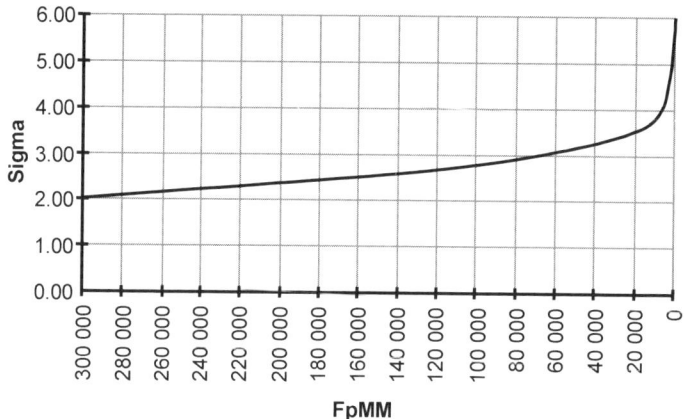

Abb. C.5  Eine Veranschaulichung der Umwandlung von FpMM-Werten und Sigma-Werten.

| Anzahl von Merkmalen | 2 Sigma = 308 537 FpMM | 3 Sigma = 66 807 FpMM | 4 Sigma = 6210 FpMM | 5 Sigma = 233 FpMM | 6 Sigma = 3 FpMM |
|---|---|---|---|---|---|
| 1 | 69.14% ok | 93.32% ok | 99.379% ok | 99.977% ok | 99.9997% ok |
| 7 | 7.55% ok | 61.63% ok | 95.73 % ok | 99.837% ok | 99.998 % ok |
| 10 | 2.50% ok | 50.08% ok | 93.96 % ok | 99.767% ok | 99.997 % ok |
| 20 | 0.06% ok | 25.08% ok | 88.29 % ok | 99.535% ok | 99.994 % ok |
| 40 | | 6.29% ok | 77.94 % ok | 99.084% ok | 99.988 % ok |
| 60 | | 1.58% ok | 68.81 % ok | 98.61 % ok | 99.982 % ok |
| 80 | | 0.40% ok | 60.75 % ok | 98.15 % ok | 99.976 % ok |
| 100 | | 0.10% ok | 53.64 % ok | 97.70 % ok | 99.970 % ok |
| 500 | | | 4.44 % ok | 89.00 % ok | 99.850 % ok |
| 1000 | | | 0.20 % ok | 79.21 % ok | 99.700 % ok |
| 17 000 | | | | 1.90 % ok | 95.03 % ok |
| 50 000 | | | | | 86.07 % ok |
| 100 000 | | | | | 74.08 % ok |

Tab. C.3  Übersicht über den Anteil fehlerfreier Produkte im Verhältnis zur Anzahl der Merkmale in einem Prozess oder Produkt und die entsprechenden FpMM- und Sigma-Werte.

# Anhang D – Varianzanalyse

Die Varianzanalyse basiert auf Quadratsummen, die Abweichungen signalisieren, und ist in einer Vielzahl statistischer Software enthalten. Die Varianz einer Stichprobe wird z.B. aus der Summe der quadrierten Abweichungen vom Stichprobendurchschnitt ermittelt und durch n−1 dividiert. Wenn die Daten aus einem faktoriellen Versuch stammen, kann die Summe der quadrierten Abweichungen entsprechend den individuellen Faktoren und Wechselwirkungen aufgeteilt werden. Dies erfolgt ähnlich wie im Satz des Pythagoras, mit welchem die Varianzanalyse verwandt ist. Es kann dann gezeigt werden, wenn die Originaldaten normalverteilt und unabhängig sind, dass alle Teile statistisch unabhängig sind. Jedes Teil entspricht dem korrespondierenden Effekt als $n(\text{Effekt}/2)^2$. Werden Messungen wiederholt, entspricht ein Teil der natürlichen Variation. Werden keine Wiederholungen gemacht, entspricht die Summe der Quadrate der nicht aktiven Effekte natürlicher Variation. Das Problem besteht darin, dass wir am Anfang nicht wissen, welche Faktoren aktiv sind und welche nicht; normalerweise geht man von vornherein davon aus, dass drei (oder mehr) Faktoren nicht aktiv sind und daher wahrscheinlich natürlicher Variation entsprechen. Es gibt hierfür jedoch keine Garantie. Die Summe der Quadrate mit natürlicher Variation wird manchmal auch als Fehlerglied bezeichnet. Jede quadrierte Abweichung hat in der Sprache der Varianzanalyse einen Freiheitsgrad $(df)$ und bei wiederholten Messungen gilt für die entsprechende Summe der Quadrate

$$df = g^* (u - 1)$$

wobei $u$ die Anzahl der Wiederholungen ist und $g$ die Anzahl der Versuchsanordnungen.

| Vers.-anordn. | A | B | C | AB | AC | BC | ABC | $y$ | Abweich. von $\bar{y}$ | Abweich. Quadriert |
|---|---|---|---|---|---|---|---|---|---|---|
| 1 | $-y_{11}$ | $-y_{12}$ | $-y_{13}$ | $-y_{14}$ | $-y_{15}$ | $-y_{16}$ | $-y_{17}$ | $y_1$ | $y_1-\bar{y}$ | $(y_1-\bar{y})^2$ |
| 2 | $+y_{21}$ | $+y_{22}$ | $+y_{23}$ | $+y_{24}$ | $+y_{25}$ | $+y_{26}$ | $+y_{27}$ | $y_2$ | $y_2-\bar{y}$ | $(y_2-\bar{y})^2$ |
| 3 | $-y_{31}$ | $-y_{32}$ | $-y_{33}$ | $-y_{34}$ | $-y_{35}$ | $-y_{36}$ | $-y_{37}$ | $y_3$ | $y_3-\bar{y}$ | $(y_3-\bar{y})^2$ |
| 4 | $+y_{41}$ | $+y_{42}$ | $+y_{43}$ | $+y_{44}$ | $+y_{45}$ | $+y_{46}$ | $+y_{47}$ | $y_4$ | $y_4-\bar{y}$ | $(y_4-\bar{y})^2$ |
| 5 | $-y_{51}$ | $-y_{52}$ | $-y_{53}$ | $-y_{54}$ | $-y_{55}$ | $-y_{56}$ | $-y_{57}$ | $y_5$ | $y_5-\bar{y}$ | $(y_5-\bar{y})^2$ |
| 6 | $+y_{61}$ | $+y_{62}$ | $+y_{63}$ | $+y_{64}$ | $+y_{65}$ | $+y_{66}$ | $+y_{67}$ | $y_6$ | $y_6-\bar{y}$ | $(y_6-\bar{y})^2$ |
| 7 | $-y_{71}$ | $-y_{72}$ | $-y_{73}$ | $-y_{74}$ | $-y_{75}$ | $-y_{76}$ | $-y_{77}$ | $y_7$ | $y_7-\bar{y}$ | $(y_7-\bar{y})^2$ |
| 8 | $+y_{81}$ | $+y_{82}$ | $+y_{83}$ | $+y_{84}$ | $+y_{85}$ | $+y_{86}$ | $+y_{87}$ | $y_8$ | $y_8-\bar{y}$ | $(y_8-\bar{y})^2$ |
| | $SS_A$ | $SS_B$ | $SS_C$ | $SS_{AB}$ | $SS_{AC}$ | $SS_{BC}$ | $SS_{ABC}$ | $\bar{y}$ | | $SS_{TOTAL}$ |

Tab. D.1 Berechnung der Quadratsumme für jede Spalte und der Summe der quadrierten Ergebnisse in der Varianzanalyse.

Die Gesamtaussage aller Spalten ergibt sich aus der Summe aller Quadratsummen:

$$SS_{TOTAL} = \sum_{j=1}^{g-1} SS_j$$

Daraus ist dann das Größenverhältnis der einzelnen Spalten zueinander ersichtlich. Üblicherweise werden hierfür Prozentwerte oder Kuchendiagramme benutzt. Wir wissen jedoch immer noch nicht, ob die Nullhypothese gilt, d.h. ob alle Spalten dieselbe Wirkung auf die Ergebnisse haben oder ob sich eine oder mehrere Spalten von den anderen Spalten unterscheiden, d.h. aktiv sind.

Um herauszufinden, ob eine Quadratsumme auf natürliche Variation zurückzuführen ist und der Faktor damit nicht aktiv ist, wird der so genannte F-Test durchgeführt. Die F-Statistik ist das Verhältnis zwischen unabhängigen Quadratsummen, geteilt durch ihre entsprechenden Freiheitsgrade, $df$. Jede Spalte repräsentiert einen Freiheitsgrad.

Die der natürlichen Variation entsprechende Quadratsumme kommt in den Nenner von F und der betrachtete Faktor – aktiv oder nicht aktiv – kommt in den Zähler. Folglich zeigen große Werte an, dass die Größe des Zählers nicht nur mit natürlicher Variation zu erklären ist. Der korrespondierende Faktor wird als aktiv betrachtet, wenn die Werte so groß sind, dass sie nicht nur mit Zufall zu erklären sind.

Unterliegen sowohl der Zähler als auch der Nenner natürlicher Variation, gibt es eine Referenzverteilung für die F-Statistik, welche in Anhang E.3 enthalten ist. Die Wahrscheinlichkeit, einen höheren Wert als den tatsächlich gemessenen zu erhalten, wird als $P$-Wert bezeichnet. Ist $P$ klein, d.h. unter dem so genannten Signifikanzniveau, $\alpha$, betrachten wir den entsprechenden Faktor oder die entsprechende Wechselwirkung als aktiv. In den meisten Fällen wird $\alpha$ auf 0.10, 0.05 oder 0.01 festgesetzt. Ein Signifikanzniveau von 0.05 bedeutet, dass, wenn wir von einem aktiven Faktor ausgehen, unsere Voraussage auf lange Sicht in 5% der Fälle falsch sein wird. Daraufhin wird der F-Test durchgeführt:

$$F_j = \frac{SS_{Faktor} / df_{Faktor}}{SS_{Restwert} / df_{Restwert}}$$

Der Wert $F_j$ für jede Spalte der Designmatrix einschließlich der Freiheitsgrade wird berechnet und mit einem Tabellenwert, der als $F(\alpha)$, $F_{krit}$ oder $F_{Tabelle}$ bezeichnet wird, verglichen. Ist der P-Wert für eine Spalte größer als $\alpha$, so ist $F_j$ für eine Spalte größer als $F(\alpha)$ und der Faktor $j$ (oder die entsprechende Wechselwirkung) wird als aktiv betrachtet (im Statistikjargon wird dies als „die Nullhypothese kann verworfen werden" bezeichnet). Wenn $F_j$ für einen Effekt kleiner ist als $F(\alpha)$, kann die Nullhypothese nicht verworfen werden.

In verschiedenen Statistikprogrammen sind unterschiedliche Einheiten angegeben. Normalerweise sind $F_j$ und entsprechend $F(\alpha)$ (oder $F_{krit}$) gegeben. Eine typische Tabelle zur Varianzanalyse enthält daher die Freiheitsgrade, Quadratsummen, $F_j$ und $F(\alpha)$, und /oder P-Werte (Tab. D.2).

| Quelle | df | SS | F | $F_{krit}$ | P |
|---|---|---|---|---|---|
| A | | | | | |
| B | | | | | |
| C | | | | | |
| AB | | | | | |
| AC | | | | | |
| BC | | | | | |
| Restwert | | | | | |
| Total | | | | | |

Tab. D.2 Darstellung der Koeffizienten für die Effekte und des Mittelwerts der Ergebnisse in der Varianzanalyse.

Bei Anwendung der Varianzanalyse ist Folgendes zu beachten: Die berechneten $F(\alpha)$-Werte oder P-Werte sind nur anwendbar, wenn nur ein einziger Test durchgeführt werden soll, und sie geben die Wahrscheinlichkeit dafür an, dass ein oder mehrere Faktoren fälschlicherweise als aktiv beurteilt werden. Werden jedoch mehrere F-Werte berechnet, ist die Wahrscheinlichkeit, dass mindestens einer von ihnen groß ist, viel höher, als durch den einzelnen P-Wert angezeigt wird. In der Varianzanalyse werden die Ergebnisse so behandelt, wie wenn nur ein solcher Test durchgeführt wurde, in Wirklichkeit aber wird ein Test für jede Spalte durchgeführt.

Auf Basis der Quadratsummen kann der Effekt für jede Spalte (ohne das Vorzeichen) mit n Versuchsanordnungen wie folgt berechnet werden:

$$l_j = 2 * \sqrt{\frac{SS_j}{n}}$$

# Anhang E – Referenztabellen

## E.1 Normalverteilungstabelle P(X≤x) für X = N(0,1)

| z | 0.00 | 0.01 | 0.02 | 0.03 | 0.04 | 0.05 | 0.06 | 0.07 | 0.08 | 0.09 |
|---|---|---|---|---|---|---|---|---|---|---|
| 0.0 | 5.00E-01 | 4.96E-01 | 4.92E-01 | 4.88E-01 | 4.84E-01 | 4.80E-01 | 4.76E-01 | 4.72E-01 | 4.68E-01 | 4.64E-01 |
| 0.1 | 4.60E-01 | 4.56E-01 | 4.52E-01 | 4.48E-01 | 4.44E-01 | 4.40E-01 | 4.36E-01 | 4.33E-01 | 4.29E-01 | 4.25E-01 |
| 0.2 | 4.21E-01 | 4.17E-01 | 4.13E-01 | 4.09E-01 | 4.05E-01 | 4.01E-01 | 3.97E-01 | 3.94E-01 | 3.90E-01 | 3.86E-01 |
| 0.3 | 3.82E-01 | 3.78E-01 | 3.74E-01 | 3.71E-01 | 3.67E-01 | 3.63E-01 | 3.59E-01 | 3.56E-01 | 3.52E-01 | 3.48E-01 |
| 0.4 | 3.45E-01 | 3.41E-01 | 3.37E-01 | 3.34E-01 | 3.30E-01 | 3.26E-01 | 3.23E-01 | 3.19E-01 | 3.16E-01 | 3.12E-01 |
| 0.5 | 3.09E-01 | 3.05E-01 | 3.02E-01 | 2.98E-01 | 2.95E-01 | 2.91E-01 | 2.88E-01 | 2.84E-01 | 2.81E-01 | 2.78E-01 |
| 0.6 | 2.74E-01 | 2.71E-01 | 2.68E-01 | 2.64E-01 | 2.61E-01 | 2.58E-01 | 2.55E-01 | 2.51E-01 | 2.48E-01 | 2.45E-01 |
| 0.7 | 2.42E-01 | 2.39E-01 | 2.36E-01 | 2.33E-01 | 2.30E-01 | 2.27E-01 | 2.24E-01 | 2.21E-01 | 2.18E-01 | 2.15E-01 |
| 0.8 | 2.12E-01 | 2.09E-01 | 2.06E-01 | 2.03E-01 | 2.00E-01 | 1.98E-01 | 1.95E-01 | 1.92E-01 | 1.89E-01 | 1.87E-01 |
| 0.9 | 1.84E-01 | 1.81E-01 | 1.79E-01 | 1.76E-01 | 1.74E-01 | 1.71E-01 | 1.69E-01 | 1.66E-01 | 1.64E-01 | 1.61E-01 |
| 1.0 | 1.59E-01 | 1.56E-01 | 1.54E-01 | 1.52E-01 | 1.49E-01 | 1.47E-01 | 1.45E-01 | 1.42E-01 | 1.40E-01 | 1.38E-01 |
| 1.1 | 1.36E-01 | 1.33E-01 | 1.31E-01 | 1.29E-01 | 1.27E-01 | 1.25E-01 | 1.23E-01 | 1.21E-01 | 1.19E-01 | 1.17E-01 |
| 1.2 | 1.15E-01 | 1.13E-01 | 1.11E-01 | 1.09E-01 | 1.07E-01 | 1.06E-01 | 1.04E-01 | 1.02E-01 | 1.00E-01 | 9.85E-02 |
| 1.3 | 9.68E-02 | 9.51E-02 | 9.34E-02 | 9.18E-02 | 9.01E-02 | 8.85E-02 | 8.69E-02 | 8.53E-02 | 8.38E-02 | 8.23E-02 |
| 1.4 | 8.08E-02 | 7.93E-02 | 7.78E-02 | 7.64E-02 | 7.49E-02 | 7.35E-02 | 7.21E-02 | 7.08E-02 | 6.94E-02 | 6.81E-02 |
| 1.5 | 6.68E-02 | 6.55E-02 | 6.43E-02 | 6.30E-02 | 6.18E-02 | 6.06E-02 | 5.94E-02 | 5.82E-02 | 5.71E-02 | 5.59E-02 |
| 1.6 | 5.48E-02 | 5.37E-02 | 5.26E-02 | 5.16E-02 | 5.05E-02 | 4.95E-02 | 4.85E-02 | 4.75E-02 | 4.65E-02 | 4.55E-02 |
| 1.7 | 4.46E-02 | 4.36E-02 | 4.27E-02 | 4.18E-02 | 4.09E-02 | 4.01E-02 | 3.92E-02 | 3.84E-02 | 3.75E-02 | 3.67E-02 |
| 1.8 | 3.59E-02 | 3.51E-02 | 3.44E-02 | 3.36E-02 | 3.29E-02 | 3.22E-02 | 3.14E-02 | 3.07E-02 | 3.01E-02 | 2.94E-02 |
| 1.9 | 2.87E-02 | 2.81E-02 | 2.74E-02 | 2.68E-02 | 2.62E-02 | 2.56E-02 | 2.50E-02 | 2.44E-02 | 2.39E-02 | 2.33E-02 |

| z | 0.00 | 0.01 | 0.02 | 0.03 | 0.04 | 0.05 | 0.06 | 0.07 | 0.08 | 0.09 |
|---|---|---|---|---|---|---|---|---|---|---|
| 2.0 | 2.28E-02 | 2.22E-02 | 2.17E-02 | 2.12E-02 | 2.07E-02 | 2.02E-02 | 1.97E-02 | 1.92E-02 | 1.88E-02 | 1.83E-02 |
| 2.1 | 1.79E-02 | 1.74E-02 | 1.70E-02 | 1.66E-02 | 1.62E-02 | 1.58E-02 | 1.54E-02 | 1.50E-02 | 1.46E-02 | 1.43E-02 |
| 2.2 | 1.39E-02 | 1.36E-02 | 1.32E-02 | 1.29E-02 | 1.25E-02 | 1.22E-02 | 1.19E-02 | 1.16E-02 | 1.13E-02 | 1.10E-02 |
| 2.3 | 1.07E-02 | 1.04E-02 | 1.02E-02 | 9.90E-03 | 9.64E-03 | 9.39E-03 | 9.14E-03 | 8.89E-03 | 8.66E-03 | 8.42E-03 |
| 2.4 | 8.20E-03 | 7.98E-03 | 7.76E-03 | 7.55E-03 | 7.34E-03 | 7.14E-03 | 6.95E-03 | 6.76E-03 | 6.57E-03 | 6.39E-03 |
| 2.5 | 6.21E-03 | 6.04E-03 | 5.87E-03 | 5.70E-03 | 5.54E-03 | 5.39E-03 | 5.23E-03 | 5.08E-03 | 4.94E-03 | 4.80E-03 |
| 2.6 | 4.66E-03 | 4.53E-03 | 4.40E-03 | 4.27E-03 | 4.15E-03 | 4.02E-03 | 3.91E-03 | 3.79E-03 | 3.68E-03 | 3.57E-03 |
| 2.7 | 3.47E-03 | 3.36E-03 | 3.26E-03 | 3.17E-03 | 3.07E-03 | 2.98E-03 | 2.89E-03 | 2.80E-03 | 2.72E-03 | 2.64E-03 |
| 2.8 | 2.56E-03 | 2.48E-03 | 2.40E-03 | 2.33E-03 | 2.26E-03 | 2.19E-03 | 2.12E-03 | 2.05E-03 | 1.99E-03 | 1.93E-03 |
| 2.9 | 1.87E-03 | 1.81E-03 | 1.75E-03 | 1.69E-03 | 1.64E-03 | 1.59E-03 | 1.54E-03 | 1.49E-03 | 1.44E-03 | 1.39E-03 |
| 3.0 | 1.35E-03 | 1.31E-03 | 1.26E-03 | 1.22E-03 | 1.18E-03 | 1.14E-03 | 1.11E-03 | 1.07E-03 | 1.04E-03 | 1.00E-03 |
| 3.1 | 9.68E-04 | 9.36E-04 | 9.04E-04 | 8.74E-04 | 8.45E-04 | 8.16E-04 | 7.89E-04 | 7.62E-04 | 7.36E-04 | 7.11E-04 |
| 3.2 | 6.87E-04 | 6.64E-04 | 6.41E-04 | 6.19E-04 | 5.98E-04 | 5.77E-04 | 5.57E-04 | 5.38E-04 | 5.19E-04 | 5.01E-04 |
| 3.3 | 4.83E-04 | 4.67E-04 | 4.50E-04 | 4.34E-04 | 4.19E-04 | 4.04E-04 | 3.90E-04 | 3.76E-04 | 3.62E-04 | 3.50E-04 |
| 3.4 | 3.37E-04 | 3.25E-04 | 3.13E-04 | 3.02E-04 | 2.91E-04 | 2.80E-04 | 2.70E-04 | 2.60E-04 | 2.51E-04 | 2.42E-04 |
| 3.5 | 2.33E-04 | 2.24E-04 | 2.16E-04 | 2.08E-04 | 2.00E-04 | 1.93E-04 | 1.85E-04 | 1.79E-04 | 1.72E-04 | 1.65E-04 |
| 3.6 | 1.59E-04 | 1.53E-04 | 1.47E-04 | 1.42E-04 | 1.36E-04 | 1.31E-04 | 1.26E-04 | 1.21E-04 | 1.17E-04 | 1.12E-04 |
| 3.7 | 1.08E-04 | 1.04E-04 | 9.96E-05 | 9.58E-05 | 9.20E-05 | 8.84E-05 | 8.50E-05 | 8.16E-05 | 7.84E-05 | 7.53E-05 |
| 3.8 | 7.24E-05 | 6.95E-05 | 6.67E-05 | 6.41E-05 | 6.15E-05 | 5.91E-05 | 5.67E-05 | 5.44E-05 | 5.22E-05 | 5.01E-05 |
| 3.9 | 4.81E-05 | 4.62E-05 | 4.43E-05 | 4.25E-05 | 4.08E-05 | 3.91E-05 | 3.75E-05 | 3.60E-05 | 3.45E-05 | 3.31E-05 |

| z | 0.00 | 0.01 | 0.02 | 0.03 | 0.04 | 0.05 | 0.06 | 0.07 | 0.08 | 0.09 |
|---|---|---|---|---|---|---|---|---|---|---|
| 4.0 | 3.17E-05 | 3.04E-05 | 2.91E-05 | 2.79E-05 | 2.67E-05 | 2.56E-05 | 2.45E-05 | 2.35E-05 | 2.25E-05 | 2.16E-05 |
| 4.1 | 2.07E-05 | 1.98E-05 | 1.90E-05 | 1.81E-05 | 1.74E-05 | 1.66E-05 | 1.59E-05 | 1.52E-05 | 1.46E-05 | 1.40E-05 |
| 4.2 | 1.34E-05 | 1.28E-05 | 1.22E-05 | 1.17E-05 | 1.12E-05 | 1.07E-05 | 1.02E-05 | 9.78E-06 | 9.35E-06 | 8.94E-06 |
| 4.3 | 8.55E-06 | 8.17E-06 | 7.81E-06 | 7.46E-06 | 7.13E-06 | 6.81E-06 | 6.51E-06 | 6.22E-06 | 5.94E-06 | 5.67E-06 |
| 4.4 | 5.42E-06 | 5.17E-06 | 4.94E-06 | 4.72E-06 | 4.50E-06 | 4.30E-06 | 4.10E-06 | 3.91E-06 | 3.74E-06 | 3.56E-06 |
| 4.5 | 3.40E-06 | 3.24E-06 | 3.09E-06 | 2.95E-06 | 2.82E-06 | 2.68E-06 | 2.56E-06 | 2.44E-06 | 2.33E-06 | 2.22E-06 |
| 4.6 | 2.11E-06 | 2.02E-06 | 1.92E-06 | 1.83E-06 | 1.74E-06 | 1.66E-06 | 1.58E-06 | 1.51E-06 | 1.44E-06 | 1.37E-06 |
| 4.7 | 1.30E-06 | 1.24E-06 | 1.18E-06 | 1.12E-06 | 1.07E-06 | 1.02E-06 | 9.69E-07 | 9.22E-07 | 8.78E-07 | 8.35E-07 |
| 4.8 | 7.94E-07 | 7.56E-07 | 7.19E-07 | 6.84E-07 | 6.50E-07 | 6.18E-07 | 5.88E-07 | 5.59E-07 | 5.31E-07 | 5.05E-07 |
| 4.9 | 4.80E-07 | 4.56E-07 | 4.33E-07 | 4.12E-07 | 3.91E-07 | 3.72E-07 | 3.53E-07 | 3.35E-07 | 3.18E-07 | 3.02E-07 |
| 5.0 | 2.87E-07 | 2.73E-07 | 2.59E-07 | 2.46E-07 | 2.33E-07 | 2.21E-07 | 2.10E-07 | 1.99E-07 | 1.89E-07 | 1.79E-07 |
| 5.1 | 1.70E-07 | 1.61E-07 | 1.53E-07 | 1.45E-07 | 1.38E-07 | 1.30E-07 | 1.24E-07 | 1.17E-07 | 1.11E-07 | 1.05E-07 |
| 5.2 | 9.98E-08 | 9.46E-08 | 8.96E-08 | 8.49E-08 | 8.04E-08 | 7.62E-08 | 7.22E-08 | 6.84E-08 | 6.47E-08 | 6.13E-08 |
| 5.3 | 5.80E-08 | 5.49E-08 | 5.20E-08 | 4.92E-08 | 4.66E-08 | 4.41E-08 | 4.17E-08 | 3.95E-08 | 3.73E-08 | 3.53E-08 |
| 5.4 | 3.34E-08 | 3.16E-08 | 2.99E-08 | 2.82E-08 | 2.67E-08 | 2.52E-08 | 2.39E-08 | 2.26E-08 | 2.13E-08 | 2.01E-08 |
| 5.5 | 1.90E-08 | 1.80E-08 | 1.70E-08 | 1.61E-08 | 1.52E-08 | 1.43E-08 | 1.35E-08 | 1.28E-08 | 1.21E-08 | 1.14E-08 |
| 5.6 | 1.07E-08 | 1.01E-08 | 9.57E-09 | 9.04E-09 | 8.53E-09 | 8.04E-09 | 7.59E-09 | 7.16E-09 | 6.75E-09 | 6.37E-09 |
| 5.7 | 6.01E-09 | 5.67E-09 | 5.34E-09 | 5.04E-09 | 4.75E-09 | 4.48E-09 | 4.22E-09 | 3.98E-09 | 3.75E-09 | 3.53E-09 |
| 5.8 | 3.33E-09 | 3.13E-09 | 2.95E-09 | 2.78E-09 | 2.62E-09 | 2.47E-09 | 2.32E-09 | 2.19E-09 | 2.06E-09 | 1.94E-09 |
| 5.9 | 1.82E-09 | 1.72E-09 | 1.62E-09 | 1.52E-09 | 1.43E-09 | 1.35E-09 | 1.27E-09 | 1.19E-09 | 1.12E-09 | 1.05E-09 |
| 6.0 | 9.90E-10 | 9.31E-10 | 8.75E-10 | 8.23E-10 | 7.73E-10 | 7.27E-10 | 6.83E-10 | 6.42E-10 | 6.03E-10 | 5.67E-10 |

## E.2  Poissonverteilungstabelle P(X≥x) für X = Po(m)

| | m | | | | | | | | |
|---|---|---|---|---|---|---|---|---|---|
| x | 0.1 | 0.2 | 0.3 | 0.4 | 0.5 | 0.6 | 0.7 | 0.8 | 0.9 |
| 0 | 9.52E-02 | 1.81E-01 | 2.59E-01 | 3.30E-01 | 3.93E-01 | 4.51E-01 | 5.03E-01 | 5.51E-01 | 5.93E-01 |
| 1 | 4.68E-03 | 1.75E-02 | 3.69E-02 | 6.16E-02 | 9.02E-02 | 1.22E-01 | 1.56E-01 | 1.91E-01 | 2.28E-01 |
| 2 | 1.55E-04 | 1.15E-03 | 3.60E-03 | 7.93E-03 | 1.44E-02 | 2.31E-02 | 3.41E-02 | 4.74E-02 | 6.29E-02 |
| 3 | 3.85E-06 | 5.68E-05 | 2.66E-04 | 7.76E-04 | 1.75E-03 | 3.36E-03 | 5.75E-03 | 9.08E-03 | 1.35E-02 |
| 4 | 7.67E-08 | 2.26E-06 | 1.58E-05 | 6.12E-05 | 1.72E-04 | 3.94E-04 | 7.86E-04 | 1.41E-03 | 2.34E-03 |
| 5 | 1.27E-09 | 7.49E-08 | 7.83E-07 | 4.04E-06 | 1.42E-05 | 3.89E-05 | 9.00E-05 | 1.84E-04 | 3.43E-04 |
| 6 | 1.82E-11 | 2.13E-09 | 3.34E-08 | 2.29E-07 | 1.00E-06 | 3.29E-06 | 8.88E-06 | 2.07E-05 | 4.34E-05 |
| 7 | 2.27E-13 | 5.32E-11 | 1.25E-09 | 1.14E-08 | 6.22E-08 | 2.45E-07 | 7.69E-07 | 2.05E-06 | 4.82E-06 |

| x | 1.0 | 1.2 | 1.4 | 1.6 | 1.8 | 2.0 | 2.2 | 2.4 | 2.6 |
|---|---|---|---|---|---|---|---|---|---|
| 0 | 6.32E-01 | 6.99E-01 | 7.53E-01 | 7.98E-01 | 8.35E-01 | 8.65E-01 | 8.89E-01 | 9.09E-01 | 9.26E-01 |
| 1 | 2.64E-01 | 3.37E-01 | 4.08E-01 | 4.75E-01 | 5.37E-01 | 5.94E-01 | 6.45E-01 | 6.92E-01 | 7.33E-01 |
| 2 | 8.03E-02 | 1.21E-01 | 1.67E-01 | 2.17E-01 | 2.69E-01 | 3.23E-01 | 3.77E-01 | 4.30E-01 | 4.82E-01 |
| 3 | 1.90E-02 | 3.38E-02 | 5.37E-02 | 7.88E-02 | 1.09E-01 | 1.43E-01 | 1.81E-01 | 2.21E-01 | 2.64E-01 |
| 4 | 3.66E-03 | 7.75E-03 | 1.43E-02 | 2.37E-02 | 3.64E-02 | 5.27E-02 | 7.25E-02 | 9.59E-02 | 1.23E-01 |
| 5 | 5.94E-04 | 1.50E-03 | 3.20E-03 | 6.04E-03 | 1.04E-02 | 1.66E-02 | 2.49E-02 | 3.57E-02 | 4.90E-02 |
| 6 | 8.32E-05 | 2.51E-04 | 6.22E-04 | 1.34E-03 | 2.57E-03 | 4.53E-03 | 7.46E-03 | 1.16E-02 | 1.72E-02 |
| 7 | 1.02E-05 | 3.70E-05 | 1.07E-04 | 2.60E-04 | 5.62E-04 | 1.10E-03 | 1.98E-03 | 3.34E-03 | 5.33E-03 |
| 8 | 1.13E-06 | 4.86E-06 | 1.63E-05 | 4.54E-05 | 1.10E-04 | 2.37E-04 | 4.70E-04 | 8.62E-04 | 1.49E-03 |
| 9 | 1.11E-07 | 5.76E-07 | 2.25E-06 | 7.14E-06 | 1.94E-05 | 4.65E-05 | 1.01E-04 | 2.02E-04 | 3.76E-04 |
| 10 | 1.00E-08 | 6.22E-08 | 2.83E-07 | 1.02E-06 | 3.12E-06 | 8.31E-06 | 1.98E-05 | 4.30E-05 | 8.67E-05 |
| 11 | 8.32E-10 | 6.17E-09 | 3.27E-08 | 1.35E-07 | 4.63E-07 | 1.36E-06 | 3.57E-06 | 8.45E-06 | 1.84E-05 |
| 12 | 6.36E-11 | 5.66E-10 | 3.49E-09 | 1.65E-08 | 6.33E-08 | 2.07E-07 | 5.96E-07 | 1.54E-06 | 3.62E-06 |

| x | 2.8 | 3.0 | 3.2 | 3.4 | 3.6 | 3.8 | 4.0 | 4.2 | 4.4 |
|---|---|---|---|---|---|---|---|---|---|
| 0 | 9.39E-01 | 9.50E-01 | 9.59E-01 | 9.67E-01 | 9.73E-01 | 9.78E-01 | 9.82E-01 | 9.85E-01 | 9.88E-01 |
| 1 | 7.69E-01 | 8.01E-01 | 8.29E-01 | 8.53E-01 | 8.74E-01 | 8.93E-01 | 9.08E-01 | 9.22E-01 | 9.34E-01 |
| 2 | 5.31E-01 | 5.77E-01 | 6.20E-01 | 6.60E-01 | 6.97E-01 | 7.31E-01 | 7.62E-01 | 7.90E-01 | 8.15E-01 |
| 3 | 3.08E-01 | 3.53E-01 | 3.97E-01 | 4.42E-01 | 4.85E-01 | 5.27E-01 | 5.67E-01 | 6.05E-01 | 6.41E-01 |
| 4 | 1.52E-01 | 1.85E-01 | 2.19E-01 | 2.56E-01 | 2.94E-01 | 3.32E-01 | 3.71E-01 | 4.10E-01 | 4.49E-01 |
| 5 | 6.51E-02 | 8.39E-02 | 1.05E-01 | 1.29E-01 | 1.56E-01 | 1.84E-01 | 2.15E-01 | 2.47E-01 | 2.80E-01 |
| 6 | 2.44E-02 | 3.35E-02 | 4.46E-02 | 5.79E-02 | 7.33E-02 | 9.09E-02 | 1.11E-01 | 1.33E-01 | 1.56E-01 |
| 7 | 8.13E-03 | 1.19E-02 | 1.68E-02 | 2.31E-02 | 3.08E-02 | 4.01E-02 | 5.11E-02 | 6.39E-02 | 7.86E-02 |

| x | m | | | | | | | | |
|---|---|---|---|---|---|---|---|---|---|
|  | 2.8 | 3.0 | 3.2 | 3.4 | 3.6 | 3.8 | 4.0 | 4.2 | 4.4 |
| 8 | 2.43E-03 | 3.80E-03 | 5.71E-03 | 8.29E-03 | 1.17E-02 | 1.60E-02 | 2.14E-02 | 2.79E-02 | 3.58E-02 |
| 9 | 6.60E-04 | 1.10E-03 | 1.76E-03 | 2.71E-03 | 4.02E-03 | 5.80E-03 | 8.13E-03 | 1.11E-02 | 1.49E-02 |
| 10 | 1.64E-04 | 2.92E-04 | 4.97E-04 | 8.10E-04 | 1.27E-03 | 1.93E-03 | 2.84E-03 | 4.07E-03 | 5.69E-03 |
| 11 | 3.74E-05 | 7.14E-05 | 1.29E-04 | 2.23E-04 | 3.70E-04 | 5.92E-04 | 9.15E-04 | 1.37E-03 | 2.01E-03 |
| 12 | 7.91E-06 | 1.61E-05 | 3.11E-05 | 5.71E-05 | 1.00E-04 | 1.68E-04 | 2.74E-04 | 4.31E-04 | 6.58E-04 |
| 13 | 1.56E-06 | 3.40E-06 | 6.99E-06 | 1.36E-05 | 2.52E-05 | 4.47E-05 | 7.63E-05 | 1.26E-04 | 2.01E-04 |
| 14 | 2.87E-07 | 6.70E-07 | 1.47E-06 | 3.03E-06 | 5.93E-06 | 1.11E-05 | 1.99E-05 | 3.45E-05 | 5.76E-05 |
| 15 | 4.96E-08 | 1.24E-07 | 2.89E-07 | 6.34E-07 | 1.31E-06 | 2.59E-06 | 4.89E-06 | 8.87E-06 | 1.55E-05 |
| 16 | 8.08E-09 | 2.16E-08 | 5.38E-08 | 1.25E-07 | 2.74E-07 | 5.71E-07 | 1.13E-06 | 2.16E-06 | 3.95E-06 |

| x | 4.6 | 4.8 | 5.0 | 5.5 | 6.0 | 6.5 | 7.0 | 7.5 | 8.0 |
|---|---|---|---|---|---|---|---|---|---|
| 0 | 9.90E-01 | 9.92E-01 | 9.93E-01 | 9.96E-01 | 9.98E-01 | 9.98E-01 | 9.99E-01 | 9.99E-01 | 1.00E+00 |
| 1 | 9.44E-01 | 9.52E-01 | 9.60E-01 | 9.73E-01 | 9.83E-01 | 9.89E-01 | 9.93E-01 | 9.95E-01 | 9.97E-01 |
| 2 | 8.37E-01 | 8.57E-01 | 8.75E-01 | 9.12E-01 | 9.38E-01 | 9.57E-01 | 9.70E-01 | 9.80E-01 | 9.86E-01 |
| 3 | 6.74E-01 | 7.06E-01 | 7.35E-01 | 7.98E-01 | 8.49E-01 | 8.88E-01 | 9.18E-01 | 9.41E-01 | 9.58E-01 |
| 4 | 4.87E-01 | 5.24E-01 | 5.60E-01 | 6.42E-01 | 7.15E-01 | 7.76E-01 | 8.27E-01 | 8.68E-01 | 9.00E-01 |
| 5 | 3.14E-01 | 3.49E-01 | 3.84E-01 | 4.71E-01 | 5.54E-01 | 6.31E-01 | 6.99E-01 | 7.59E-01 | 8.09E-01 |
| 6 | 1.82E-01 | 2.09E-01 | 2.38E-01 | 3.14E-01 | 3.94E-01 | 4.73E-01 | 5.50E-01 | 6.22E-01 | 6.87E-01 |
| 7 | 9.51E-02 | 1.13E-01 | 1.33E-01 | 1.91E-01 | 2.56E-01 | 3.27E-01 | 4.01E-01 | 4.75E-01 | 5.47E-01 |
| 8 | 4.51E-02 | 5.58E-02 | 6.81E-02 | 1.06E-01 | 1.53E-01 | 2.08E-01 | 2.71E-01 | 3.38E-01 | 4.07E-01 |
| 9 | 1.95E-02 | 2.51E-02 | 3.18E-02 | 5.38E-02 | 8.39E-02 | 1.23E-01 | 1.70E-01 | 2.24E-01 | 2.83E-01 |
| 10 | 7.78E-03 | 1.04E-02 | 1.37E-02 | 2.53E-02 | 4.26E-02 | 6.68E-02 | 9.85E-02 | 1.38E-01 | 1.84E-01 |
| 11 | 2.86E-03 | 3.99E-03 | 5.45E-03 | 1.10E-02 | 2.01E-02 | 3.39E-02 | 5.33E-02 | 7.92E-02 | 1.12E-01 |
| 12 | 9.79E-04 | 1.42E-03 | 2.02E-03 | 4.45E-03 | 8.83E-03 | 1.60E-02 | 2.70E-02 | 4.27E-02 | 6.38E-02 |
| 13 | 3.12E-04 | 4.73E-04 | 6.98E-04 | 1.69E-03 | 3.63E-03 | 7.10E-03 | 1.28E-02 | 2.16E-02 | 3.42E-02 |
| 14 | 9.34E-05 | 1.47E-04 | 2.26E-04 | 5.99E-04 | 1.40E-03 | 2.96E-03 | 5.72E-03 | 1.03E-02 | 1.73E-02 |
| 15 | 2.63E-05 | 4.32E-05 | 6.90E-05 | 2.00E-04 | 5.09E-04 | 1.16E-03 | 2.41E-03 | 4.61E-03 | 8.23E-03 |
| 16 | 6.98E-06 | 1.19E-05 | 1.99E-05 | 6.32E-05 | 1.75E-04 | 4.30E-04 | 9.58E-04 | 1.96E-03 | 3.72E-03 |
| 17 | 1.75E-06 | 3.13E-06 | 5.42E-06 | 1.89E-05 | 5.69E-05 | 1.51E-04 | 3.62E-04 | 7.90E-04 | 1.59E-03 |
| 18 | 4.18E-07 | 7.78E-07 | 1.40E-06 | 5.37E-06 | 1.76E-05 | 5.05E-05 | 1.30E-04 | 3.03E-04 | 6.50E-04 |
| 19 | 9.49E-08 | 1.84E-07 | 3.45E-07 | 1.45E-06 | 5.18E-06 | 1.61E-05 | 4.44E-05 | 1.11E-04 | 2.53E-04 |
| 20 | 2.05E-08 | 4.16E-08 | 8.11E-08 | 3.75E-07 | 1.46E-06 | 4.89E-06 | 1.45E-05 | 3.87E-05 | 9.40E-05 |
| 21 | 4.25E-09 | 8.96E-09 | 1.82E-08 | 9.24E-08 | 3.91E-07 | 1.42E-06 | 4.53E-06 | 1.29E-05 | 3.34E-05 |
| 22 | 8.41E-10 | 1.85E-09 | 3.91E-09 | 2.18E-08 | 1.01E-07 | 3.95E-07 | 1.35E-06 | 4.13E-06 | 1.14E-05 |
| 23 | 1.60E-10 | 3.67E-10 | 8.07E-10 | 4.94E-09 | 2.48E-08 | 1.05E-07 | 3.89E-07 | 1.27E-06 | 3.73E-06 |
| 24 | 2.91E-11 | 6.98E-11 | 1.60E-10 | 1.08E-09 | 5.89E-09 | 2.71E-08 | 1.07E-07 | 3.75E-07 | 1.17E-06 |
| 25 | 5.12E-12 | 1.28E-11 | 3.05E-11 | 2.25E-10 | 1.34E-09 | 6.69E-09 | 2.85E-08 | 1.07E-07 | 3.55E-07 |

## E.3  F-Verteilungstabelle

| | | **Freiheitsgrade – Zähler (1–10)** | | | | | | | | |
|---|---|---|---|---|---|---|---|---|---|---|
| | **1** | **2** | **3** | **4** | **5** | **6** | **7** | **8** | **9** | **10** |
| **1** | 161.45 | 199.50 | 215.71 | 224.58 | 230.16 | 233.99 | 236.77 | 238.88 | 240.54 | 241.88 |
| **2** | 18.51 | 19.00 | 19.16 | 19.25 | 19.30 | 19.33 | 19.35 | 19.37 | 19.38 | 19.40 |
| **3** | 10.13 | 9.55 | 9.28 | 9.12 | 9.01 | 8.94 | 8.89 | 8.85 | 8.81 | 8.79 |
| **4** | 7.71 | 6.94 | 6.59 | 6.39 | 6.26 | 6.16 | 6.09 | 6.04 | 6.00 | 5.96 |
| **5** | 6.61 | 5.79 | 5.41 | 5.19 | 5.05 | 4.95 | 4.88 | 4.82 | 4.77 | 4.74 |
| **6** | 5.99 | 5.14 | 4.76 | 4.53 | 4.39 | 4.28 | 4.21 | 4.15 | 4.10 | 4.06 |
| **7** | 5.59 | 4.74 | 4.35 | 4.12 | 3.97 | 3.87 | 3.79 | 3.73 | 3.68 | 3.64 |
| **8** | 5.32 | 4.46 | 4.07 | 3.84 | 3.69 | 3.58 | 3.50 | 3.44 | 3.39 | 3.35 |
| **9** | 5.12 | 4.26 | 3.86 | 3.63 | 3.48 | 3.37 | 3.29 | 3.23 | 3.18 | 3.14 |
| **10** | 4.96 | 4.10 | 3.71 | 3.48 | 3.33 | 3.22 | 3.14 | 3.07 | 3.02 | 2.98 |
| **11** | 4.84 | 3.98 | 3.59 | 3.36 | 3.20 | 3.09 | 3.01 | 2.95 | 2.90 | 2.85 |
| **12** | 4.75 | 3.89 | 3.49 | 3.26 | 3.11 | 3.00 | 2.91 | 2.85 | 2.80 | 2.75 |
| **13** | 4.67 | 3.81 | 3.41 | 3.18 | 3.03 | 2.95 | 2.83 | 2.77 | 2.71 | 2.67 |
| **14** | 4.60 | 3.74 | 3.34 | 3.11 | 2.96 | 2.85 | 2.76 | 2.70 | 2.65 | 2.60 |
| **15** | 4.54 | 3.68 | 3.29 | 3.06 | 2.90 | 2.79 | 2.71 | 2.64 | 2.59 | 2.54 |
| **16** | 4.49 | 3.63 | 3.24 | 3.01 | 2.85 | 2.74 | 2.66 | 2.59 | 2.54 | 2.49 |
| **17** | 4.45 | 3.59 | 3.20 | 2.96 | 2.81 | 2.70 | 2.61 | 2.55 | 2.49 | 2.45 |
| **18** | 4.41 | 3.55 | 3.16 | 2.93 | 2.77 | 2.66 | 2.58 | 2.51 | 2.46 | 2.41 |
| **19** | 4.38 | 3.52 | 3.13 | 2.90 | 2.74 | 2.63 | 2.54 | 2.48 | 2.42 | 2.38 |
| **20** | 4.35 | 3.49 | 3.10 | 2.87 | 2.71 | 2.60 | 2.51 | 2.45 | 2.39 | 2.35 |
| **21** | 4.32 | 3.47 | 3.07 | 2.84 | 2.68 | 2.57 | 2.49 | 2.42 | 2.37 | 2.32 |
| **22** | 4.30 | 3.44 | 3.05 | 2.82 | 2.66 | 2.55 | 2.46 | 2.40 | 2.34 | 2.30 |
| **23** | 4.28 | 3.42 | 3.03 | 2.80 | 2.64 | 2.53 | 2.44 | 2.37 | 2.32 | 2.27 |
| **24** | 4.26 | 3.40 | 3.01 | 2.78 | 2.62 | 2.51 | 2.42 | 2.36 | 2.30 | 2.25 |
| **25** | 4.24 | 3.39 | 2.99 | 2.76 | 2.60 | 2.49 | 2.40 | 2.34 | 2.28 | 2.24 |
| **26** | 4.23 | 3.37 | 2.98 | 2.74 | 2.59 | 2.47 | 2.39 | 2.32 | 2.27 | 2.22 |
| **27** | 4.21 | 3.35 | 2.96 | 2.73 | 2.57 | 2.46 | 2.37 | 2.31 | 2.25 | 2.20 |
| **28** | 4.20 | 3.34 | 2.95 | 2.71 | 2.56 | 2.45 | 2.36 | 2.29 | 2.24 | 2.19 |
| **29** | 4.18 | 3.33 | 2.93 | 2.70 | 2.55 | 2.43 | 2.35 | 2.28 | 2.22 | 2.18 |
| **30** | 4.17 | 3.32 | 2.92 | 2.69 | 2.53 | 2.42 | 2.33 | 2.27 | 2.21 | 2.16 |
| **31** | 4.16 | 3.30 | 2.91 | 2.68 | 2.52 | 2.41 | 2.32 | 2.25 | 2.20 | 2.15 |
| **32** | 4.15 | 3.29 | 2.90 | 2.67 | 2.51 | 2.40 | 2.31 | 2.24 | 2.19 | 2.14 |
| **33** | 4.14 | 3.28 | 2.89 | 2.66 | 2.50 | 2.39 | 2.30 | 2.23 | 2.18 | 2.13 |

*Freiheitsgrade – Nenner*

| Freiheitsgrade – Zähler (1–10) | | | | | | | | | | |
|---|---|---|---|---|---|---|---|---|---|---|
|  | **1** | **2** | **3** | **4** | **5** | **6** | **7** | **8** | **9** | **10** |
| **34** | 4.13 | 3.28 | 2.88 | 2.65 | 2.49 | 2.38 | 2.29 | 2.23 | 2.17 | 2.12 |
| **35** | 4.12 | 3.27 | 2.87 | 2.64 | 2.49 | 2.37 | 2.29 | 2.22 | 2.16 | 2.11 |
| **40** | 4.08 | 3.23 | 2.84 | 2.61 | 2.45 | 2.34 | 2.25 | 2.18 | 2.12 | 2.08 |
| **50** | 4.03 | 3.18 | 2.79 | 2.56 | 2.40 | 2.29 | 2.20 | 2.13 | 2.07 | 2.03 |
| **60** | 4.00 | 3.15 | 2.76 | 2.53 | 2.37 | 2.25 | 2.17 | 2.10 | 2.04 | 1.99 |
| **70** | 3.98 | 3.13 | 2.74 | 2.50 | 2.35 | 2.23 | 2.14 | 2.07 | 2.02 | 1.97 |
| **80** | 3.96 | 3.11 | 2.72 | 2.49 | 2.33 | 2.21 | 2.13 | 2.06 | 2.00 | 1.95 |
| **90** | 3.95 | 3.10 | 2.71 | 2.47 | 2.32 | 2.20 | 2.11 | 2.04 | 1.99 | 1.94 |
| **100** | 3.94 | 3.09 | 2.70 | 2.46 | 2.31 | 2.19 | 2.10 | 2.03 | 1.97 | 1.93 |
| **∞** | 3.84 | 3.00 | 2.60 | 2.37 | 2.21 | 2.10 | 2.01 | 1.94 | 1.88 | 1.83 |

_Freiheitsgrade – Nenner_ (Zeilenbeschriftung links)

| Freiheitsgrade – Zähler (12–∞) | | | | | | | | | |
|---|---|---|---|---|---|---|---|---|---|
|  | **12** | **15** | **20** | **25** | **30** | **40** | **60** | **80** | **100** | **∞** |
| **1** | 243.90 | 245.95 | 248.02 | 249.26 | 250.10 | 251.14 | 252.20 | 252.72 | 253.04 | 254.32 |
| **2** | 19.41 | 19.43 | 19.45 | 19.46 | 19.46 | 19.47 | 19.48 | 19.48 | 19.49 | 19.50 |
| **3** | 8.74 | 8.70 | 8.66 | 8.63 | 8.62 | 8.59 | 8.57 | 8.56 | 8.55 | 8.53 |
| **4** | 5.91 | 5.86 | 5.80 | 5.77 | 5.75 | 5.72 | 5.69 | 5.67 | 5.66 | 5.63 |
| **5** | 4.68 | 4.62 | 4.56 | 4.52 | 4.50 | 4.46 | 4.43 | 4.41 | 4.41 | 4.37 |
| **6** | 4.00 | 3.94 | 3.87 | 3.83 | 3.81 | 3.77 | 3.74 | 3.72 | 3.71 | 3.67 |
| **7** | 3.57 | 3.51 | 3.44 | 3.40 | 3.38 | 3.34 | 3.30 | 3.29 | 3.27 | 3.23 |
| **8** | 3.28 | 3.22 | 3.15 | 3.11 | 3.08 | 3.04 | 3.01 | 2.99 | 2.97 | 2.93 |
| **9** | 3.07 | 3.01 | 2.94 | 2.89 | 2.86 | 2.83 | 2.79 | 2.77 | 2.76 | 2.71 |
| **10** | 2.91 | 2.85 | 2.77 | 2.73 | 2.70 | 2.66 | 2.62 | 2.60 | 2.59 | 2.54 |
| **11** | 2.79 | 2.72 | 2.65 | 2.60 | 2.57 | 2.53 | 2.49 | 2.47 | 2.46 | 2.40 |
| **12** | 2.69 | 2.62 | 2.54 | 2.50 | 2.47 | 2.43 | 2.38 | 2.36 | 2.35 | 2.30 |
| **13** | 2.60 | 2.53 | 2.46 | 2.41 | 2.38 | 2.34 | 2.30 | 2.27 | 2.26 | 2.21 |
| **14** | 2.53 | 2.46 | 2.39 | 2.34 | 2.31 | 2.27 | 2.22 | 2.20 | 2.19 | 2.13 |
| **15** | 2.48 | 2.40 | 2.33 | 2.28 | 2.25 | 2.20 | 2.16 | 2.14 | 2.12 | 2.07 |
| **16** | 2.42 | 2.35 | 2.28 | 2.23 | 2.19 | 2.15 | 2.11 | 2.08 | 2.07 | 2.01 |
| **17** | 2.38 | 2.31 | 2.23 | 2.18 | 2.15 | 2.10 | 2.06 | 2.03 | 2.02 | 1.96 |
| **18** | 2.34 | 2.27 | 2.19 | 2.14 | 2.11 | 2.06 | 2.02 | 1.99 | 1.98 | 1.92 |
| **19** | 2.31 | 2.23 | 2.16 | 2.11 | 2.07 | 2.03 | 1.98 | 1.96 | 1.94 | 1.88 |
| **20** | 2.28 | 2.20 | 2.12 | 2.07 | 2.04 | 1.99 | 1.95 | 1.92 | 1.91 | 1.84 |
| **21** | 2.25 | 2.18 | 2.10 | 2.05 | 2.01 | 1.96 | 1.92 | 1.89 | 1.88 | 1.81 |

_Freiheitsgrade – Nenner_ (Zeilenbeschriftung links)

| | | Freiheitsgrade – Zähler (12–∞) | | | | | | | | |
|---|---|---|---|---|---|---|---|---|---|---|
| | | **12** | **15** | **20** | **25** | **30** | **40** | **60** | **80** | **100** | **∞** |
| | **22** | 2.23 | 2.15 | 2.07 | 2.02 | 1.98 | 1.94 | 1.89 | 1.86 | 1.85 | 1.78 |
| | **23** | 2.20 | 2.13 | 2.05 | 2.00 | 1.96 | 1.91 | 1.86 | 1.84 | 1.82 | 1.76 |
| | **24** | 2.18 | 2.11 | 2.03 | 1.97 | 1.94 | 1.89 | 1.84 | 1.82 | 1.80 | 1.73 |
| | **25** | 2.16 | 2.09 | 2.01 | 1.96 | 1.92 | 1.87 | 1.82 | 1.80 | 1.78 | 1.71 |
| | **26** | 2.15 | 2.07 | 1.99 | 1.94 | 1.90 | 1.85 | 1.80 | 1.78 | 1.76 | 1.69 |
| | **27** | 2.13 | 2.06 | 1.97 | 1.92 | 1.88 | 1.84 | 1.79 | 1.76 | 1.74 | 1.67 |
| | **28** | 2.12 | 2.04 | 1.96 | 1.91 | 1.87 | 1.82 | 1.77 | 1.74 | 1.73 | 1.65 |
| Freiheitsgrade – Nenner | **29** | 2.10 | 2.03 | 1.94 | 1.89 | 1.85 | 1.81 | 1.75 | 1.73 | 1.71 | 1.64 |
| | **30** | 2.09 | 2.01 | 1.93 | 1.88 | 1.84 | 1.79 | 1.74 | 1.71 | 1.70 | 1.62 |
| | **31** | 2.08 | 2.00 | 1.92 | 1.87 | 1.83 | 1.78 | 1.73 | 1.70 | 1.68 | 1.61 |
| | **32** | 2.07 | 1.99 | 1.91 | 1.85 | 1.82 | 1.77 | 1.71 | 1.69 | 1.67 | 1.59 |
| | **33** | 2.06 | 1.98 | 1.90 | 1.84 | 1.81 | 1.76 | 1.70 | 1.67 | 1.66 | 1.58 |
| | **34** | 2.05 | 1.97 | 1.89 | 1.83 | 1.80 | 1.75 | 1.69 | 1.66 | 1.65 | 1.57 |
| | **35** | 2.04 | 1.96 | 1.88 | 1.82 | 1.79 | 1.74 | 1.68 | 1.65 | 1.63 | 1.56 |
| | **40** | 2.00 | 1.92 | 1.84 | 1.78 | 1.74 | 1.69 | 1.64 | 1.61 | 1.59 | 1.51 |
| | **50** | 1.95 | 1.87 | 1.78 | 1.73 | 1.69 | 1.63 | 1.58 | 1.54 | 1.52 | 1.44 |
| | **60** | 1.92 | 1.84 | 1.75 | 1.69 | 1.65 | 1.59 | 1.53 | 1.50 | 1.48 | 1.39 |
| | **70** | 1.89 | 1.81 | 1.72 | 1.66 | 1.62 | 1.57 | 1.50 | 1.47 | 1.45 | 1.35 |
| | **80** | 1.88 | 1.79 | 1.70 | 1.64 | 1.60 | 1.54 | 1.48 | 1.45 | 1.43 | 1.32 |
| | **90** | 1.86 | 1.78 | 1.69 | 1.63 | 1.59 | 1.53 | 1.46 | 1.43 | 1.41 | 1.30 |
| | **100** | 1.85 | 1.77 | 1.68 | 1.62 | 1.57 | 1.52 | 1.45 | 1.41 | 1.93 | 1.28 |
| | **∞** | 1.75 | 1.67 | 1.57 | 1.51 | 1.46 | 1.39 | 1.32 | 1.27 | 1.24 | 1.00 |

# E.4  Positionen in Wahrscheinlichkeitsgraphen, $F_g$

| Ordnungs-nummer $g$ | Stichprobengröße ($n_g$) | | | | | | | | |
|---|---|---|---|---|---|---|---|---|---|
|  | 1 | 2 | 3 | 5 | 7 | 8 | 15 | 26 | 31 |
| 1 | 0.50 | 0.33 | 0.25 | 0.17 | 0.13 | 0.11 | 0.06 | 0.04 | 0.03 |
| 2 |  | 0.67 | 0.50 | 0.33 | 0.25 | 0.22 | 0.13 | 0.07 | 0.06 |
| 3 |  |  | 0.75 | 0.50 | 0.38 | 0.33 | 0.19 | 0.11 | 0.09 |
| 4 |  |  |  | 0.67 | 0.50 | 0.44 | 0.25 | 0.15 | 0.13 |
| 5 |  |  |  | 0.83 | 0.63 | 0.56 | 0.31 | 0.19 | 0.16 |
| 6 |  |  |  |  | 0.75 | 0.67 | 0.38 | 0.22 | 0.19 |
| 7 |  |  |  |  | 0.88 | 0.78 | 0.44 | 0.26 | 0.22 |
| 8 |  |  |  |  |  | 0.89 | 0.50 | 0.30 | 0.25 |
| 9 |  |  |  |  |  |  | 0.56 | 0.33 | 0.28 |
| 10 |  |  |  |  |  |  | 0.63 | 0.37 | 0.31 |
| 11 |  |  |  |  |  |  | 0.69 | 0.41 | 0.34 |
| 12 |  |  |  |  |  |  | 0.75 | 0.44 | 0.38 |
| 13 |  |  |  |  |  |  | 0.81 | 0.48 | 0.41 |
| 14 |  |  |  |  |  |  | 0.88 | 0.52 | 0.44 |
| 15 |  |  |  |  |  |  | 0.94 | 0.56 | 0.47 |
| 16 |  |  |  |  |  |  |  | 0.59 | 0.50 |
| 17 |  |  |  |  |  |  |  | 0.63 | 0.53 |
| 18 |  |  |  |  |  |  |  | 0.67 | 0.56 |
| 19 |  |  |  |  |  |  |  | 0.70 | 0.59 |
| 20 |  |  |  |  |  |  |  | 0.74 | 0.63 |
| 21 |  |  |  |  |  |  |  | 0.78 | 0.66 |
| 22 |  |  |  |  |  |  |  | 0.81 | 0.69 |
| 23 |  |  |  |  |  |  |  | 0.85 | 0.72 |
| 24 |  |  |  |  |  |  |  | 0.89 | 0.75 |
| 25 |  |  |  |  |  |  |  | 0.93 | 0.78 |
| 26 |  |  |  |  |  |  |  | 0.96 | 0.81 |
| 27 |  |  |  |  |  |  |  |  | 0.84 |
| 28 |  |  |  |  |  |  |  |  | 0.88 |
| 29 |  |  |  |  |  |  |  |  | 0.91 |
| 30 |  |  |  |  |  |  |  |  | 0.94 |
| 31 |  |  |  |  |  |  |  |  | 0.97 |

# E.5  Konstanten für Regelkarten

| n | $A_2$ | $A_3$ | $B_3$ | $B_4$ | $D_3$ | $d_2$ | $D_4$ |
|---|-------|-------|-------|-------|-------|-------|-------|
| 2 | 1.880 | 2.659 | 0 | 3.267 | 0 | 1.128 | 3.267 |
| 3 | 1.023 | 1.954 | 0 | 2.568 | 0 | 1.693 | 2.575 |
| 4 | 0.729 | 1.628 | 0 | 2.266 | 0 | 2.059 | 2.282 |
|   |       |       |   |       |   |       |       |
| 5 | 0.577 | 1.427 | 0 | 2.089 | 0 | 2.326 | 2.115 |
| 6 | .483 | 1.287 | 0.030 | 1.970 | 0 | 2.534 | 2.004 |
| 7 | 0.419 | 1.182 | 0.118 | 1.882 | 0.076 | 2.704 | 1.924 |
| 8 | 0.373 | 1.099 | 0.185 | 1.815 | 0.136 | 2.847 | 1.864 |
| 9 | 0.337 | 1.032 | 0.239 | 1.761 | 0.184 | 2.970 | 1.816 |
|   |       |       |       |       |       |       |       |
| 10 | 0.308 | 0.975 | 0.284 | 1.716 | 0.223 | 3.078 | 1.777 |
| 11 | 0.285 | 0.927 | 0.321 | 1.679 | 0.256 | 3.173 | 1.744 |
| 12 | 0.266 | 0.886 | 0.354 | 1.646 | 0.284 | 3.258 | 1.716 |
| 13 | 0.249 | 0.850 | 0.382 | 1.618 | 0.308 | 3.336 | 1.692 |
| 14 | 0.235 | 0.817 | 0.406 | 1.594 | 0.329 | 3.407 | 1.671 |
|   |       |       |       |       |       |       |       |
| 15 | 0.223 | 0.789 | 0.428 | 1.572 | 0.348 | 3.472 | 1.652 |
| 16 | 0.212 | 0.763 | 0.448 | 1.552 | 0.364 | 3.532 | 1.636 |
| 17 | 0.203 | 0.739 | 0.466 | 1.534 | 0.379 | 3.588 | 1.621 |
| 18 | 0.194 | 0.718 | 0.482 | 1.518 | 0.392 | 3.640 | 1.608 |
| 19 | 0.187 | 0.698 | 0.497 | 1.503 | 0.404 | 3.689 | 1.596 |
|   |       |       |       |       |       |       |       |
| 20 | 0.180 | 0.680 | 0.510 | 1.490 | 0.414 | 3.735 | 1.586 |
| 21 | 0.173 | 0.663 | 0.523 | 1.477 | 0.425 | 3.778 | 1.575 |
| 22 | 0.167 | 0.647 | 0.534 | 1.466 | 0.434 | 3.819 | 1.566 |
| 23 | 0.162 | 0.633 | 0.545 | 1.455 | 0.443 | 3.858 | 1.557 |
| 24 | 0.157 | 0.619 | 0.555 | 1.445 | 0.452 | 3.895 | 1.548 |
| 25 | 0.153 | 0.606 | 0.565 | 1.435 | 0.459 | 3.931 | 1.541 |

# E.6 Faktorielle Versuche – häufig angewendete faktorielle Versuchspläne

Design: $2^2$

| Versuchs-anordnung | A | B | AB | Ergebnis | |
|---|---|---|---|---|---|
| 1 | – | – | + | | |
| 2 | + | – | – | | |
| 3 | – | + | – | | |
| 4 | + | + | + | | |
| Effekt | | | | | |
| | | | | | |

Design: $2^3$

| Versuchs-anordnung | A | B | C | AB | AC | BC | ABC | Ergebnis | |
|---|---|---|---|---|---|---|---|---|---|
| 1 | – | – | – | + | + | + | – | | |
| 2 | + | – | – | – | – | + | + | | |
| 3 | – | + | – | – | + | – | + | | |
| 4 | + | + | – | + | – | – | – | | |
| 5 | – | – | + | + | – | – | + | | |
| 6 | + | – | + | – | + | – | – | | |
| 7 | – | + | + | – | | + | – | | |
| 8 | + | + | + | + | + | + | + | | |
| Effekt | | | | | | | | | |
| | | | | | | | | | |

## Design: $2^4$

| Versuchs-anordnung | A | B | C | D | AB | AC | AD | BC | BD | CD | ABC | ABD | ACD | BCD | ABCD | Ergebnis | |
|---|---|---|---|---|---|---|---|---|---|---|---|---|---|---|---|---|---|
| 1 | − | − | − | − | + | + | + | + | + | + | − | − | − | − | + | | |
| 2 | + | − | − | − | − | − | − | + | + | + | + | + | + | − | − | | |
| 3 | − | + | − | − | − | + | + | − | − | + | + | + | − | + | − | | |
| 4 | + | + | − | − | + | − | − | − | − | + | − | − | + | + | + | | |
| 5 | − | − | + | − | + | − | + | − | + | − | + | − | + | + | − | | |
| 6 | + | − | + | − | − | + | − | − | + | − | − | + | − | + | + | | |
| 7 | − | + | + | − | − | − | + | + | − | − | − | + | + | − | + | | |
| 8 | + | + | + | − | + | + | − | + | − | − | + | − | − | − | − | | |
| 9 | − | − | − | + | + | + | − | + | − | − | − | + | + | + | − | | |
| 10 | + | − | − | + | − | − | + | + | − | − | + | − | − | + | + | | |
| 11 | − | + | − | + | − | + | − | − | + | − | + | − | + | − | + | | |
| 12 | + | + | − | + | + | − | + | − | + | − | − | + | − | − | − | | |
| 13 | − | − | + | + | + | − | − | − | − | + | + | + | − | − | + | | |
| 14 | + | − | + | + | − | + | + | − | − | + | − | − | + | − | − | | |
| 15 | − | + | + | + | − | − | − | + | + | + | − | − | − | + | − | | |
| 16 | + | + | + | + | + | + | + | + | + | + | + | + | + | + | + | | |
| Effekt | | | | | | | | | | | | | | | | | |

# Anhang F – Symbole

| | |
|---|---|
| $c$ | Fehleranzahl |
| $d$ | Anzahl definierter Gleichungen in einem faktoriellen Versuch |
| $df$ | Freiheitsgrade |
| $E$ | Bewertung in der Matrix von Quality Function Deployment |
| $e$ | Restwert |
| $F$ | Wahrscheinlichkeitswert |
| $g$ | Ordnungsnummer |
| $i$ | Zeilennummer in einer Tabelle |
| $I$ | Gewichtung in der Matrix von Quality Function Deployment |
| $j$ | Spaltennummer in einer Tabelle |
| $k$ | Anzahl von Hauptfaktoren in einem faktoriellen Versuch |
| $l$ | Effekt |
| $M$ | Anzahl Niveaus in einem faktoriellen Versuch |
| $n$ | Stichprobengröße oder Gesamtanzahl der Messungen in einer Stichprobe |
| $n_c$ | Gesamtanzahl der Spalten in einem faktoriellen Versuch |
| $n_e$ | Gesamtanzahl von Versuchen |
| $n_g$ | Gesamtanzahl zu ordnender Werte |
| $n_r$ | Gesamtanzahl von Versuchsanordnungen in einem faktoriellen Versuch oder Gesamtanzahl der Zeilen |
| $p$ | Fehlerquote |
| $q$ | Wiederholungsnummer |
| $r$ | Korrelationskoeffizient |
| $R$ | Spannweite |
| $s$ | Standardabweichung einer Stichprobe |
| $S$ | Korrelationssumme der *Wies* in der Matrix von Quality Function Deployment |
| $SS$ | Quadratsumme |
| $t$ | Zeit |
| $u$ | Anzahl von Wiederholungen in einem faktoriellen Versuch |
| $W$ | Verhältnis zwischen Was und Wies in der Matrix von Quality Function Deployment |

| | |
|---|---|
| $y$ | Ergebnisvariable |
| $x$ | Einzelmessung von x |
| $y$ | Einzelmessung von y |
| $\hat{y}$ | Erwarteter Wert von y |
| $\mu$ | Mittelwert der Gesamtheit |
| $\sigma$ | Standardabweichung der Gesamtheit |
| $\bar{x}$ | Mittelwert der Stichprobe |
| $s$ | Standardabweichung der Stichprobe |
| $\Sigma$ | Summe |
| $\int$ | Integral |

# Anhang G – Glossar

**Aktiver Faktor**
Ein Faktor, der mit der Ergebnisvariable zusammenhängt. Änderungen des Niveaus eines aktiven Faktors führen zu Veränderungen der Ergebnisvariable, $y$.

**Allgemeine Ursachen**
Ursachen von Variation, die zufällig (natürlich) auftreten oder natürlich sind. Die Änderung einer Ursache bewirkt keine vorhersagbare Veränderung des Ergebnisses.

**ANOVA**
<u>An</u>alysis <u>o</u>f <u>va</u>riance = Varianzanalyse. Eine Methode zur Ermittlung des Variationsgrads in einem Prozess und zur Ermittlung, ob die Variation signifikant oder auf allgemeine Ursachen zurückzuführen ist. Eine Vorgehensweise zur Identifikation statistisch signifikanter Einflüsse auf eine Ergebnisvariable.

**Attribute**
Diskrete Eigenschaften, z.B. bestanden/nicht bestanden, gut/schlecht, Ja/Nein, anwesend/abwesend, akzeptabel/nicht akzeptabel, oder gelb/blau.

**Attributive Daten**
Daten diskreter Merkmale auf Basis von Zählungen.

**Aufwendungen**
Begriff der Gewinn- und Verlustrechnung. Umfasst üblicherweise die durch Erstellung der verkauften Güter und Dienstleistung entstehenden Kosten und andere der Periode zurechenbare Kosten.

**Benchmark**
Ein Standard, anhand dessen etwas beurteilt werden kann oder mit welchem etwas verglichen werden kann. Z.B. Vergleich der Leistung eines Prozesses mit der Prozessleistung eines Wettbewerbers.

**Besondere Ursachen**
Ursachen von Variation, die nicht zufällig sind.

**Blöcke**
Gruppen von Versuchseinheiten, die in einer Versuchsanordnung ähnlich behandelt werden. Blöcke werden normalerweise durch Hintergrundvariablen definiert.

**Chi-Quadrat-Verteilung**
Summe der Quadrate standardisierter normalverteilter Variablen.

**Deming, W. Edwards (1900–1993)**
Eine Persönlichkeit im Bereich des Qualitätsmanagements. Deming führte die Arbeit von Shewhart weiter und setzte sich stark für die Philosophie kontinuierlicher Verbesserungen, Verantwortlichkeit des Managements und fundiertes Wissen ein. Deming legte besonderes Gewicht auf das Phänomen der Variation und damit der statistischen Beherrschbarkeit, d.h. Vorhersagbarkeit, und führte den Verbesserungszyklus Plan-Do-Check-Act ein.

**Deployment**
Prozess der Sicherstellung, dass eine Methode von einer Organisation verstanden und angewendet wird.

**Design of Experiments (DoE)**
Faktorielle Versuche und die zugehörige Verbesserungsmethodik. Wurde in den 1920er Jahren von Ronald A. Fisher erfunden und ursprünglich in den landwirtschaftlichen und biologischen Wissenschaften angewendet. Anwendung in der Industrie seit den 1930er Jahren. In den vergangenen Jahren hat die Versuchsplanung neue Popularität erreicht, die zum Teil auf *Six Sigma* zurückzuführen ist (vgl. Faktorversuche).

**Durchlaufzeit**
Neben Variation, Nutzungsgrad, Prozess- und Produktdesign eine der bedeutendsten Verbesserungsmöglichkeiten von Prozessen. Durchschnittliche Zeit, die für eine Einheit benötigt wird, um Einsatzfaktoren in das Endprodukt umzuwandeln.

**Effekt**
Die Änderung der Ergebnisvariablen, $y$, aufgrund von Veränderungen eines Einsatzfaktors, $x$, in einem faktoriellen Versuch.

**Einheit**
In der Produktion kann eine Einheit die Endmontage, Zwischenmontage oder eine Komponente sein. In Dienstleistungsprozessen kann z.B. ein Auftrag, eine technische Zeichnung oder ein Dokument eine Einheit darstellen.

**Einsatzfaktoren**
Die in einem Prozess eingesetzten Faktoren; reichen von Arbeit, über Material zu Maschinen, Strom, Temperatur usw.

**Evolutionary Operation (EVOP)**
Ein Konzept von E.P. Box zur Durchführung von faktoriellen Versuchen an laufenden Prozessen. Mit Hilfe von EVOP können Produktionsmitarbeiter faktorielle Versuche bei laufender Produktion mit zufriedenstellender Prozessleistung und minimaler Unterstützung der Forschungs- und Entwicklungsabteilung durchführen.

**Faktor**
Unabhängige Variable. Eine Variable, die bewusst variiert oder kontrolliert geändert wird.

**Faktorielle Versuche**
Durchführung systematischer Experimente mit mehreren Faktoren ($x_1$, $x_2$, ..., $x_n$), die eine oder mehrere abhängige Variablen, $y$, beeinflussen, um aktive Faktoren/Wechselwirkungen zu identifizieren. Die Faktoren werden ständig und auf systematische Weise variiert, um die Kosten des Experiments zu reduzieren und den Informationsgehalt zu erhöhen.
*Vollständiger faktorieller Versuch*: ein Versuch mit Versuchsanordnungen für alle möglichen Kombinationen von Faktoren und Niveaus.
*Teilfaktorieller Versuch*: ein Experiment mit einer (bestimmten) Auswahl aus den für einen vollständigen Faktorversuch erforderlichen Versuchsanordnungen.
$2^k$ *vollfaktorieller Versuch*: ein Experiment mit $k$ Faktoren und zwei Niveaus für jeden Faktor (hoch und niedrig); die Anzahl möglicher Versuchsanordnungen ist $2^k$.
$2^{k-d}$ *teilfaktorieller Versuch*: ein Experiment mit $k$ Faktoren, $d$ definierten Gleichungen und zwei Niveaus für jeden Faktor (hoch und niedrig); die Anzahl möglicher Versuchsanordnungen ist $2^{k-d}$.
*Halber faktorieller Versuch*: ein Experiment mit der Hälfte der für einen vollständigen Faktorversuch erforderlichen Versuchsanordnungen.

$$(\tfrac{1}{2} * 2^k = 2^{-1} * 2^k = 2^{k-1})$$

**Fehler**
Generell bezeichnen wir hiermit Abweichungen vom Soll. Formell gesehen ist ein Fehler eine Abweichung eines Merkmals, die im Verhältnis zum Zielwert so groß ist, dass die geforderte Funktionalität nicht gegeben ist. Eine korrigierende Maßnahme ist erforderlich. Im weiteren Sinn ist ein Fehler ein Zustand, der vor der Fertigstellung eine Korrektur erforderlich macht, d.h. alles, was Unzufriedenheit von Kunden verursacht.

**Fisher, Ronald A. (1890–1962)**
Genetiker und Statistiker. Erfand in den 1920er Jahren die Varianzanalyse und die Versuchsplanung (DoE) für landwirtschaftliche und biologische Wissenschaften.

**Fits und Restwerte**
Fits = $f(x_1, x_2, ..., x_n)$, wobei $f(x)$ das an die Versuchsdaten angepasste Modell ist;
Restwert = Urdaten – mittlere geschätzte Werte.

**FpMM**
Fehler pro Million Möglichkeiten. Gibt immer die langfristige Prozessleistung an und umfaßt sowohl die Streuung als auch die Zentrierung des gemessenen Merkmals.

**Freiheitsgrade (df)**
Die Anzahl unabhängiger Informationen, die zur Schätzung von Statistiken herangezogen werden können.

**F-Test**
Ein statistischer Test zum Verhältnis zweier Varianzen.

**Gross Margin Slippage**
Differenz zwischen Vor- und Nachkalkulation.

**$H_0$**
Abkürzung für die Null-Hypothese.

**$H_A$**
Abkürzung für eine alternative Hypothese.

**Harry, Mikel J.**
Einer der Hauptarchitekten der Six Sigma-Methodik und Gründer des Six Sigma Forschungsinstitutes von Motorola. Heute Vorstandsvorsitzender der Six Sigma Academy, Phoenix, Arizona.

**Haupteffekt**
Grad der Veränderung einer abhängigen Variable aufgrund von Veränderungen einer unabhängigen Variable in einem Experiment.

**Juran, Joseph M. (1904–)**
Eine Persönlichkeit der frühen Tage des Qualitätsmanagements und auch heute noch aktiv. Führte die Ideen von Cost of Poor Quality (Qualitätskosten), das Pareto-Diagramm, das Konzept der „wenig wichtigen und vielen unwichtigen" und die Verbesserungstrilogie ein. Juran unterstützt die Anwendung der Poissonverteilung in der Industrie.

**Konform**
Einem vorgegebenen Standard entsprechend.

**Kontinuierliche Daten**
Numerische Informationen, die jeden beliebigen gemessenen Wert auf einer kontinuierlichen Skala annehmen können.

**Kontinuierliche Verbesserungen**
Schrittweise dauerhafte Verbesserungszyklen. Ansatz zur Verbesserung von Variation, Durchlaufzeit, Nutzungsgrad, Prozess- und Produktdesign. Steht im Gegensatz zur Theorie eines „Optimums". Kontinuierliche Verbesserungen umfassen sowohl drastische Verbesserungen von Produkten und Prozessen als auch kleine schrittweise Verbesserungen (letzteres wird oft auch als Kaizen bezeichnet).

## Korrelation

Maß für den linearen Zusammenhang zweier Variablen. Der Korrelationskoeffizient wird oft als R bezeichnet, wobei $-1<R<1$ gilt. Die Werte 1 und $-1$ zeigen einen vollständig linearen Zusammenhang an, während ein Wert von 0 anzeigt, dass es keinen linearen Zusammenhang zwischen den betrachteten Variablen gibt. Eine Korrelation von 0 bedeutet jedoch nicht unbedingt, dass die beiden Variablen voneinander unabhängig sind.

## Kosten

Kosten für verkaufte Güter und Dienstleistungen sowie Aufwendungen gemäß der Gewinn- und Verlustrechnung. Die drei Hauptkategorien von Kosten verkaufter Güter und Dienstleistungen sind direkte Materialkosten, direkte Lohnkosten und Produktionsgemeinkosten.

## Kosten schlechter Prozessleistung

Gesamtheit aller externen und internen Kosten, die durch Fehler verursacht werden, einschließlich der geschätzten Kosten aufgrund ungeeigneter Prozesse. Werden auch als Qualitätskosten bezeichnet.

## Kosten verkaufter Güter und Dienstleistungen

Hauptbestandteil der Gewinn- und Verlustrechnung. Umfassen typischerweise direkte Materialkosten, direkte Lohnkosten und Gemeinkosten für Produktion oder Dienstleistungen.

## Kurzfristige Prozessleistung

Die Leistung eines Prozesses (Produktes) unter den vorteilhaftesten Bedingungen, d.h. wenn er zentriert ist, keine signifikante Variation vorliegt (also keine besonderen Ursachen, nur allgemeine Ursachen); wird zum Benchmarking herangezogen.

## Langfristige Fähigkeit

Die Leistung eines Prozesses (Produktes), wenn die im Zeitverlauf auftretende natürliche Veränderung des Mittelwerts um $1.5\sigma$ (Standardabweichungen) berücksichtigt wird.

## Merkmal

Eine bestimmte Eigenschaft eines Prozesses oder seines Ergebnisses, worüber Daten gesammelt werden können.

## Messung von Prozessleistung

Prozessleistung sollte vorzugsweise in FpMM (langfristig) oder in Sigma (kurzfristig) ausgedrückt werden. Alternativ können die Prozessfähigkeitsindizes $C_p$ oder $C_{pk}$ verwendet werden.

## MINITAB®

Software für statistische Berechnungen.

**Möglichkeit**
Jedes Merkmal (oder eine Reihe von Merkmalen), das für Güter oder Dienstleistungen entscheidend ist, vorausgesetzt, dass es messbar ist und dass die Wahrscheinlichkeit, dass es dem Standard entspricht, bekannt ist oder geschätzt wurde.

**Normalverteilung**
Eine kontinuierliche Wahrscheinlichkeitsfunktion mit glockenförmigem Aussehen. Auch Gauß'sche Normalverteilung genannt.

**Null-Hypothese**
In diesem Zusammenhang der Versuch einer Erklärung dafür, dass Ereignissen allgemeine Ursachen zugrunde liegen (eine Annahme, die durch Anwendung der Statistik herausgefordert wird); siehe auch $H_0$.

**Nutzungsgrad**
Neben Variation, Durchlaufzeit, Prozess- und Produktdesign eine der bedeutendsten Verbesserungsdimensionen. Gibt an, wie effektiv Einsatzfaktoren für das Produkt eines Prozesses genutzt werden.

**Parameter**
Beim Produkt- oder Prozessdesign angewendete Größen.

**Pareto-Diagramm**
Eine visuelle Methode zur Identifizierung signifikanter Probleme, bei der Daten entsprechend ihrer relativen Bedeutung in Form von Säulen abgebildet werden. Dient dazu, potenzielle Ursachen für weitere Untersuchungen zu identifizieren.

**Pragmatisch**
Bezug zu Tatsachen oder praktischen Fragestellungen (oft im Gegensatz zu intellektuellen oder künstlerischen Fragestellungen).

**Pragmatismus**
Eine praktische Herangehensweise an Probleme und Angelegenheiten. Auch eine philosophische Richtung, die wahren theoretischen Inhalt mit praktischen Lösungen verbindet.

**Produkt**
Ergebnis eines Prozesses. Können greifbare physische Güter und deren zugehörige Dienstleistungen oder Dienstleistungen an sich sein.

**Prozess**
Eine Aktivität oder Reihe von Aktivitäten, die auf wiederholbare Weise Einsatzfaktoren zu Produkten verwandelt. Schafft Wert für Kunden.

**Prozessergebnis**
Produkt. Können greifbare physische Produkte und deren zugehörige Dienstleistungen oder Dienstleistungen an sich sein.

**Prozessfähigkeitsindizes ($C_p$ und $C_{pk}$)**

$C_p$ ist eine standardisierte Kennzahl für die kurzfristige Prozessleistung, entspricht normalerweise sechs Standardabweichungen der Streuung:

$$C_p = \frac{USL - LSL}{6\sigma}$$

Die langfristige Prozessleistung, $C_{pk}$, wird ähnlich wie $C_p$ ermittelt, jedoch wird dabei noch die Veränderung des Mittelwerts im Verhältnis zum spezifizierten Zielwert berücksichtigt:

$$C_{pk} = \min\left( \frac{USL - T}{3\sigma}, \frac{T - LSL}{3\sigma} \right)$$

**Prozessleistung**

Die akkumulierte Leistung von Merkmalen eines Prozesses oder Produkts. Prozessleistung kann hervorragend anhand von Variation gemessen werden, da die meisten Merkmale einbezogen werden und mit einer einzigen Zahl ausgedrückt werden können.

**Prozessleistung (Messung)**

Prozessleistung sollte bevorzugt als FpMM-Wert (langfristig) oder Sigma-Wert (kurzfristig) augedrückt werden. Die Alternative besteht darin, Prozessleistung in $C_p$ und $C_{pk}$ zu ermitteln.

**P-Wert**

Die Wahrscheinlichkeit dafür, eine Abweichung davon zu erhalten, was die Null-Hypothese anzeigt, und zwar in die Richtung der alternativen Null-Hypothese, die groß oder größer ist als die ursprüngliche. Das Signifikanzniveau, auf dem es möglich ist, die Null-Hypothese zu Gunsten der alternativen Null-Hypothese abzulehnen.

**Qualität**

Übereinstimmung mit Kundenanforderungen. Eine alternative Definition ist die Fähigkeit eines Produktes (Gut oder Dienstleistung), die Bedürfnisse und Erwartungen der Kunden zu erfüllen und noch zu übertreffen.

**Randomising**

Die Reihenfolge der Versuchsanordnungen in einem Experiment wird zufällig gewählt, um die Wirkung der Störfaktoren zu reduzieren, d.h. jedem Ereignis dieselbe Möglichkeit des Auftretens zu bieten. Steht im Gegensatz zu Blöcken.

**Regelfaktor (Regel- bzw. Steuerbarer Faktor)**

Eine Eingangsgröße eines Prozesses oder Experiments, die geregelt bzw. gesteuert werden kann.

**Regelkarten**
Grafische Darstellung der Ergebnisse eines Merkmals im Zeitverlauf und im
Verhältnis zu seiner oberen und unteren Eingriffsgrenze sowie seinem Mittel-
wert.

**Regressionsanalyse**
Eine statistische Analyse, die mehrere Ergebnisvariablen gleichzeitig berücksichtigt.

**Restwert (Error)**
Die zufällige Variation in den Ergebnissen, die nicht auf die unabhängigen Variablen zurückzuführen ist („Error" bedeutet in der Statistik nicht Fehler, sondern
ist das wissenschaftliche Maß für unvermeidbare Störungen in einem Experiment, die auch durch größte Sorgfalt nicht vermieden werden können). Bei Fak-
torversuchen erklärt das Vorhersagemodell einen Teil der Variation in der Ergebnisvariable, der Rest wird, wie folgende Formel zeigt, durch den Restwert
erklärt:

$$e_i = y_i - \hat{y}_i$$

**Robust**
Ein Prozess oder Produkt wird als robust bezeichnet, wenn er/es im Hinblick auf
Variation in den Einsatzfaktoren nicht empfindlich ist und der Effekt der Störfaktoren vernachlässigbar ist. Taguchi spricht von einer robusten statistischen
Vorgehensweise oder einem robusten Prozess, wenn dieser sich im Verhältnis
zum Zielwert konsistent verhält und relativ unempfindlich gegen Faktoren ist,
die schwer zu kontrollieren sind.

**Schwarzer Gürtel**
Ein Experte der Six Sigma-Verbesserungsmethodik und des Six Sigma-Rahmen-
konzepts im eigenen Unternehmen. Er hat den Ausbildungskurs zum Schwarzen
Gürtel erfolgreich abgeschlossen.

**Screeninganalyse**
Ein spezifisches Experiment, um eine Anzahl von Faktoren für nachfolgende Experimente zu identifizieren.

**Shewhart, Walter A. (1891–1967)**
Führte die Anwendung der Statistik zur Identifikation und Beseitigung von Variation ein. Erfand die Regelkarten mit einer empfohlenen Stichprobengröße von
vier, fünf oder sechs. Vertrat folgende Vorgehensweise: 1) Beschreibe die Bedürfnisse und Erwartungen der Kunden und drücke sie in Zahlen aus; 2) Spezifiziere
ein Produkt, das diesen Anforderungen entspricht; 3) Produziere mit minimaler
Variation; 4) Benutze Statistik (Regelkarten usw.); 5) Benutze Regelkarten, um
den Prozess so zu regeln, dass ihm keine neuen Ursachen von Variation zugeführt werden. 1931 schrieb er *„Economic Control of Quality of Manufactured
Products"*, wo er die Bedeutung geringer Variation hervorhebt.

**Spannweite**
Die Differenz zwischen höchstem und niedrigstem Wert in einer Reihe von Messungen.

**Spurendiagramm**
Darstellung von Daten in zeitlichem Verlauf.

**SS (Quadratsumme)**
Quadratsumme, normalerweise wie folgt berechnet:

$$SS = \sum_{i=1}^{n_r} (x_i - \bar{x})^2$$

**Standardabweichung, s**
Ein statistischer Index für Streuung oder Variation, normalerweise mit s oder σ (Sigma) bezeichnet; wird wie folgt berechnet:

$$s = \sqrt{\frac{\sum_{i=1}^{n} (x_i - \bar{x})^2}{n-1}}$$

**Statistik**
Ein Teilgebiet der Mathematik, das sich mit der Sammlung, Analyse, Interpretation und Präsentation großer Mengen numerischer Daten befasst.

**Statistisch signifikant**
Ein Ergebnis, das dazu führt, die Null-Hypothese zu verwerfen. Die Beobachtung liefert eine geringe Wahrscheinlichkeit dafür, dass die Null-Hypothese wahr ist. Die Größe einer solchen vorhergesagten Wahrscheinlichkeit wird als Signifikanzniveau, alpha, bezeichnet. Wird normalerweise durch große Teststatistiken oder kleine P-Werte repräsentiert.

**Statistische Beherrschbarkeit**
Ein Prozess, bei dessen Produkten Variation nur aufgrund allgemeiner Ursachen auftritt. Auch als vorhersagbarer Prozess bezeichnet.

**Statistische Prozessregelung**
Methode zur Beobachtung und Verbesserung von Prozessen unter Anwendung von Regelkarten.

**Stichprobe**
Eine oder mehrere Messungen, die aus einer großen Anzahl möglicher Messungen erhoben werden.

**Störfaktoren**
Einsatzfaktoren, die als nicht steuerbar gelten oder wo eine Steuerung zu teuer oder nicht erwünscht ist.

**Streudiagramm**
Diagramm, aus dem die Korrelation (Zusammenhang) zwischen zwei Variablen ersichtlich ist.

**Streuung**
Breite der Verteilung eines Merkmals, gemessen in
$\sigma$ = Standardabweichung der Gesamtheit
s = Standardabweichung der Stichprobe

**Taguchi, Genichi (1924–)**
Verbesserte und entwickelte existierende Konzepte für robustes Design weiter und entwickelte (in den 1950er Jahren) eine Version teilfaktorieller Versuche (manchmal auch Taguchi-Methode bezeichnet) sowie die Verlustfunktion.

**Toleranz**
Abstand zwischen oberer und unterer Toleranzgrenze.

**T-Test**
Ein statistischer Test für einen oder mehrere Mittelwerte.

**Überlagernde Effekte**
Bei zwei oder mehr Faktoren oder Wechselwirkungen mit gleichen Schwankungen können deren Wirkungen auf eine betrachtete Ergebnisvariable nicht voneinander unterschieden werden. Der durchschnittliche Effekt eines Faktors oder der Effekt von Wechselwirkungen ist unbestimmbar mit den Effekten anderer Faktoren oder Wechselwirkungen kombiniert.

**Umsatz**
Preis mal Menge verkaufter Güter und Dienstleistungen innerhalb einer bestimmten Rechnungsperiode.

**Unvorhersagbarer Prozess**
Ein Prozess, in dem Variation in den Produkten sowohl aufgrund allgemeiner als auch aufgrund besonderer Ursachen entsteht.

**Ursache-Wirkungs-Diagramm (Ishikawa-Diagramm genannt)**
Eine einfache Methode zur Veranschaulichung von Ursache-Wirkungs-Zusammenhängen. Ursachen werden üblicherweise in allgemeine Kategorien wie z.B. Methoden, Materialien, Maschinen, Menschen, Umgebung, Messungen und Management eingeteilt.

**Varianz**
Quadrierte Standardabweichung, $s^2$.

**Veränderung**
Unvermeidbar langfristige Änderungen von Mittelwerten. Bender und Gilson haben sich angeblich unabhängig voneinander mit der Veränderung von Mittelwerten beschäftigt und auf der Basis von 30 Jahren Erfahrung herausgefunden, dass diese 1.49 Standardabweichungen beträgt.

**Versuchsplanung (Design of Experiments, DoE)**
Faktorielle Versuche und die vorhergehende Planungsphase. Wurde in den 1920er Jahren von Ronald A. Fisher erfunden und ursprünglich in den landwirtschaftlichen und biologischen Wissenschaften angewendet. Anwendung in der Industrie seit den 1930er Jahren. In den vergangenen Jahren hat die Versuchsplanung neue Popularität erreicht, die zum Teil auf *Six Sigma* zurückzuführen ist (vgl. Faktorversuche).

**Vorhersagbarkeit (von Prozessen)**
Prozesse, in denen Variation im Endergebnis nur aufgrund allgemeiner Ursachen entsteht. Auch als „statistisch kontrollierbarer Prozess" bezeichnet.

**Wahrscheinlichkeit**
Anzahl von Ereignissen (oder gewünschten Ergebnissen) im Verhältnis zur Gesamtanzahl von Versuchen, ausgedrückt in Prozent.

**Wechselwirkung**
Der Effekt eines Faktors hängt von den Werten eines oder mehrerer anderer Faktoren ab.

**Wiederholen, Wiederholung**
Ein Versuch, eine Messung oder eine Bearbeitung, die mehrmals aber zufallsbasiert durchgeführt wird, um den Einfluss von Störfaktoren zu minimieren.

**Zentrierung**
Gibt an, wie gut die Prozessleistung im Verhältnis zum Zielwert ist, d.h. Lage der Verteilung im Verhältnis zum Zielwert. In diesem Buch wird Zentrierung auch in weiterem Sinne verwendet, nämlich in Bezug auf Verbesserungen des Zielwerts, was häufig bei Durchlaufzeit und Ertrag der Fall ist.

**$Z_B$ oder $Z_{st}$**
Oft als „Benchmarking-Sigma" oder „Sigma-Wert" bezeichnet; die Verteilung oder Variation oder Streuung um den Mittelwert (Durchschnittswert) eines Prozesses. In Geschäftsprozessen gibt der Wert die Leistung des Prozesses wieder, d. h. $Z_{st}$ ist der Index für die kurzfristige Leistungsfähigkeit eines Prozesses oder Teils ($Z_{st} = 1.0$ wird als schlechte, $Z_{st} = 4.0$ als mittelmäßige Leistung und $Z_{st} = 6.0$ als „Weltklasseleistung" betrachtet).

# Literatur

Akao, Y. (Ed.). (1990): *Quality Function Deployment: Integrating Customer Requirements into Product Design.* Cambridge, MA: Productivity Press.

Akao, Y. and Ono, M. (1993): Recent Development in Cost Deployment and QFD in Japan. In *Proceedings from EOQ Conference.* Helsinki.

Anderson, M. J. und Whitcomb, P. J. (2000): *DoE Simplified: Practical Tools for Effective Experimentation.* Portland: Book News.

ASQ (1999): *The Malcolm Baldrige National Quality Award.* American Society for Quality.

Bergman, B. und Klefsjö, B. (1994): *Quality, from Customer Needs to Customer Satisfaction.* London: McGraw Hill.

Bhote, K. R. (1989): Motorola's Long March to the Malcolm Baldrige National Quality Award. *National Productivity Review,* 8 (4), S. 365–376.

Blakeslee, J. A. (1998): Achieving Quantum Leaps in Quality and Competitiveness: Implementing the Six Sigma Solution. *Quality Progress,* (Juli), S. 77–85.

Box, G. E. P., Draper, N. R. (1967): *Evolutionary Operation.* New York: John Wiley & Sons.

Box, G. E. P., Hunter, S. und Hunter, W. (1978): *Statistics for Experimenters.* New York: John Wiley & Sons.

Breyfogle, F. W. (1999): *Implementing Six Sigma: Smarter Solutions Using Statistical Methods* (2. Aufl.). New York: John Wiley & Sons.

Bunch, B. (1998): GE says Six Sigma is worth the investment. *Assembly Magazine,* (März).

Cochran, W. G. und Cox, G. M. (1957): *Experimental Designs* (2. Aufl.). New York: John Wiley & Sons.

Csikszentmihalyi, M. (1997): *Creativity: Flow and the Psychology of Discovery and Invention.* New York: HarperCollins.

Day, R. G. (1993): *Quality Function Deployment: Linking a Company with Its Customers.* Milwaukee: ASQC Quality Press.

Deming, E. W. (1993): *The new Economics for Industry, Government, Education.* Cambridge: Massachusetts Institute of Technology.

DeVor, R. F., Chang, T.-h. und Sutherland, J. W. (1991): *Statistical Quality Design and Control.* New York: Macmillan Publishing Company.

EFQM (1999): *European Quality Award: EFQM Excellence Model.* The European Foundation for Quality Management.

Ekdahl, F., Gustafsson, A. und Norling, P. (1997): QFD in Service Development, A Case Study from Telia Mobitel, in: Gustafsson, A., Bergman, B. und Ekdahl, F., Eds. Proceedings of the *3rd Annual International QFD Symposium,* Linköping, 1997.

Erwin, J. (1998): The Six Sigma Focus on Total Customer Satisfaction. *Measuring Business Excellence,* 2 (4), S. 16–22.

Gill, M. S. (1990): Stalking Six Sigma. *Business Month,* January, S. 42–46.

Hair, J. F., Anderson, R. E., Tatham, T. L. und Black, W. C. (1995): *Multivariate Data Analysis with Readings.* Englewood Cliffs: Prentice-Hall.

Hammer, M. und Champy, J. (1993): *Reengineering the Corporation. A Manifesto for Business Revolution.* New York: Harper Business.

Harrington, H. J. (1995): *Total Improvement Management. The Next Generation in Performance Improvement.* New York: McGraw-Hill.

Harry, M. J., Schroeder, R. (1999): *Six Sigma, The Breakthrough Management Strategy Revolutionizing The World's Top Corporations.* New York: Doubleday.

Harry, M. J. (1998a): *The Vision of Six Sigma.* 8 Bände, Phoenix, Arizona: Tri Star Publishing.

Harry, M. J. (1998b): Six Sigma: A Breakthrough Strategy for Profitability. *Quality Progress,* (Mai), S. 60–64.

Hauser, J. R. und Klausing, D. (1988): The House of Quality. *Harvard Business Review,* Mai–Juni.

Henkoff, R. (1989): What Motorola Learns From Japan. *Fortune,* 119 (9), S. 157–168.

Hoerl, R. W. (1998): Six Sigma and the Future of the Quality Profession. *Quality Progress,* (Juni), S. 35–42.

Hunter, D. (1999): Six Sigma steps. *Chemical Week,* (8 September), S. 3f.

Hunter, D. (1999): Six Sigma on the move. *Chemical Week,* (3. März), S. 5.

Hunter, D. und Schmitt, B. (1999): Six Sigma: Benefits and approaches. *Chemical Week,* (6. Oktober), S. 35f.

Ishikawa, K. (1982): *Guide to Quality Control.* Tokyo: Asian Productivity Press.

Ishikawa, K. (1985): *What is Total Quality Control? The Japanese Way.* Engelwood Cliffs: Prentice Hall.

JUSE (1999): *The Deming Prize.* The Japanese Union of Scientists and Engineers.

King, J. R. (1989): *Better Design in Half the Time.* Methuen, MA: Goal/QPC.

Kano, N., Seraku, N. and Takahashi, F. (1984). Attractive Quality and Must-be Quality. *Quality,* 14, Nr. 2, S. 39–44. (Japanisch)

Lahiri, J. (1999): The Enigma of Six Sigma. *Business Today,* (22. September).

Maguire, M. (1999): Cowboy Quality. *Quality Progress,* (Oktober 1999), S. 27–32.

Mazur, G. H. (1994): QFD Outside North America – Current Practise in Europe, The Pacific Rim, South America and Points Beyond. In *Proceedings from The Sixth Symposium on Quality Function Deployment.* Novi, MI. Goal/QPC.

Mizuno, S. (1988): *Management for Quality Improvement. The Seven New QC Tools.* Portland: Productivity Press.

Melymuka, K. (1998): GE's Quality Gamble. *Computerworld,* (8. Juni).

Murdoch, A. (1998): Six Out of Six? *Accountancy,* 121 (1254), S. 53.

Modig, K. und Johansson, O. (1997). *Six Sigma Guidebook.* Ludvika: TW Tryckeri i Ludvika.

Montgomery, D. C. (2000): *Introduction to Statistical Quality Control* (5. Aufl.). New York: John Wiley & Sons.

Munro, R. A. (2000): Linking Six Sigma with QS-9000. *Quality Progress,* 33 (5), 2000, S. 47–53.

NIST (1999): *The Malcolm Baldrige National Quality Award.* National Institute of Standards and Technology.

Owens, G. (2000): Redesigned Consumer Survey Points to Low Hanging Fruit. *Quality Progress,* 33 (5), 2000, S. 36.

Park, S. H. (1996): *Robust Design and Analysis for Quality Engineering.* Suffolk: Chapman & Hall.

Pande, P. S. Neuman, R. P., Cavanagh, R. R. (1999): *The Six Sigma Way: How GE, Motorola, and Other Top Companies are Honing Their Performance.* New York: McGraw-Hill.

Phadke, M. S. (1989): *Quality Engineering Using Robust Design.* London: Prentice Hall.

Pyzdek, T. (1999): *The Complete Guide to Six Sigma.* New York: Quality Publishing.

Rifkin, G. (1991): No More Defects! *Computerworld,* (15. Juli), S. 59–62.

Rother, M. und Shook, J. (1999): *Learning to See. Value Stream Mapping to Create Value and Eliminate Muda* (1.2 ed.). Brookline, MA: The Lean Enterprise Institute.

Shewhart, W. A. (1931): *Economic Control of Quality of Manufactured Products*. New York: D. Van Nostrand.

Shewhart, W. A. (1939): *Statistical Method. From the Viewpoint of Quality Control*. Washington D.C.: Graduate School of the Department of Agriculture.

Sheridan, J. H. (2000): Lean Sigma synergy. *Industry Week*, (16. Oktober), S. 81–82.

Smidt, J. (1998): A Questionable Bet on Six Sigma. *Assembly Magazine*, (Januar).

Sullivan, L. P. (1986): Quality Function Deployment. *Quality Progress*, (Juni), S. 39–50.

Stenberg, J. (2000): Open skies and transparent information. *Scanorama*, (September), S. 132.

Taguchi, G. (1986): *Introduction to Quality Engineering*. Tokyo: Asian Productivity Center.

Taguchi, G. und Wu, Y. (1979): *Introduction to Off-line Quality Control*. Tokyo: Central Japan Quality Control Association.

Taguchi, S. (2000): Industry Must Pay More Attention to Fire Prevention. *Quality Progress*, (Mai), S. 37.

Tomkins, R. (1997): GE Beats Expected 13% Rise, *Financial Times*, (10. Oktober), S. 22.

Velocci, A. L. (1998): Six Sigma Emerges as Industry Trend. *Aviation Week & Space Technology*, (16. November), S. 52–59.

U.S. Department of Transportation (2000): Air Travel Consumer Report. *U.S Department of Transportation*. Februar.

Wadsworth, H. M., Stephens, K. S. und Godfrey, A. B. (1986): *Modern Methods for Quality Control and Improvement*. Singapore: John Wiley & Sons.

Walsh, K., Fuller, J., Wood, A. and Moore, S. K. (2000): Six Sigma. *Chemical Week*, (1. März), S. 25–27.

Watson, G. H. (1998): Bringing Quality to the Masses: The Miracle of Loaves and Fishes. *Quality Progress*, (Juni), S. 29–32.

Wild, R. (1995): *Production and Operations Management*. New York: Cassel.

Wilkins, J. O. (2000): Putting Taguchi Methods to Work To Solve Design Flaws. *Quality Progress*, (Mai), S. 55–59.

Wheeler, Donald J. (1992): *Understanding Statistical Process Control*. (2. Aufl.). Knoxville: SPC Press.

Womack, J. P. und Jones, D. T. (1997): *Lean Thinking - Banish Waste and Create Wealth in Your Corporation*. New York: Simon & Schuster.

Womack, J. P., Jones, D. T. und Roos, D. (1990): *The Machine that Changed the World*. New York: Rawson Associates (Macmillan).

Yoshizawa, T. (1993): Quality Strategy Deployment by Means of QFD. In *Proceedings from EOQ Conference*. Helsinki.

# Index

# Die Autoren

Kjell **Magnusson** ist stellvertretender Vorsitzender und Champion für Six Sigma bei ABB Transmission and Distribution Management Ltd. in Zürich, Schweiz. Nach mehr als 20 Jahren bei ABB ist er durch Mikel Harry mit Six Sigma in Berührung gekommen. Mikel Harry begann 1993 bei ABB und ist einer der Hauptarchitekten des Six Sigma-Konzeptes. Als Nachfolger von Harry hat Kjell Magnusson die Verantwortung für die weitere Einführung von Six Sigma an zahlreichen ABB Standorten übernommen. Seine Arbeit beinhaltet die Errichtung von Messstrukturen und Realisierung von Projekten zur Verbesserung der Produktqualität, Reduktion von Durchlaufzeiten und Prozesskosten. Seine Verantwortung umfasst auch die Ausbildung in Six Sigma – an zahlreichen Standorten auf der ganzen Welt hat Magnusson Kurse für Manager und Träger von Schwarzen Gürteln gehalten. Er hat weiterhin auf vielen internationalen Konferenzen Six Sigma präsentiert. Kjell Magnusson ist Diplom-Ingenieur der Elektrotechnik, ausgebildet an der Chalmers Technische Universität in Schweden.

**Dag Kroslid** ist verantwortlich für kontinuierliche Verbesserungen und Six Sigma-Champion bei Scana Stavanger in Norwegen. Das Unternehmen hat Six Sigma als eine strategische Initiative Anfang des Jahres 2000 gestartet und bereits überzeugende Ergebnisse gezeigt. Kroslid ist promovierter Wirtschaftsingenieur mit Spezialisierung im Bereich Qualitätstechnologie und Management, ausgebildet an der Linköping Universität in Schweden. In den vergangenen zehn Jahren hat Dag Kroslid in mehr als 20 Ländern über Spitzenleistungen führender Unternehmen geforscht, darunter viele, die Six Sigma anwenden. Sein Hauptaugenmerk galt den asiatischen und den europäischen Unternehmen. Er war Gastforscher an der National University in Seoul und an der Universität St. Gallen in der Schweiz. Dag Kroslid ist ein gefragter Referent in Industrie und Wissenschaft und hat eine Vielzahl von Unternehmen in Fragen zu Six Sigma und Spitzenleistungen beraten. Für seine Seminare über Six Sigma für Unternehmen in Henan/China verlieh ihm der Außenminister von Henan die Auszeichnung „Excellent Foreign Expert".

**Bo Bergman** ist SKF Professor für Total Quality Management an der Chalmers Technische Universität in Schweden. Von 1984 bis 1999 war Bergman Professor für Qualitätstechnologie und Management an der Linköping Universität, wo er verantwortlich war für Lehre und Forschung im Qualitätsbereich. In diesem Zeitraum wurden mehr als 500 Studenten zum Diplom-Wirtschaftsingenieur mit Spezialisierung im Bereich Qualitätsmanagement ausgebildet und unter seiner Betreuung wurden elf Doktortitel und 25mal der Titel „Technischer Lizentiat" verliehen. Bo Bergmans Forschungsgebiet umfasst weite Bereich der Qualitätstechnologie und des Managements und beinhaltet sowohl quantitative als auch qualitative Forschung. Zuvor war er 15 Jahre bei Saab Aerospace im Bereich Zuverlässigkeitsanalysen und Statistik tätig und leitete eine Abteilung zur statistischen Produktionskontrolle. Während dieser Zeit hat er an der Lund Universität im Bereich der Mathematischen Statistik promoviert und war eine Zeitlang assoziierter Professor für Zuverlässigkeitstechnik am Königlichen Institut für Technologie in Stockholm. Bo Bergman ist gewähltes Mitglied des International Statistical Institute (ISI) und akademisches Mitglied der International Academy for Quality (IAQ). Bo Bergman hat Six Sigma seit den späten 90er Jahren als spezifisches Thema in seine Kurse zur Ausbildung von Diplom-Wirtschaftsingenieuren aufgenommen und ist ein gefragter Referent und Berater für Six Sigma in der Industrie.